全人心理学丛书

# 人格三要素

许金声 著

长春出版社
全国百佳图书出版单位

图书在版编目(CIP)数据

人格三要素 / 许金声著. -- 长春 : 长春出版社, 2025.1. -- (全人心理学丛书). -- ISBN 978-7-5445-7729-8

Ⅰ. B848-49

中国国家版本馆 CIP 数据核字第 2024B4M695 号

## 人格三要素(全人心理学丛书)

著　　者　许金声
责任编辑　孙振波
封面设计　楠竹文化

出版发行　长春出版社
总 编 室　0431-88563443
市场营销　0431-88561180
网络营销　0431-88587345
地　　址　吉林省长春市朝阳区硅谷大街7277号
邮　　编　130103
网　　址　www.cccbs.net

制　　版　荣辉图文
印　　刷　吉林省吉广国际广告股份有限公司

开　　本　170毫米×240毫米　1/16
字　　数　315千字
印　　张　19.75
版　　次　2025年1月第1版
印　　次　2025年1月第1次印刷
定　　价　128.00元

版权所有　盗版必究
如有图书质量问题,请联系印厂调换　联系电话:0431-85199088

# 总序　什么是全人心理学

## 一、全人心理学的核心理念和态度

研究心理学多年，很想用一个术语来表达自己的研究倾向和理念，"人本心理学""后人本心理学"（transpersonal psychology）都不合适。人本心理学和后人本心理学是对我影响比较大的两个心理学流派，但就我所见，它们并没有充分表达我研究心理学的感觉。尽管人本心理学和后人本心理学是我重要的思想来源，我仍然需要用"全人心理学"这一说法来表达我所研究的心理学。

与当今世界心理学潮流对应，"全人心理学"这一术语较好地体现了人本心理学和后人本心理学的一些精髓，它的特点包括但不限于：1. 关注人的潜能的深度开发。2. 从尽量广阔的系统来看人。3. 对所有的心理学流派乃至相关学科持开放态度。

"全人心理学"这一术语，在我使用之前，已经在一定范围内被使用，大家在赋予它含义时可能会有一些差异。如果我来给"全人心理学"下一个定义，可以是：全人心理学是以充分开发人的潜能，促进人不断成长和全面发展为宗旨的心理学，为此，它对所有的心理学以及相关的文化持开放态度，从中汲取养料。全人心理学具有尽量彻底的开放性，同时也不乏自己的个性和特点。它有一个核心的理论、方法和技术，就是"通心"。它所强调的"通心"的意义和重要性，使它区别于其他心理学。

我采用"全人心理学"这一术语，并不意味着我的初衷是想创立一种新的心理学流派。使用这一术语，主要是为了更好地表达我自己对心理学研究、心理学运用开放的态度和价值取向，是想比一些已经完全"体系化"了的心理学有更加基础的、深入的探索和思考。

"全人心理学"有几个核心的理念和态度，就是"开放性""崇尚创造"和"通心"。就我自己来说，研究人本心理学、后人本心理学要多一些，但我对精神分析、行为主义心理学亦有较强烈的兴趣。我赞成从理论上整合心理学所有的重要思潮和思想，并且不断地从其他学科中汲取养料。我们无法学习所有的心理学和其他学科，但我们可以有一种相对来说最佳的对待心理学和其他学科的理念和态度——"开放性"。

要理解这个态度，可以体会一下歌德在《浮士德》中讲述的一个寓意非常深刻的故事：魔鬼靡非斯特和浮士德打赌，假如浮士德说出了"太美了，请停一下吧"！那么他的灵魂就输给了魔鬼靡非斯特。歌德借此表达人类有一种永不满足、不断进取的精神。所谓"请停一下"，就是想背离宇宙的"大精神（spirit）"，终止时间与生命的流动。由此，我们可以引出"全人心理学"的又一核心理念和态度：崇尚创造，避免执着。

那么，怎么才能够保持"开放性"，做到"崇尚创造，避免执着"呢？这又引出了全人心理学的又一个核心的理念和态度，这就是"通心"。人活在世界上，不是一个孤立的存在，他总要与其他的人、生物、环境发生关系，而在这些关系中能够相对自由地生存，就需要我们不断地与其他的人、生物、环境保持一种适当的关系。这种适当的关系就是"通心"，包括狭义的通心和广义的通心。

有鉴于此，"全人心理学"强调自己只是一种对待心理学的价值取向和态度，而并不是一种心理学的流派。它尊重任何一种心理学的流派，但并不在意自己是不是一种流派。它不排斥任何有用的心理学理论和方法，但反对过分夸大任何一种心理学理论和方法的作用。它不反对心理学可以有自然形成的"主流"，但并不欣赏任何刻意声称自己是主流的心理学理论和方法。很简单，当人们想要夸大某种心理学理论和方法的时候，他就相当于浮士德说："太美了，请停一下吧！"那么他的灵魂也就输给了魔鬼靡非斯特。

长期以来，我面对全社会举办全人心理学·通心工作坊，同时也做个体心理咨询，在这方面，也形成了自己的特点。那么，"全人心理学"进行心理服务、心理调整、心理辅导的特点是什么呢？它与各种各样的心理服务、心理调整、心理辅导方法有什么关系？

"全人心理学"进行心理服务、心理调整、心理辅导是以"通心"的理论、方法为核心的，由此，使得它与众多的理论、方法相比，有一些独特的地方。它在进行心理服务、心理调整、心理辅导时，指导思想就是"通心"。以"通心"为指导的含义，可以借用佛教关于"八万四千法门"的说法来说明。佛教讲方法有八万四千个，这不是在强调有一个具体的数字，而是讲法门是不可穷尽的、不断发展的。常言道：不管黑猫白猫，能抓住老鼠的就是好猫。全人心理学非常欣赏这句朴实而深刻的话。它尊重任何流派的任何方法，乐于从任何流派的任何方法中汲取养料，但不迷信任何一种流派和方法。不管有什么背景，不管声称受了什么训练，"能抓住老鼠"才是衡量其价值的最重要的标准。还应该注意的是，没有什么"猫"能够保证自己一辈子都是好猫，因为"道高一尺，魔高一丈"。老鼠在变异，老鼠越来越聪明。今天你抓住了老鼠，如果不进步，再过一段时间难保还能抓住。因此，全人心理学在进行心理调整、心理辅导时，是根据具体的情况，来决定所使用的方法、技术。全人心理学虽然有自己常规的方法和技术，这些方法和技术已经能够直接处理大多数的问题，但仍然强调，要根据现实情况的需要，对现有的方法和技术进行适当的调整和改进。

我感觉，卡尔·罗杰斯关于"美好人生"（good life）的理念，也可以用来说明全人心理学对待心理服务的态度。卡尔·罗杰斯认为：

1. 美好人生是一个发展的过程，而不是一种固定状态。
2. 美好人生是一种趋势（direction），而不是一个一次达到的目的地。

卡尔·罗杰斯的这一看法，与佛教的"无所住而生其心""活在当下"也是一致的。当然，我们并非只有在佛教中才能够发现类似观念，它们应该是世界长青哲学的共识。

"美好人生"是一种放下执着后的心灵自由，它并不是一种可以固定下来的、绝对的自由。这种"心灵自由"状态，正是佛家所说的"空"。我发现，"活在当下"这个概念也非常好。罗杰斯的思想在这里与佛教的思想达成了一致。凡是活在当下的，就是流动的、时时常新的、破除执着的、摈弃妄念的。而如果我们想把这一过程固定下来，它就变成了执着或者妄念，因为它已经僵化、停滞。

只要有这种态度和精神，并且持之以恒地学习和成长，从事心理辅导、心理调整，就能够产生一种大自信：只要当事人的神志是清楚的，总能够帮助他解决任何问题。没有不能够突破的心理障碍，除非你自己的心中有障碍。心理辅导师要努力做到，当"魔高一丈"之时，自己所体悟的"道"又高了一尺……

## 二、什么是"全人"？

什么是"全人"？简单地说，是指全面发展的人，或者潜能得到充分发挥的人。再具体、丰富一些来说，做到下面任何一条，都可以称为"全人"。以下10条，我们在此先只是简单地提出概念，不做详细解释。

1. "全人心理学"从尽量开放、广阔的心态理解人性，赞同这样一种越来越被普遍认同的看法，认为人有四种性质：物质性、动物性、人性、灵性。灵性的开发是人的潜能的深度开发，只有通过对灵性的开发，人的潜能才能够得到全面的发挥。对灵性的开发与人的其他性质并不冲突，人可以通过不断整合自身的性质和能量越来越向"全人"接近。

2. "全人心理学"提倡一种"大健康"观念，认为健康可以分三种：身体健康、心理健康、灵性健康。所谓"全人"就是具有三种健康整合的大健康的人。具有大健康的人同时也就是过着最丰盛的人生的人。

3. "全人心理学"在人的动力结构上把马斯洛需要层次论的五个层次扩展为七个层次，即：生理需要、安全需要、归属需要、尊重需要、自我实现需要，再加上"自我超越需要""大我实现需要"。人的需要满足的优势，应该发展为自我超越需要、大我实现需要满足的优势。如果说动物也多多少少有自我实现的话，自我超越、大我实现才是体现人之为人的最本质的特征。人类能够达到的能量最畅通的状态是大我实现的状态。所谓"全人"就是"大我实现需要"已经成为其优势需要的人。在一定时期内，人同时在满足多种需要，所谓优势需要，是指在这个时期对人的行为最具支配地位的需要。"全人"的优势需要是大我实现需要，这并不是说他只满足这种需要,而是指其他需要也要满足,只是不占优势而已。或者说,他很好地整合了所有需要的满足。

4. "全人心理学"认为人类迄今为止有四种死亡方式:"生物学死亡""社会学死亡""人本心理学死亡""全人心理学死亡"(或者"后人本心理学死亡")。所谓"全人",就是超越了这四种死亡的人。所谓人的"生物学死亡",一般是指脑死亡,即医学意义上的死亡。所谓人的"社会学死亡",一般是指在生物学死亡的意义上还活着,但并不能够创造任何社会价值和财富,只能够靠社会的力量来维持生命。所谓"人本心理学死亡",一般是指人在生物学死亡、社会学死亡的意义上还活着,尽管也能够创造社会财富和一定价值,但不能够有任何创新。所谓"全人心理学死亡"是指在生物学死亡、社会学死亡、人本心理学死亡的意义上都还活着,但并不能够有任何终极关怀的活动,或者没有行大道的感觉。所谓"全人",就是超越了这四种死亡的人,或者说在"生物学""社会学""人本心理学""全人心理学"的意义上同时都活着的人。

5. "全人心理学"认为人有两次出生:第一次是经由父母的出生。也就是说,通过父母的精子和卵子的结合,经过母亲十月怀胎后的出生;第二次是经由自己心灵成长后的出生。所谓"全人"就是完成了第二次出生的人。也就是说,通过成长,超越小我,成为具有"大我"人格的人。

6. 从"全人心理学"的基本生存状态理论来看,人有两种基本生存状态,一是独处,一是交往。独处可以分为:匮乏性独处、维持性独处、充实性独处。交往可以分为:纠缠性交往、维持性交往、通心性交往。所谓"全人"就是独处时匮乏性独处、维持性独处较少,充实性独处最多,在交往时具有纠缠性交往、维持性交往最少,通心性交往最多的人。

7. 从"全人心理学"的人格三要素理论看,人的基本心理素质可以分为智慧力、情感力、意志力,即人格三要素。所谓"全人"就是人格三要素平衡发展、发挥,表现出最大心理能量和效能的人。

8. 从"全人心理学"的通心理论来看,"通则不痛,痛则不通"。"全人"就是做到了在身心灵三个层面最大限度通透的人。他们即使有短暂的"不通",也能够通过自我调节机制,相对较快地解决,变得通畅。从"全人心理学"的实践看，通心的理论、方法和技术，迄今已经能够有效地帮助他人不断成长，向"全人"迈进。

9. "全人心理学"认为心理咨询最根本的作用是帮助人们成长。没有人是完美无缺的，人的成长无止境，在这个意义上，可以说"人人需要心理调整，人人可以终身成长"。

10. 全人心理学认为，所有助人理论的精髓可以概括为两大意识，即"成长意识"和"通心意识"。这两大意识提纲挈领地表达了活出"大我"，走向"大我实现"，走向"全人"的途径。

以上的理念部分是我的原创，即使不是原创，但我对它们的诠释，有我自己的体会和发挥。

### 三、全人心理学的实践

为了向以上描述的"全人"靠近，全人心理学提倡两大意识，即"成长意识"和"通心意识"。成长意识用"心灵成长，活得更爽"的口号来简单表达。通心意识用"心灵相通，一通百通"的口号来简单表达。同时，全人心理学借用自然科学的"公式"的概念，提出了两大公式："成长公式"和"通心公式"。这两大公式成了统领全人心理学运用的指南针。

"全人心理学·通心工作坊"（原称"全人心理学·心灵成长工作坊"）是全人心理学为全社会提供服务的重要方式。该工作坊自2003年成立，到2019年为止，已经在全国60多个城市，共举办了600多场活动。全人心理学主张，"通心"是所有心理服务的一条红线，应该贯穿在整个心理服务过程之中。在全人心理学·通心工作坊上做个案，已经能够做到越来越治本、高效、精准。它在帮助人的实践上，正在向潜能的深度开发方向发展。可以把一个有严重心理问题的人、人格扭曲的人，引导为获得犹如新生的感觉，活得更加舒畅，走向"身、心、灵"的"大健康"。而对于那些本来状态就不错的人，也可以帮助他们发现自己的某些盲点，更上一层楼。"人类交往将经历第三次革命：通心"，这是全人心理学研究关于未来的一个重要理念。因此，为了推广通心的理论、方法和技术，让更多人受益，我们在2017年推出了"通心辅导师"的培训项目。

# 目 录

**第一部分　什么是"人格三要素"／001**

第一章　人格力与命运／001

　　一、神秘的数字"三"／001

　　二、什么是"人格三要素"／004

　　三、行动力／027

　　四、需要的满足与人格力／042

　　五、人格力决定命运／049

第二章　人格力之间的相互关系／052

　　一、主导人格力与辅助人格力／052

　　二、人格力表达的层次性／061

　　三、人格力的结构性与情景性／063

　　四、平衡型人格与非平衡型人格／064

　　五、非平衡型人格的形成／071

　　六、三种人格力的相互关系／073

　　七、三种人格力的相互影响／075

第三章　人格三要素与行为理想／083

　　一、三种人格力和三种具有全人类性的行为理想／083

二、三种具有全人类性的行为理想之间的关系 / 093

　　三、宇宙进化的深度与人类精神性的顶峰 / 103

第四章　人格三要素理论的源流 / 104

　　一、"人格三要素"与历史上的三分法 / 104

　　二、康德对三分法的贡献 / 108

　　三、卡耐基谈人的三种"心理趋向"/ 112

　　四、H. B. 丹尼什的"精神心理学"/ 113

第五章　人格三要素理论的涵盖面 / 115

　　一、"厚黑学"批判 / 116

　　二、拿破仑·希尔与人格三要素理论 / 119

　　三、斯腾伯格"成功智力"与人格三要素理论 / 122

　　四、巴赫和贝多芬 / 126

　　五、一元论与多元论问题 / 128

　　六、人格三要素理论与意象对话 / 130


## 第二部分　人格三要素理论的运用（个人）/ 135

第六章　如何运用人格三要素理论 / 135

　　一、人格力与通心力 / 135

　　二、用三角形表达人格力与通心力 / 138

　　三、成功与"必要的张力"/ 150

　　四、"选择"更重要，还是"努力"更重要 / 153

　　五、如何理解"只有偏执狂才能够生存"/ 155

　　六、人格力发挥的一些原则 / 157

　　七、如何用人格三要素改变命运 / 167

　　八、心理学工作坊与人格力的提升 / 178

## 第七章　超越"防御机制"的"应战机制" / 180

一、人类成长的人格力表达水平 / 180

二、"防御机制"与"应战机制" / 183

三、"应战机制"与"挫折超越力" / 186

四、"应战机制"的分类 / 191

五、关于"挫折超越力"的警句 / 199

六、如何激发挫折超越力 / 200

## 第三部分　人格三要素理论的运用（社会、文化）/ 207

## 第八章　从"人格三要素"看中国传统文化与人格 / 207

一、"理想人格设计"与"实际普遍人格" / 207

二、关于中国传统文化的理想人格设计的争论 / 212

三、"理想人格设计"的"终极描述"与"过程描述" / 216

四、从"人格三要素论"看中国传统文化的理想人格设计 / 219

五、中国传统文化的三大重要特点 / 231

六、打破中国传统文化与人格的恶性循环 / 238

## 第九章　从"人格三要素"看西方近现代文化与人格 / 241

一、欧洲中世纪的人格 / 241

二、西方近现代的两种"突出智慧力人格" / 243

三、尼采的"突出意志力人格" / 249

四、在尼采之后 / 258

五、西方人格发展的趋势之一：
对于情感力的需要和兴趣有所增加 / 260

## 第十章　东方自我实现人格 / 266

一、东方自我实现——21世纪世界的人格发展方向 / 266

    二、谁是东方自我实现的人？/ 275

    三、人格力、通心力与人类关系的转化 / 282

尾声：什么是真正的成功？/ 284

    一、扬弃成功学的成功 / 284

    二、人的最大利益是获得整体人生的成功 / 285

    三、整体人生成功与自我实现 / 287

**附录："人格力"自我测量量表 / 289**

**后　记 / 300**

# 第一部分 什么是"人格三要素"

## 第一章 人格力与命运

### 一、神秘的数字"三"

"三",是一个神秘而伟大的数字。这种神秘与伟大首先可以从世界的宗教、神话传统中发现、体会。例如:

佛教讲"佛、法、僧"三宝。所谓"佛",是指释迦牟尼以及其他成佛者;"法",是指佛经;"僧",是指修炼和弘法的僧人。

道教讲"道、经、师"三宝。"一者道宝,二者太上经宝,三者大法师宝。"(《道教义枢》卷一)

在世界不同的神话体系中,我们也会发现不同文明都对"三"情有独钟。

例如,在中国历史上有"三皇",通常指燧人氏、伏羲和神农(《史记·三皇本纪》)。

在印度神话中,有所谓"三相神",即梵天、湿婆和毗湿奴。他们象征着宇宙的创造、毁灭和延续。

在古希腊的神话中，尽管主神共有十二位，但核心的还是三位，即神王宙斯、海神波塞冬和冥王哈迪斯。

在古埃及神话中，尽管有九大柱神，但主要的、支撑世界的还是三位，即天空之神努特、大地之神盖布以及空气之神舒。

另外，说明空间的"上、中、下"、"左、中、右"、"长、宽、高"，说明时间的"过去、现在、未来"等都恰恰是"三"。

红、黄、蓝是"三原色"，以三原色为基础，可以演绎出无限丰富的色彩。

著名哲学家卡尔·波普的"三个世界"理论："世界1"是指包括物理实体和物理状态的物理世界；"世界2"是指精神的、思维的或心理的世界；"世界3"是指有思想内容的、客观知识的世界，它更多地体现诸如图书馆里许许多多文献材料中的知识存在。

在当今世界的价值观中，所谓"三赢"，即"我好、你好、世界好"，目前已经越来越被公认，成为全人类的行为理想。

关于"三"的例子还有很多。

关于"三"的数字的运用也深入社会基层。例如：

麦肯锡是世界著名咨询公司。在麦肯锡，"三"也是一个神奇的数字。在该公司，事情都是以"三"出现的。"像麦肯锡的所有事情一样，公司解决问题的程序有三个主要特征。"[1]

"三"这个数字之所以有它的神奇与伟大，也许有这样的原因：它是说明许多重要的系统（这些系统在发展中常常需要和谐和平衡）发展变化时所需要的最少要素的数量。说明一个系统的发展变化，两个因素往往不够，四个已多，三个不多不少正好。

一个系统的发展取决于多少个因素？影响一个系统发展的因素往往会有很多，我们如何来研究和把握它的发展？尽管并不是所有的系统都适合用"三"个因素来说明，但至少可以说，在说明一个系统的变化、发展

---

[1] 埃森·拉塞尔：《麦肯锡方法》，赵春等译，华夏出版社，2001年版，第3页。

时，"三"个因素具有很多优越性。

先哲老子说："道生一，一生二，二生三，三生万物。万物负阴而抱阳，中气以为和。"（《道德经》第四十二章）这段话，可以说是老子的宇宙生成论。"三生万物"是老子天才的发现，它可以理解为各种系统的发展、演化。为什么"三"可以生万物？为什么不说"四生万物"，"五生万物"呢？

"三"与一个系统的发展有密切的关系。许多系统的发展都可以用"三"来说明，包括人作为个体追求需要满足和自我实现的过程。"三"这个数字，至少与发生学密切相关。所谓"发生学"（Ontogeny）是一门关于个体发展的科学，这个词源自希腊语，意为"成为""发生"。在生物学中，它研究的是一个有机体从受精卵到成年的发展过程。

我们也可以把决定个体发展的主观因素中的人格力看成一个系统。

那么，人在"三生万物"中又起什么样的作用呢？

中国哲学讲"天""地""人"，这刚好又是"三"。

人在"天、地、人"的体系中处于什么样的位置呢？人在天地之间起一个中介作用，人能够感受天地的存在，能够在一定程度上影响天地的和谐与整体性。正如《中庸·第二十二章》说："唯天下至诚，为能尽其性；能尽其性，则能尽人之性；能尽人之性，则能尽物之性；能尽物之性，则可以赞天地之化育；可以赞天地之化育，则可以与天地参矣。"

在这里，可以把"至诚"理解为个体人格力最大限度的充分发挥。例如，圣人的人格力充分发挥了，就能够促进天下人的人格力的充分发挥。天下人的人格力充分发挥了，就能够促进万物各自发挥自己的作用，这样也就能够"赞天地之化育"，帮助、协调天地的运行，达到"与天地参"。在这里"参"也可以理解为"三"，即"与天地参"就是"天、地、人"成为一个和谐完美的系统。

一般来说，动物只能够消极地适应环境，而人能够积极地适应环境，甚至能够有意识地促进生态的平衡。

非常凑巧的是，心理学研究一般也把人的心理过程分为三种，即"知、情、意"。我所提出的人格三要素，即智慧力、情感力、意志力，正好对应心理学的三分法。人类的人格三要素不仅使人类区别于其他动物，而且还能够让人类持续发展，不断地具有超越性的特征。人类的人格三要素，即三种人格力是他的"心理素质"，乃至"精神性"的集中体现。人格三要素的发挥使他可以在一定意义上超越物质性、动物性的局限。而在高水平发挥的情况下，甚至能够超越人性的局限。

在现代科学和文学中，"三"也有其重要的象征意义。例如，刘慈欣的小说《三体》，描述了三颗天体相互作用下复杂而难以预测的运动状态。这个物理学问题不仅展示了三体系统的复杂性和不可预测性，还象征着人类在面对宇宙未知时的挑战精神和探索精神。三体问题中的三颗天体彼此影响，形成了一个复杂的系统，这与许多其他领域中"三"的重要性和神秘性相呼应。三体，是解释四体、五体等问题的基础。三体问题把宇宙的无限性与人类的命运问题结合起来。

面对宇宙和大千世界，体会一下神秘的数字"三"，感受一下我们自身内在的"人格三要素"，也就是我们的智慧力、情感力和意志力，它们不是也同样神秘而伟大吗？我们不正是依托它们在宇宙中地球上面对万事万物，生存、奋斗、创造、超越吗？

我所提出的健康人格的要素理论，为什么恰恰是"三"要素？在本书后面的章节中，我还将不时地进行深入的论证。

## 二、什么是"人格三要素"

首先要问：什么是"人格"？

人格的定义有很多，本书采用这样的定义："人格"是个体所具有的、影响自身行为的、相对稳定的自身因素的总和。

任何理论都离不开我们建构理论时的价值取向。对人类的行为，可以从各种各样的角度来进行研究，但是不能够脱离人类发展的参考构架或者模型。本书采用的人类发展的参考构架，是全人需要层次理论。按照全人需要层次理论，一般来说，在相对顺利的情况下，人类个体的发展可以看成是其需要的满足由较低级的需要占据优势地位，逐渐走向更高级的需要占据优势地位的过程。（参阅《全人心理学丛书》之《大我实现之路——全人需要层次理论》）

以全人需要层次理论为参考构架来看人格，大道至简，个体所具有的、影响自身行为的、相对稳定的自身心理因素可以概括为三种人格力：智慧力、情感力、意志力，它们亦是三种最基础的心理素质。这三种人格力简称为"人格三要素"。

人格三要素发挥得越好，个体就越能够在各种不同的情境中活出最佳状态，在需要的满足中走向更高的优势需要，就越容易达到自我实现乃至更高需要的满足的境界。由于人们的人格三要素的状况和发挥存在这样那样的差异，抓住了一个人的人格三要素，也就抓住了他的人格特征。

由于人格三要素也可以看成人们的基础心理素质，它给现代社会越来越重视的素质教育提供了一种简洁的理论基础及参考构架。

下面论述的是三种人格力的具体概念。

**（一）智慧力**

1. 智慧力的定义

在我读初中时，曾经有一个经历对我产生过较大影响，它使我对自己的"智慧力"产生过极大的自信。

我是一个不用功的学生，极不愿意做作业，经常逃课，根据兴趣去做各种各样的事情。读初二的时候，学习平面几何学，由于贪玩，我的全部作业本只写了两页纸，几乎是空白，看起来还是新的。不过，在上课的时候，还是都听懂了，不仅听懂了，而且感觉很简单。期末考试来临了，我把所有的定理背了一遍。凑巧考试出的题目几乎全是证明题，我就完全是凭着自己的推理能力，做出了所有的题，而且还是提前交卷。最后，得了一个满分。由于我没有做作业，在学年总评的时候，被扣掉了5分。结果学年总评得分是95分。可惜那个时候，正遭遇三年困难时期，吃饭都吃不饱，无心认真学习，我在数学等自然科学方面的潜能，没有得到开发。心猿意马，有时候去弄一些旧报纸、废铁、废铜去废品收购店卖，用卖来的钱再去买一些吃的。

如果仔细回想，几乎所有的人都有运用自己的智慧来解决问题甚至战胜挫折、超越挫折的经历。我所说的"智慧力"的概念与日常生活中人们所说的关于"智慧"的概念没有太大的区别。

爱因斯坦拥有惊人的智慧力，但他不只是象征人类的智慧力，而是人格三要素强大并且均衡的典范

我们这里所谈的"智慧力"，与心理学界中提到的"智力"的概念有一定差异。心理学界一般认为，智力是一个可以从多种角度进行应用和具有多种定义的概念。有人把它定义为对新环境的适应能力，另一些人认为它是学习能力，还有人认为它是处理复杂和抽象事物的能力。——也许正是由于这种情况，很难有一个关于"智力"的定义得到普遍公认。智力的定义之所以会多种多样，原因之一在于人们对智力的研究角度以及研究的价值取向具有很大差异。

本书所研究的价值取向和核心问题，即人的整体人生的成功，其重要参考构架是全人需要层次论。（参阅《全人心理学丛书》之《大我实现之路——全人需要层次论》）

出于这样的参考构架，本书尝试先从信息加工心理学的角度为"智慧力"下定义。"信息加工心理学"将人的思维过程看作信息的接收、编码、存储、处理和检索等环节，就像一个复杂的计算机系统。它提供了一种理解我们如何从环境中获取信息，对其进行加工和管理的理论框架，有助于理解学习、记忆、注意力等心理过程。我的定义如下：

> 智慧力就是个体吸收、接收信息，并且对其进行有效加工的能力。所谓"有效"，是指这些加工有助于个体正常地满足需要，并且让需要满足的优势向高级需要的方向发展和迈进。

很明显，上述定义体现了本书的价值取向。国际学术界关于"智力"有多种多样的看法以及分类方法。本书中提到的"智慧力"，只结合个别比较著名的理论进行探讨。

2. "智慧力"与学术界关于"智力"的说法

*霍华德·加德纳的"多元智力"*

"情商"是由多位美国心理学家发展出来的概念。美国哈佛教育学院心理学家霍华德·加德纳（Howard Gardener）较早并且有影响地批评了智商理论。他在1983年出版的《心智的结构》中提出了多元智力理论。他在书中指出，至少有七种智力，它们是：

（1）语言运用智力；
（2）数理逻辑智力；
（3）空间认知智力；
（4）音乐智力；
（5）身体动作智力；
（6）人际交往智力；
（7）自我认识智力。

以上智力，都符合本书提出的"智慧力"的概念。在本书的观点中，"智慧力"可以被视为在霍华德·加德纳提出的这七种智力之间达到的某种平衡和整合。每种智力的强弱都可能影响一个人的智慧力。

一个正常的人，一般都同时具有这七种智力，尽管强弱程度不一，但是，很少有人这七种智力都同时具备或突出。

"专才"是某一种智力特别突出的人，"全才"是多种智力都突出的人。大多数人的智力情况都处在"全才"和"专才"之间的某一点上。有的人仅在一种智力上登峰造极，在其他智力方面却非常落后。例如，美国电影《雨人》中的雷蒙就是这样，他的计算速度（数理逻辑智力的表现之一）快如闪电，其他智力却很低下，甚至连日常生活也不能自理。又如我国的残障人士ZZ，他对音乐有异乎寻常的感受力（音乐智力），能随着音乐做出各种优美的指挥动作（身体动作智力），但他其他方面的智力都很低。据说，他在23岁时，智商只相当于4岁的儿童。

霍华德·加德纳并不是最早强调多元智慧的人，但他为这一理论进行了具有影响力的论证。值得注意的是，他还指出了支持"多元智力"理论的生物学研究。在人的智力中，每一种智力都会因大脑的某些特定部位受伤而受到损害，也就是说，每一种智力都与大脑的某些特定部位的功能有关。例如，一个人的左脑前额叶受过损伤，他的语言智力就会发生障碍。他无法说写自如，但仍然能唱歌、跳舞、绘画。如果一个人的右脑颞颥叶受伤，那么他的音乐智力就会受到影响，而说写能力不会受影响。

霍华德·加德纳提出的七种智力，大多都具有一定的基础性。所谓智力的基础性，是指我们对某种智力进行追溯，已经到了再难以追溯下去的程度。例如：

第一，语言运用智力——这是作家、诗人、主持人、相声演员、律师等常常突出具备的智力。莎士比亚的《哈姆雷特》，歌德的《浮士德》，托尔斯泰的《战争与和平》，屈原的《离骚》，曹雪芹的《红楼梦》，以及众多的唐诗宋词，都包含着这种智力的闪光。主持人的妙语连珠，相声演员的幽默风趣，律师的滔滔雄辩，也无不是这种智力的体现。许多人虽然不是从事上述职业，有的人甚至只受过极少的教育，但他们擅长生动地叙述一件事情，口齿伶俐地模仿别人说话，这也是语言运用智力的表现。

第二，数理逻辑智力——这是科学家、会计人员和电脑程序设计人员等擅长的智力。牛顿发现万有引力，发明微积分，爱因斯坦提出狭义、广义相对论，陈景润在哥德巴赫猜想上取得的成就，都主要是靠这一种智力。一般善于进行逻辑推理，善于有条不紊地思考问题的人，都具有较强的数理逻辑智力。霍华德·加德纳所说的"人际交往智力"，以及"自我认识智力"都属于后面将谈到的"情感智力"。

第三，空间认知智力——一般人都具有这种智力，但它是画家、雕塑家、摄影家、机械工程师、建筑师等擅长的智力。例如，达·芬奇、毕加索、罗丹、达利、亨利·摩尔、贝聿铭等都突出地具有这种智力。这类人在思考时，善于借助图像，把脑中的概念用图像表达，或者通过图形、图象来复制实物。一般具有丰富的空间想象力，喜欢欣赏绘画、雕塑和建筑等的人，都具有较强的这种能力。

第四，音乐智力——一般人都具有这种能力，但它是音乐家和音乐爱好者所擅长的智力，他们对音色、节奏、旋律有异常敏锐的感觉力。例如，巴赫、莫扎特、贝多芬、肖邦、柴可夫斯基、梅纽因、帕瓦罗蒂，竹林七贤之一的嵇康、民间艺人阿炳、作曲家聂耳、冼星海、"世界华人的骄傲"钢琴家郎朗、曾经有"钢琴王子"之称的李云迪、旅美作曲家谭盾等，数不胜数，都突出地具有这样的智力。任何人只要喜欢音乐，听觉敏锐，能够为音乐所感动，唱歌时不走调，能辨别不同的乐曲，也都或多或少具备了这样的智力。

第五，身体动作智力——一般人都具有这种能力。这是运动员、舞蹈家、武术家等擅长的智力。例如，在2022年北京冬奥会上获得两块金牌的谷爱凌，她那种"前空翻两周加转体四周"的绝技，体现了天才的身体动作智力。面对记者，她说了一段闪光的金句："在我18年人生中的近10年，我都与恐惧进行了一场动荡不安的恋爱。我是一名职业自由式滑雪运动员，双尖滑雪板、22英尺高的U型池和转体两周的动作就是我肾上腺素的主要来源，那是极限运动真正令人着迷的内核。对安稳完成动作的自信，对即将到来的未知体验的兴奋，这两者之间那种摇摇欲坠的平衡让我欲罢不能。我听说这种状态被称为'化境'（the zone），去年秋天，当我成为历史上第一个完成前空翻两周加转体四周的女性滑雪运动员时，我的确进入了那样的状态。"在这段话中，我们可以感受到她之所以能够如此耀眼，是因为她的身体动作智力不是孤立的，而是与她全面、强大的心理素质密不可分的。

霍华德·加德纳提出的"人际交往智力""自我认识智力"，已经更多具有复合智力的性质，其基础性已经不如以上智力。

当然，人类的智力远远不止霍华德·加德纳概括的上面几种。我们还可以提出多种标准，乃至多种智力。关键在于，我们提出任何理论都离不开我们研究的目的，以及我们研究的价值取向。我们研究的目的和价值取向是什么？前面已经提到，"本书所研究的价值取向和核心问题，即人的整体人生的成功，其重要参考构架是全人需要层次论"。从这一点出发，我们对上述霍华德·加德纳的理论，乃至下面的理论，都可以进行进一步的筛选和整合。

*彼得·萨洛维和约翰·梅耶的"情感智力"*

美国心理学家彼得·萨洛维和约翰·梅耶提出"情感智力"的概念。在他们的理论中，智慧力可以分为"认知智力"和"情感智力"两大类。彼得·萨洛维和约翰·梅耶于1996年对他们提出的"情绪智力"的概念再次修改后指出：

1. 情绪的知觉、评估和表达能力

A. 从自己的生理状态、情感状态和思想中辨认自己情绪的能力；

B. 通过语言、声音、仪表和行为从他人、艺术作品等中辨认情绪的能力；

C. 准确表达情绪，以及表达与这些情绪有关的需要的能力；

D. 区分情绪表达中的真实性和准确性的能力。

2. 思维过程中的情绪促进能力

A. 对于情绪思维的引导能力；

B. 生动鲜明地对于情绪有关的判断和记忆过程产生积极作用的能力；

C. 觉察个体在积极和消极之间的摆动变化、心境起伏，促使个体从多个角度进行思考的能力；

D. 情绪状态对特定的问题解决所具有的促进能力。

3. 理解与分析情绪，可获得情绪知识的能力

A. 给情绪贴上标签、认识情绪本身与语言表达之间关系的能力；

B. 理解情绪所传达意义的能力；

C. 认识和分析情绪产生原因的能力；

D. 理解复杂心情的能力。

4. 对情绪进行成熟调节的能力

A. 开放的心情接受各种情绪的能力；

B. 根据所获知的信息与判断成熟地进入或离开某种情绪的能力；

C. 成熟的监察与自己和他人有关的情绪能力。[①]

彼得·萨洛维和约翰·梅耶所谈的"情感智力"，尽管都包含"对信息进行有效加工的能力"的智力的因素，是一种情感力与智慧力融合之后的能力。但在我的人格三要素理论来看，大体都可归入我们所讨论的情感力。

3. 智慧力的基础性

人格三要素所指的"智慧力"，必须具有一定的"基础性"。上面所谈的智力，都具有一定的基础性。什么是基础性呢？基础性首先取决于我们看问题的角度，以及我们对事物进行分类的标准。

例如，从音乐领域看，音乐家除了音乐智力，他们的智慧力还包括他们敏锐的特殊的感觉能力等，但这些智力很难归入上面所说的几种智力。著名小提琴家梅纽因在谈到自己练琴的体会时，涉及了"触觉因素"的问题，这就具有相当的"基础性"。

当访问者丹尼尔斯问他对练琴的看法时，梅纽因回答说：

> 我喜欢练琴。但由于我有许多事情要做，所以在练琴方面我不能如愿以偿。对我来讲，练琴就是探讨和温习某些感觉的过程。与演奏钢琴相比，触觉因素在演奏小提琴中所起的作用是非常重要的，因为所有的东西都处在不断的变化之中。没有两个八度音程在弦上的距离

---

① 海云明主编：《情感智商》，中国城市出版社，1997年版，第40页。

是相同的，音准的位置也不是固定不变的。更没有哪个音符或哪个声音总是保持原样不变。弓在弦上的压力，运弓的速度，弓和弦的接触点等方面的细微变化，形成了发音中的千差万别，要想孤立地学好这些东西是根本不可能的。①

梅纽因甚至对演奏小提琴、钢琴进行了比较："与演奏钢琴相比，触觉因素在演奏小提琴中所起的作用是非常重要的。"他所说的因素，仍然可以从"信息加工"的角度来解释，即他所说的"触觉因素"，是服务于"艺术性加工"能力的。

如果按照心理活动所面对的信息的种类以及加工的方式来进行分类，所谓信息加工可以分为两大类："工具性加工"（或者"逻辑性加工"）和"形象性加工"（或"艺术性加工"）。根据这两种加工的不同，我们可以把智慧力进一步划分为"工具性智力"（亦称"逻辑性智力"）和"形象性智力"（或"艺术性智力"）。

其中，工具性智力、逻辑性智力的提高可以直接增加控制外界和改变外界的能力，它可以看成主要是左脑的功能，所以又可以称为"左脑智力"。霍华德·加德纳所谈到的"数理逻辑智力"典型地属于这种智力。

艺术性智慧力、形象性智慧力虽然不能够直接增加人控制外界和改变外界的能力，但是它可以通过对人的状态的调整来间接达到这一目的。它可以主要看作右脑的功能，所以又可以称为"右脑智力"。霍华德·加德纳所谈到的"音乐智力"典型地属于这种智力。

霍华德·加纳德所谈的"语言运用智力""空间认知智力""身体动作智力""人际交往智力""自我认识智力"属于中性，具有介于"工具性"和"形象性"之间的特征。或者说，它们都可以服务于"工具性"和"形象性"这两类信息的加工。

把智慧力区分为"工具性智力"和"艺术性智力"，或者"逻辑思维能力"和"形象思维能力"。这并不等于说在进行逻辑思维时没有形象伴

---

① 陈海东，周国春编：《美国艺术家随笔》，东方出版中心，1998年版，第295页。

随，在进行形象思维时没有一定的逻辑遵循，而是指人们在进行这两种不同的思维时，在信息的吸收和运作上具有明显的区别。

根据我国心理学辞典的解释，逻辑思维具有以下特征：

第一，它主要是以第二信号（语言、文字、数字、符号）为思维过程的主要刺激物进行的思维活动。

第二，它主要是以各种概念、判断和推理为形式的思维活动。

第三，它主要是以分析、综合、抽象、概括、比较、分类等为过程的思维活动。

国际高智商协会把逻辑推理分为"视觉推理""数字推理""序列推理"等，并且提出了训练的方法。

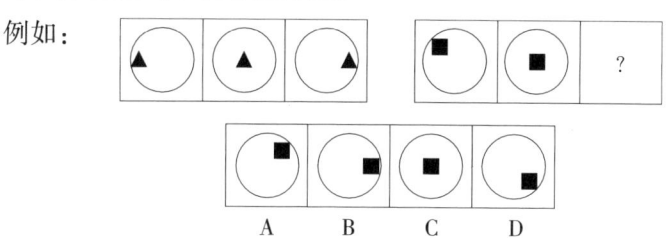

例如：

关于形象思维，学术界的看法分歧较大。一般可以认为，形象思维是一种在思维过程中主要借助于形象、表象的思维活动，它与想象活动有密切的关系。

形象思维是由形象感受、形象储存、形象识别、形象创造、形象描述五个环节组成的。形象思维能力又可分为形象感受力、形象记忆力、形象识别力、形象创造力、形象审美表现力等多种能力。

形象思维是通过形象来反映和把握事物的思维活动；抽象思维是运用概念、判断和推理等认识形式来反映客观事物的运动规律，达到对事物本质特征和内在联系认识的过程。

我国心理学家杨清认为：形象思维是表象运动的"思想流"。所谓表象运动通常是指在大脑中重现的运动图像或动作想象。也就是说，人们在头脑中想象自己或他人进行某种运动的过程。

在现实生活中，人们常常在这两种思维上表现出很大的差异。有的人逻辑思维强，有的人形象思维强。有的人看重形象思维，有的人看重逻辑思维。其实，两种思维是密切相关的，甚至可以是互相激发的。有不少的人体现了两类思维皆优的智力。

麦克斯韦（1831—1879）是英国著名的物理学家，同时又是一位诗人。麦克斯韦主要从事电磁理论、分子物理学、统计物理学、光学、力学、弹性理论方面的研究。尤其是他建立的电磁场理论，将电学、磁学、光学统一起来，是19世纪物理学发展最光辉的成果，是科学史上最伟大的成就之一。麦克斯韦的科学成就与他的思维方法分不开，那就是抽象思维和形象思维的辩证结合。

麦克斯韦

抽象思维和形象思维是两种不同的思维方式，对于一般人来说往往长于此而短于彼，而麦克斯韦同时具备数学和诗歌的才能。在他读中学时就表现出非凡的才华，他曾在爱丁堡中学举行的数学和诗歌比赛中各取得了第一名。麦克斯韦在他长时间的科学研究生涯中，从未放弃对诗歌的追求，尽管他并未想当诗人，但他的诗歌自成一格，一直被同学和同事传抄、朗诵和欣赏。

数学以不容置疑的逻辑力令人信服，而诗歌以生动的艺术形象给人以美感。正是数学和诗歌赋予了麦克斯韦独特的思维方式，并使他能够攻克物理学的堡垒。下面就是一首关于科学研究的诗，描述了麦克斯韦在看过威廉·汤姆逊（W. Thomson）发明的镜式电流计后的激动心情：

> 灯光落到染黑的壁上，
> 穿过细缝，
> 于是那修长的光束直扑刻度尺，
> 来回搜寻，又逐渐停止振荡。
> 流啊，电流，
> 流啊，让光点迅速飞去，
> 源源不断的电流，让光点射去、颤抖、消失……

应该说，迄今为止，人类教育对于智慧力的培养普遍是重视的。

**案例**：成年人的"诗意"也是可以培养的

诗意可以归入艺术性智慧力。我最近几年，曾经两次举办"全人心理学·与大自然通心工作坊"。该工作坊选取一个有风景的地方，通过关于"与大自然通心"的现场培训，启发和激发学员写出诗歌。培训结果，80%以上的学员都写出了诗作，其中有一半的学员以前从来没有写过诗歌。

2018年，在广州凤凰山举办"全人心理学·与大自然通心工作坊"

人类的成员都具有"逻辑思维能力"和"形象思维能力"，或者"工具性智力"和"艺术性智力"的潜力，只是后天的表达有很大差异，有的人得到全面发展，有的人偏重某一方面。就我自己来说，两种都有一定发展。我在青少年时，热情涌动，曾经写过表达我智慧力的诗歌：

抒　情

古往今来的哲人们哟，
把你们的智慧都给我吧，
都给我吧！
我多么渴望解开宇宙之谜，
人生之谜！

古今中外的艺术家哟，

把你们的才华都给我吧，

都给我吧！

我多么需要抒发心中的灵感与激情，

燃烧的激情！

（1964年）

这首诗虽然幼稚、直白，但对我很有纪念意义。它说明，在十六七岁前后的时候，我的生命就已经定下了一个基调，不外乎两大主题：探索与抒情。前者主要是哲学、科学、心理学，后者主要是艺术、音乐、文学、诗歌。这两大主题常常是交叉进行的。我迄今还清楚地记得当初写这首诗的情景，当时我坐在书桌前，内心的能量在涌动，有一种情不自禁、不吐不快的感觉。这首诗，就是仅用数分钟的时间完成的。

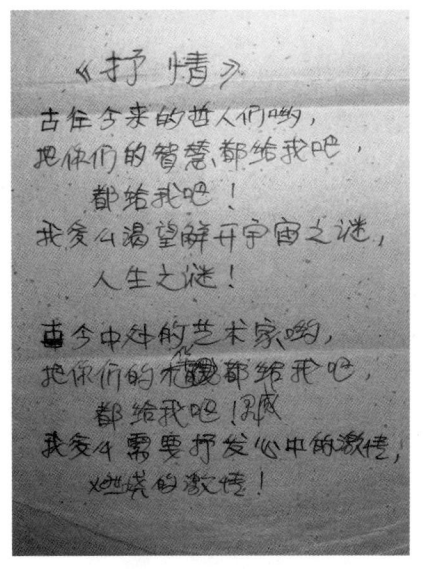

《抒情》诗手稿

### （二）"情感力"

人类不是最早也是较早萌芽以及发展出来的心理素质，也许应该是"情感力"。婴儿刚出生时，谈不上认知，谈不上智慧力，当然也谈不上意志力，但婴儿却具有最原始的基本感受，即"舒服"和"不舒服"，并且能够表达它们。例如，在婴儿刚刚出生时，来到一个与母亲的子宫完全不同的陌生世界，首先感到的就是不舒服，所以，健康的婴儿的第一个情绪表现就是啼哭。

**案例**：说到成熟的"情感力"，有一个小故事我非常喜欢，是在《成功》杂志上看到的：

1914年冬天的一天，在美国的一个小镇，有人接待了一群饥饿的逃难者。这些逃难者接到饭食之时，一个个连一句感激话都来不及说，就开始狼吞虎咽。只有一个年轻人例外，他对主人说："您有什么需要我干的活吗？"主人说："没有什么。"年轻人一听，目光马上黯淡下来："我不能随便白吃别人的东西，我要经过自己的劳动。"这个主人看了看这骨瘦如柴的逃难者，想了一想说："我的确有事情需要您帮忙，不过，您还是先吃饭吧！"年轻人说："我想先干了活，再吃饭。"主人没有办法，就说："那您愿意给我捶背、按摩吗？"于是，年轻人就开始给他捶背、按摩。过了几分钟，主人的脸上露出了笑容："好了，够了，您捶得好极了！"于是又把饭递给这位年轻人……这个主人正是镇长。后来，这个年轻人被留在了镇上，镇长还把自己女儿嫁给了他，并且预言，这年轻人将成为百万富翁。镇长的眼力相当不错，二十年后，这年轻人远不是成了百万富翁，而是成了亿万富翁！他就是著名的石油大王哈默。

先干活再吃饭的哈默

在这个故事里，哈默突出体现的，首先正是他超人的情感力。他有自己做人的底线，清晰的立场，真诚地面对自己的体验和感觉。他同时对他人也有充分的同理心和换位体验，对他人有真诚、负责的态度。当然，也有忍受饥饿、尽自己责任的意志力。我相信，哈默在这件小事上表现出来的品质，也会贯穿在他以后的事业中，这是他取得成功的重要原因。

当然，哈默的成功不仅仅是由于他有超人的情感力，他的智慧力和意志力也非常强大。也就是说，在他的身上，智慧力、情感力和意志力是既发达又平衡的。

关于哈默的那个故事，有读者提问：为什么他是情感力占主导，而不是意志力呢！难道在饥饿的时候，面对食物，不需要有很大的意志力来克服食欲吗？

这个问题问得好。我认为应该这样解释：镇长也是情感力很强的人。哈默对镇长的状态很敏感。他透过镇长对大家的救济体验到了镇长的高尚人格。面对这种情况，他首先觉察和坚守的是自己的责任和义务：不能够白吃，必须先付出后回报。当然，接下来是捶背，马上就需要意志力发挥作用了。如果说，他在与镇长对话的时候是情感力作为主导人格力的话，开始捶背的时候就是意志力了。

"情感力"应该如何定义呢？

所谓情感力，是个体真诚面对自己，面对他人、群体、社会、人类、大自然、宇宙和"道"的感觉、情绪以及态度等的能力。

一个人越是能够真诚地面对自己，对于他人、社会、人类、自然、宇宙和"道"的感觉、情绪、态度等，他的情感力也就越强。

什么是真诚？

所谓"真诚"，是指一个人真实面对自己，面对他人、社会、人类、自然、宇宙和"道"，并且保持一致性的能力。

所谓"不真诚"，就是指一个人不能够真实面对自己，面对他人、社会、人类、自然、宇宙和"道"，对自己的某些感觉、情绪以及态度等采取逃避、回避、隔离、屏蔽的行为。

一个人不能够真诚面对自己，是指多多少少有自我欺骗、自我隔离、自我逃避或者内心有纠结、冲突，不愿意去正视、处理。

当然，一个人不能够真诚面对自己，并不一定是有意识的，他也可能是无意识的，甚至经常是无意识的。这种无意识的"虚伪"的形成，人的各种各样的心理防御机制起了主要和关键的作用。

从人格三要素理论来看，心理咨询、心理治疗对三种人格力都可以起作用。从"治标"或者"治本"的效果来看，可以认为心理咨询、心理治疗如果越能平衡提升一个人的三种人格力，就越具有"治本"的效果。迄今为止，人类普遍缺爱（缺少通心的爱），普遍具有各种各样的心理情结，处理和解决"情感力"的问题，常常具有更加"治本"的效果。各种各样情绪问题、心理情结的处理，可以大幅度地解放当事人的情感力，进而也使智慧力、意志力发生一定的变化。这个看法主要是通过数千例个案的经验和了解、观察他人心理咨询、心理治疗的经验做出的假设。另外，也通过部分比较研究，即通过对同样一位当事人，用"通心辅导"和其他方法比较，初步可以假定通心辅导优于其他心理咨询、心理治疗方法。

"通心辅导"抓住了大多数当事人来做个案的矛盾心理：一方面他们感到痛苦，需要解决；一方面对自己所要处理的问题和事情又感到害怕，这使得他们常常戴着面具，穿着盔甲。他们常常在面对自己时，有遮遮掩掩，乃至不真实、"虚伪"的一面。在进行心理辅导的过程中，首先逐渐让当事人变得相对真实，乃至接触到自己有意无意想回避的关键地方。通心辅导师的功力体现在揭开面具，穿破盔甲，甚至充满灵气地突破精致的防御机制……

**案例：**

H女士在接触全人心理学之前，是一位家庭主妇，没有正式工作。与其前男友同居多年，并且生有一个小孩。该男人靠做医托等不正当职业为生。H女士在与该人同居期间，该人还有另外一位长期同居的女人。除此之外，他同时还跟其他几位女性保持不正当关系。他利用家暴、金钱以及其他不正当的手段来控制她们。H的生活非常痛苦，由于偶然的机会，她来参加全人心理学·通心工作坊。第一次工作坊辅导后，她就发生了极大的变化，开始重新审视自己的人生，再次做个案，她自己产生了与该男人分手的念头。即便如此，H仍然没有离开其前男友。2013年，我在天台山某道场举办工作坊，她再次来参加，我再次给她做个案，该道场的住持也参加了。这次给她做个案，大概用了三个小时，场面一波三折，惊心动魄。原来，在H流露了一点想离开的意图之后，她的前男友放下狠话，如果她离开，就杀了她全家！我消除了她对前男友的恐惧感，离开该男人后她一个人带小孩生存的恐惧感,并且一直追溯到了她在原生家庭承受的暴力和形成的恐惧情结。但奇怪的是,H仍然下不了决心,不愿意马上离开前男友。我感觉其中还有蹊跷,大家也感觉纳闷。在短暂休息的时候,住持指着H说:"你这辈子就死在这个男人手上了!"我接着深入处理,突破阻抗,当场又解决了几个非常核心的心理情结,包括两性关系的心理情结。H的能量大增,当场就下决心离开前男友。这次做个案,我一次处理了多个情结。住持目睹了几次峰回路转的过程,在个案后感慨地说:"许教授可以改命!"

回到现实生活中,H到底有没有发生变化呢?过了大约一个月,H又来参加工作坊了。她告诉大家,有一天她趁前男友不在家,简单收拾了行李带着孩子就离开了。之后,她开始了崭新的生活。

这是一个通过心理辅导迅速提升当事人情感力,同时也带动提升了智慧力、意志力的案例。

情感力与心理学界流行的"共情"(Empathy),乃至我所倡导的"通心"有什么关系和区别呢?

所谓"共情",这是心理咨询和心理治疗常常用的一个概念。"共情"概念为人本心理学治疗大师卡尔·罗杰斯所大力倡导。他下的一个著名定义是:"感受当事人的私人世界,就好像那是你自己的世界一样,但又绝未失去'好像'这一品质——这就是共情。它对治疗是至关重要的。感受当事人的愤怒、害怕或烦乱,就像那是你的愤怒、害怕和烦乱一样,然而并无你自己的愤怒、害怕或烦乱卷入其中。"卡尔·罗杰斯谈的"共情"主要涉及治疗师与当事人的关系,即人与他人的关系。而情感力概念的外延远超他人,扩展到了宇宙万事万物。

在中国传统文化中,有丰富的、具有"共情""同理心"含义的思想。所谓"将心比心""设身处地""老吾老,以及人之老;幼吾幼,以及人之幼"等都包含"共情"的思想。

在我的通心理论中,与"共情"大体对应的是"换位体验"。"换位体验"的简单定义是:站在对方的立场上,体验对方的情绪和状态。

之所以说"对应",是指在含义上有接近之处,但对它们之间不宜做平行的理解和比较。"换位体验"这个概念是作为"通心的黄金三要件"之一提出来的,与其他两个要件"清晰自己""有效影响"一起,构成了"通心"的操作性定义,具有极大的涵盖面和解释力。也就是说,"情感力"与"通心"的关系,主要是指它与"换位体验"接近。它与"通心"的区别是,"通心"具有更加丰富的内涵,从人格三要素看,"情感力"必须加上"智慧力"和"意志力",才能够形成具体的、具有现实操作意义的"通心力"。

"情感力"与"遵守社会道德"有密切关系,但又与遵守社会道德有很大区别。

所谓社会道德,一般可以做这样的理解:社会道德是指人们在社会交往和公共生活中应该遵守的一些行为规范和行为准则。这些行为规范和行为准则对于维护社会最基本的社会关系秩序、保证社会的和谐稳定是必不可少的。可以说,社会道德本身就是在人类情感力水平的基础上形成的。正因如此,"情感力"最基本的表现常常且首先表现为自觉地遵守社会道德,或者说具有公德意识。但值得注意的是,"遵守社会道德"或"具有公德意识"还只能够说明具有基础的"情感力"。"遵守社会道德",也可以是出于恐惧,害怕受到他人的谴责等。

在个体与自己、他人、社会、自然、宇宙、道等关系方面,情感力具有以下作用:

从个体与自己的关系来看,一个人对自己越是真诚,越是能够觉察、体验自己的感觉、情绪以及其他情况,越是能有恰当的态度,实事求是地看待和接受自己……

从个体与他人的关系来看,一个人对他人越是真诚,越是能做到将心比心、设身处地,把对方当作和自己同等地位的人,就越是意味着他具有越强的通心力,更容易在与他人的交往中实事求是地看待对方,尽量促成双赢的结果……

从个体与社会的关系来看,一个人对社会越是真诚,就越是能看清楚自己在社会中的地位和作用,越是有一种正义感、责任感,甚至使命感,并且越能承担其相应的责任和义务……

从个体与自然的关系来看，一个人对自然越是真诚，就越是能看清楚自己以及人类在自然中的地位和作用，认识到破坏生态带来的恶果，认识到保持生态平衡、与自然和谐相处的重要性……

从个体与"道"或者宇宙的关系来看，一个人对宇宙越是真诚，就越是能看清楚自己以及人类在宇宙中的地位和作用，感受到一种伟大的神秘感和敬畏感，产生并且实施真正的"终极关切"。这种终极关切能够促使我们最大限度地发现宇宙中存在的意义，并且承担自己的责任，从而也就能使我们更容易产生"高峰体验"，以及肯·威尔伯所说的"一体意识"。所谓终极关切，是指我们对生命的来源、生存的意义、人在宇宙中的地位等根本问题的追问和探索，是人与"大精神"保持联结的一种状态。

从个体与"道"的关系来看，一个人对"道"越是真诚，就越是能成为一个得道和体道之人。

情感力在与智慧力、意志力协同作用下，可以上升、转化为现实的通心力。

个体的通心力越强大，越能够与自我、他人、社会、人类、大自然、宇宙以及"道"建立良好的关系，进而在现实生活中获得更大的自由度。

通心力使我们可以超越"我—它"关系，与万事万物建立"我—你"关系。所谓"我—它"与"我—你"是著名哲学家马丁·布伯提出的重要概念，前者指的是一种"以自我为中心"的态度，把自己以外的人与生物看成满足自己的手段，是和自己不一样、不平等的"它"，是"物"；后者指的是一种"超越以自我为中心"的态度，把他人和生物看成是目的，看成是和自己一样的平等的"你"。这种"我—你"关系的建立，不仅限于人类范围，可以扩大到其他生物，乃至整个生态。一个人的情感力越强，他就越能够在更广的范围内建立"我—你"的关系。（参阅《全人心理学》之《通心的理论与方法》）

"终极关切"在我们追求"成功"的时候，已经改变了以自我为中心的"成功"的含义，超越了不是"赢"就是"输"，不是"成功"就是"失败"的两分法。

有终极关切的成功，是一种范围更加广阔的成功。只顾自己的成功，是单赢的成功；考虑了合作对象的成功，才是双赢。但终极关切的成功，应该是"三赢"，也就是"我好，你好，世界好"。

另外，我们谈成功，都有一个动力来源问题。一般大成就者的情感力都能够提升到终极关切的层次，即与"大道""终极超越者""宇宙源头"等，名称虽有不同，但大体殊途同归。这也是许多大科学家、艺术家、政治家、思想家们具有罕见动力、极高能量的原因。从全人需要层次论看，大成就者，也是大我实现的人。

我所提出与倡导的"通心辅导"发现，在帮助当事人成长的过程中，在处理了原生家庭的基本情结之后，情感力可以得到极大的解放，当事人焕发出前所未有的能量，人格的独立性越来越显著。但他们在现实生活中，往往还有这样那样的问题，例如，不能够全力以赴做自己喜欢做的事情，被这样那样的人和事带走，时而还有一些负面情绪等。这些情况都影响他们有更好的成绩。究其原因，他们都缺乏终极关切。在引导他们增加终极关切之后，他们的情况都有所改观。

如何了解一个人的情感力？

一个人的情感力可以在各种不同的层次中表现出来。在最简单的日常生活的层次中，它体现为具有真诚的"与人为善"的状态。在普遍的与人交往的情境中，这种真诚的态度和能力至少可以从四个方面观察到，这四个方面构成的基本情感力：

当一个人在现实生活中遇到有情境需要，而且付出的成本并不大，至少在其承受范围内时，一个人能够主动帮助他人、给予他人，并且能够从这个过程中体验到愉悦；

当一个人在现实生活中遇到有情境需要，而且付出的成本并不大，至少在其承受范围内时，一个人未能帮助他人、给予他人，或对他人不利时，会因此而感到抱歉甚至内疚；

当一个人在现实生活中遇到有情境需要，而且付出的成本并不大，至少在其承受范围内时，他人帮助了自己、给予了自己时，自己也能够自然地产生出对他人的感激之情；

当一个人在现实生活中遇到有情境需要，而且付出的成本并不大，至少在其承受范围内时，他人不能够帮助自己、给予自己，甚至对自己有害之时，自己也能够自然地对他产生宽容之情。

如果我们要初步了解一个人基本的情感力如何，我们就可以对他进行以上四个方面的观察。

我在前面所提到的哈默，就很明显地体现了上述特征。包括"自己能够主动帮助他人、给予他人，并且能够从这个过程中体验到愉悦"；"自己不能帮助他人、给予他人，或对他人不利时，会因此而感到抱歉甚至内疚"等。

在人格力中，不少人往往只重视智慧力，意志力次之，最不重视的是情感力。为什么会造成这种情况？摆脱自我、战胜自我，需要更多能量，人有避苦趋乐的天性，总是习惯于先做容易的事情。四川俗话说："半夜吃桃子，捏着软的就行。"这也是人类长期形成的一种自我保护本能。

其实，情感力的作用是很大的，适当的情感力对于我们的身心都有好处。马斯洛描述的自我实现的人为什么比一般的人能更充分地发挥自己的潜能？这正是由于他们首先有比一般人更强大的情感力。

情感力首先对于身体健康是有利的。俗话说，"善有善报，恶有恶报"。这句话朴实而中肯，它是对人类生活现象的一种高度概括。从现代医学的角度看，尽管损人利己可能暂时使一个人得到某些好处，但它也必然会招来非议和谴责，使当事人的人际关系恶化，产生不良的心理反应。至于更加恶劣的行为，例如贪污、盗窃、抢劫、杀人等，即使侥幸没有暴露，当事者也会长期处于应激状态。大量研究表明，一个人长期担惊受怕或者敌视他人，其血液中的胆固醇含量就会提高，肾上腺素的分泌也会增加，这会使得血小板变黏稠，微细血管变敏感，从而增加心血管系统受破坏的可能性，以及产生糖尿病、肥胖症、失眠和免疫系统功能下降等。

相反，与人为善，与他人共情、通心，则能够建立良好的或者是自己满意的、心安理得的人际关系，带来良好的感受。良好的人际关系会产生有利于免疫系统的化学物质。

这里有几种重要的化学物质值得一提，它们与情感力不无关联：

（1）血清素。血清素被誉为"快乐激素"，对于调节情绪、睡眠和食欲有重要作用。血清素的水平可以通过社交互动和积极的经历提高，帮助我们的大脑更好地管理压力。

（2）催产素。催产素被称为"爱的激素"，因为它在性行为、产后母亲和婴儿的互动，以及人类间的亲密行为中起着关键作用。催产素可以增强社交记忆和认知，降低压力反应，并提高我们的心理稳定性。

（3）多巴胺。多巴胺被称为"快感化学物质"，在我们体验到快乐、激动和满足感时释放。多巴胺水平的提高可以促进我们的身心健康，提高我们的幸福感。

情感力的重要功能之一是协调，个人通过情感力的调节，可以减少内耗。所谓潜能"充分发挥"的实质就在于使内耗减少到尽可能少的状态。不只是个人自身的内耗，个人与他人的关系，个人与社会的关系，个人与环境，乃至个人与宇宙、存在本身都可以通过情感力调整到合适的状态。

通过情感力的发挥，人可以建立一种关联性，产生一种认同感或者同一感。人通过对与自我以外的事物的关联性的体验，可以获得意义感。这种意义感可以给人以行为的动力，即产生"意义意志"。所谓"意义意志"，是著名心理学家弗兰克提出的一个概念，它是行为的动力。

我的人格三要素理论在最初发表时，所谓"人格三要素"指的是智慧力、道德力、意志力。尽管我对高层次的"道德力"的解释，最终是与"得道"相关联，经过长期的思考和实践，包括考虑到：①人格三要素应该与心理学的"知、情、意"三分法完全对应。②可以更好地与关于情商的研究接轨，与对心理咨询、心理治疗的研究接轨等。现在将"人格三要素"表述为智慧力、情感力和意志力。这样一来，与"知、情、意"中的"情"对应的人格力应该叫"情感力"，而不是"道德力"。

**（三）"意志力"**

爱迪生曾说："天才是百分之一的灵感加百分之九十九的汗水。"他一生中获得了1093项专利。发明电灯时，为了寻找适合做灯丝的材料，曾经用了1600种不同的材料来做实验。在实验失败了3400次后，才终于成功。对于失败的3400次实验，他并不认为是"失败"。他这3400次实验是成功地证明了1600种材料不可能做灯丝。他发明电灯的过程，充分显示了强大的意志力的作用。

托马斯·阿尔瓦·爱迪生雕塑（1847—1931）

成语"百折不挠""百折不回"等，都是对人的意志力的生动描述。

我很喜欢神经语言程式学（NLP）所倡导的一个理念："没有失败，只有反馈。"这一理念充分地展现了人的意志力的潜力。对于意志力强大的人来说，他们对待失败正是这种态度。

不过，上述关于意志力的描述，仅仅是意志力的部分内涵。

关于意志力，一般谈到"意志"的心理学书籍都大同小异。在曹日昌的《普通心理学》中是这样定义的：

> 意志就是人自觉地确定目的，并且支配行动以实现预定目的的心理过程。

由于"确定目的"含有明显的认知成分，为了突出意志过程的特点，我认为可以这样来定义意志力：

> 意志力就是人在为达到既定目标的活动中，自觉行动、不受干扰、坚持不懈、克服困难所表现出的心理素质。

意志力还可以进一步细分。苏联心理学家彼得罗夫斯基在其主编的《普通心理学》中，把最重要的意志品质分为四种："独立性""果断性""坚持性""自制性"。

所谓"独立性"，是指"一个人不是屈从于周围人们的压力，不是遵照偶然的影响，而是从自己在一定情况下应如何行事的信念、知识和观念出发规定自己的举止"。"独立性"的反面是"受暗示性"。

所谓"果断性"，表现在一个人有能力及时而毫不动摇地采取有充分根据的决定然后经周密考虑后去实现这些决定。"果断性"的反面是"优柔寡断"。

所谓"坚持性"，是指一个人能够长时间毫不懈怠地保持精力的集中状态；他不被达到既定目的过程中遇到的困难吓倒，不屈不挠地向既定的目标前进。"坚持性"的反面是"动摇性"。

所谓"自制性"，是指一个人控制自己的能力，它主要表现在"善于抑制本人不赞成的情感表现：激动和恐惧、愤慨、暴怒、失望等的激情爆发"。

以上关于"意志力"的"四分法"很有价值，它便于我们观察意志力与智慧力、情感力的关系。

一般认为，意志行动的心理过程可以分为两个阶段，即采取决定阶段和执行决定阶段。

我认为，可以把意志的独立性、果断性看作主要表现在采取决定阶段的意志品质；可以把意志的坚忍性和自制性看作主要表现在执行决定阶段的意志品质。

以上四种意志的品质，都可以看作我所提出的"意志力"概念的外延。除此之外，从涉及人际交往的需要满足的角度出发，还可以提出一种重要的意志品质，作为意志力的组成部分之一，这就是"竞争性"。

所谓"竞争性"，是指一个人在社会生活中的一种积极进取的特性。竞争性强意味着个体在社会生活中不是甘居落后，或者保持原有状态，而是知难而进，敢于担当，"明知山有虎，偏向虎山行"。

意志的竞争性，既可看作采取决定阶段的意志品质，也可看作执行决定阶段的意志品质。"竞争性"的反面是"萎缩性"。

### 三、行动力

1. 什么是行动力？行动力为什么重要？

"行动力"是现在大家都喜欢使用的一个概念。行动力意味着我们不光要想，而且要把想法付诸实践，正如人们常常说：心动不如行动。我以前听过一些讲成功学的课程，感觉他们在对意志力、"行动力"的理解上还是有一定深度的。

后来，我在讲通心辅导的时候，我也把当时学习成功学的心得，有机地融合了进去。

例如，一些来访者想要改善与父母的关系、与配偶的关系、与子女的关系、与领导的关系，以及想要达成什么样的目的，我在为其处理了背后的心理情结，使其对原来的关系的认知发生变化，对对方的情况也看得更加清楚，能量有所增加，立场更加清晰，尤其是明白了只有通过"通心"，才能够改善与对方的关系的道理。所谓"通心"的操作性定义就是"通心三要件"，即：

1. 清晰自己，即清晰自己的立场、情绪和状态。
2. 换位体验，即站在对方的立场上，体验到对方的立场、情绪与状态。
3. 有效影响，即通过对方能够接受，甚至乐意接受的态度、方式来影响对方。[①]

为了激发来访者的行动力，我常常这样问：既然你说你准备改善，那么准备什么时候改善呢？"你究竟是'想要'改善，还是'一定要'改善？"很简单，如果只是"想要改善"，那么行动力就肯定不够。只有一个人下决心"一定要改善"的时候，他才会产生具体的行动力。

如果来访者不能够马上回答我的问题，或者支支吾吾，就说明个案还没有做通透，其改变的勇气、动力、自信、把握度、意愿度都还不够。

如果来访者的回答是"一定要"，我就会顺水推舟："你现在就通心给我看看。"结果怎么样呢？

---

① 许金声：《通心的理论与方法》，长春出版社，2019年版，第9页。

**案例1：**

这是我10多年前的个案。在通心工作坊上，F先生要处理与他父亲的关系，当时他的儿子都已经10岁了，但源于他早年关于父亲的心理情结，他已20多年未喊他的父亲"爸爸"了。我花了50分钟处理了他的问题之后，他的眉头舒展了。我问："现在可以喊了吗？"他回答："可以。"我说："那请把手机拿来……"他去拿来手机，拨通了电话，一声"爸爸"，令全场为之动容。

**案例2：**

J女士喜欢心理咨询，所以换了一个比较接近这方面内容的工作，但一直不敢给她母亲讲这件事。她害怕她母亲会说她，换这个不挣钱的工作干什么。她为此每日担惊受怕，生怕母亲知道。我在处理她与母亲之间的心理情结问题后，又进一步给她做人际关系突破的练习。演练与她母亲如何通心。结果，她当场就打电话，把换工作的问题跟她母亲进行沟通，最终她母亲接受了她做的决定。

**案例3：**

M女士由于家里的事情多年与父亲不和，也不赞成父亲对待家人的态度。父女两人之间多年来很少讲话。她自己也是心理咨询师，对此感到十分内疚。她来上我的通心实战技能工作坊，在体验通心环节后，我仅仅给她做了30分钟的个案，还不是正式个案。当天晚上，她就跟她父亲通了电话，沟通得非常顺利。她后来分享说，没有想到这么容易，原来都以为不太可能。

从人格三要素看，行动力与意志力关系很密切。"行动力"的概念与人格三要素的意志力相"对应"，但其含义比意志力更加丰富。在行动力的概念中，不仅有意志力的含义，而且还具有人的活力、精力、活跃性、能量状态等含义，它已经加入了情感力、智慧力的因素，是三种人格力融合、协同作用的结果。

2. 行动力与"知行合一"

"行动力"这个概念强调了生生不息的社会实践，强调了无比丰富的现实生活。

所谓行动力更深刻的理解，就可以看成是"知行合一"的程度和能力。

"知行合一"这个概念，来源于明朝的大思想家、哲学家、军事家王阳明先生。

王阳明的"知行合一"理论，浓缩在他晚年精彩的"五句箴言"中。王阳明说："故格物者，格其心之物也，格其意之物也，格其知之物也；正心者，正其物之心也；诚意者，诚其物之意也；致知者，致其物之知也；此岂有内外彼此之分哉！理一而已。以其理之凝聚而言，则谓之性；以其凝聚之主宰而言，则谓之心；以其主宰之发动而言，则谓之意；以其发动之明觉而言，则谓之知；以其明觉之感应而言，则谓之物。故就物而言谓之格；就知而言谓之致；就意而言谓之诚；就心而言谓之正：正者，正此也；诚者，诚此也；致者，致此也；格者，格此也。皆所谓穷理以尽性也。天下无性外之理，无性外之物。"（王阳明《答罗整庵少宰书》）。

这一大段话中，"以其理之凝聚而言，则谓之性；以其凝聚之主宰而言，则谓之心；以其主宰之发动而言，则谓之意；以其发动之明觉而言，则谓之知；以其明觉之感应而言，则谓之物。"这五句是其精华，被称为"五句箴言"。

我认为，这五句可以进一步精练。即：天理之凝聚谓之性，凝聚之主宰谓之心，主宰之发动谓之意，发动之明觉谓之知，明觉之感应谓之物。

3. 行动力与斯腾伯格的"实践性智力"

"行动力"这一概念与 B. J. 斯腾伯格关于"实践性智力"（Practical Intelligence）的概念相当吻合。对于"行动力"和"实践性智力"的运用，是一种以意志力为主导人格力，以智慧力、情感力为辅助人格力的过程。

B. J. 斯腾伯格提出分析智力、创新智力和实践智力的三种智力理论。在分析智力中，主要是智慧力在起作用；在创新智力中，除了智慧力，还加入了情感力；然而，在实践智力中，除智慧力、情感力外，又加入了意志力，甚至以此为主导。

B. J. 斯腾伯格的三种智力理论的确可以通过人格三要素理论来理解，尽管两者并不是直接对应的。下面是一种可能的解读：

分析智力：这种智力主要关注的是问题解析、逻辑思维和批判性思维，这些都可以看作智慧力的主要表现。分析智力的运用需要我们理解问题、选择策略并应用这些策略来解决问题。

创新智力：这种智力不仅需要理解问题，还需要产生新的、创新的解决方案。这可能需要智慧力来理解问题和选择策略，但也需要情感力来调动我们的创新能力，理解和产生新的、与众不同的解决方案。

实践智力：这种智力涉及如何在现实世界中应用我们的知识和技能。这可能需要智慧力来理解问题和选择策略，情感力来处理我们与环境和他人的关系，以及意志力来应对挑战、持续努力并实现我们的目标。

总的来说，这三种智力的每一种都可能涉及智慧力、情感力和意志力的某些元素。然而，如何在具体情况下应用这些力量，可能会依赖于具体的任务和环境，以及个体的个性、经验和技能。

维克多·弗兰克（Viktor Emil Frankl），是著名的奥地利心理学家、精神病学家，维也纳第三心理治疗学派——意义治疗与存在主义分析学派的奠基者。他是第二次世界大战纳粹集中营中的幸存者，他以自己亲身经历的严酷生活，提出了意义疗法。其中，"意义意志"（a will to meaning）是一个非常重要的概念。他认为，意义意志是发现一个可让个人在任何情境都能够坚持行动的理由，从而让自己的生活更充实，更富有价值感。"这个意义是唯一的、独特的、唯有人能够有而且必须予以实践；也唯有它获致实践才能够满足人追求意义的意志。"[1]

---

[1] 维克多·弗兰克：《活出意义来》，赵可式等译，三联书店，1998年第二版，第102页。

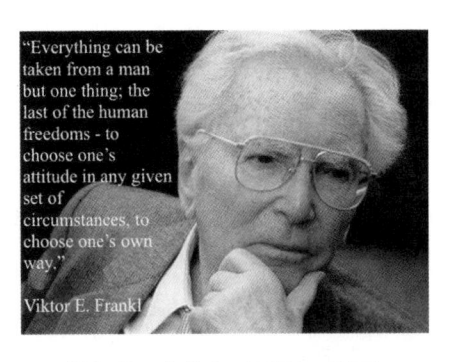

维克多·弗兰克（1905—1997）

行动力的概念与"意义意志"有密切关系。其区别是，在"意义意志"中，智慧力、情感力与意志力三者都处于更高的水平，以及更紧密的融合。意义意志越强，往往行动力越强。这正是由于"意义意志"有机整合和提升了三种人格力。

人的三种"人格力"或者"基础心理素质"，即智慧力、情感力、意志力，它们的出现和发展是有一定规律的。我们可以说，一个人从小甚至是天生就聪明、智慧，从小甚至是天生就富于同情、共情（同理心），但是很难说一个人天生就意志坚强。无可非议，三种人格力都具有先天的生物因素以及遗传因素，也有后天环境，以及个体的锻炼和发展因素，但意志力似乎在后天的锻炼和发展因素方面更加明显……

**案例：**

1969年12月—1971年12月，我在四川邛崃山区，度过了两年的知青生活。这段时间，日子过得十分充实，获益太多。在这个时候，我才感觉真正进入了生活，知道什么是油盐柴米，什么是社会，什么是独立……最大的收获之一，是意志力的锻炼与增长。在当知青期间，我的重要精神生活是读书、记笔记、写日记和写诗。下面的三首诗，记录了我心灵的磨炼过程。

**登山**

**1970 年**

广漠混沌的苍穹,
有几点疏星朦胧地闪烁。
宇宙漫漫无尽的寒夜,
笼罩着悬入虚空缥缈的山峰。

那是什么?
远远地,仿佛如一只蚂蚁,
缓缓地向上移动……

凭着内心的一点火光,
那裸露的身子,
似乎感觉不到荆棘和霜冻。

后记:这是我做的一个真实的梦。它表明我已经基本学会了独处,而且对存在性的孤独、对于意志力量都有体验。在这个世界上,谁都不可能无缘无故地帮助你,除了你自己。知青的生活,对于我来说,最苦的还不是物质,而是孤独、寂寞、无意义感。走进社会的最底层,完全无依无靠,需要自己养活自己,促进了我探索生命的意义,解答"我是谁?"这个永恒的疑问……

**狼**

**1970 年**

几只孤独的狼,
奔走在荒漠的大山。
夜色中,
饥饿的瞳孔,
像荧光忽灭忽闪。

头上繁星满天,

眼前朦胧一片。
希望的嚎叫，
伴随着夜风，
在山谷里回旋……

后记：在上山下乡时期，知青普遍感到迷茫。"狼"的形象是我驱赶迷茫、战胜孤独、坚强生存的心理支撑。知识青年有的麻木了，有的堕落了，而那些能够战胜迷茫、孤独的人，当然并不只我一个，能够选择积极地探索。所谓探索，是指探求真理、认识自己、认识社会，找到自己的定位……

如果一切都是虚无，我们的追求却可以是实在的。当感受不到或者确认"什么是人生的意义"的时候，探索人生的意义，就是最大的意义！"勇气"是心灵成长的根据地和发动机。多年之后，我读到保罗·蒂利希的名著《存在的勇气》，感到十分亲切。大卫·霍金斯的能量级别理论对于"勇气"这一级别的划分和定位，更使我在开展心理治疗的实践中获益匪浅。我后来进一步提出了"全人能量理论"。

这首诗的底稿丢失了，我是靠记忆重新写下来的。好在印象相当深，大体确切。

## 给自己
### 1971 年

别去寻求可怜的同情，
更不要彷徨与悲伤，
从你那高傲的自我，
滋生出隐忍的力量！

丢掉人世勉强的希望，
把热情在心底深藏，
理性还是你真实的朋友，
为了它，你要无比坚强！

后记：这是一首鼓舞自己坚强和强化意志力的诗，它对于我的成长具有重要意义。在缺少爱的时候、孤独的时候，在没有感情慰藉的时候，应该怎么办呢？是沉溺在那种缺爱的状态中吗？是无休止地向外求，徒劳无功地向他人寻求帮助，还是该干什么就干什么？——在农村，附近的村落里，我也有一些知识青年朋友，我们有一些共同语言，有一定价值观的共鸣，他们也给予了我一些帮助，但是，再往深处走，尤其是涉及深层人生观、世界观的时候，就只能止步了……

这首诗，有某种开悟和意志力量的解放，它标志着自己心灵成长的一个阶段和转机。数年后，我提出"东方型的自我实现"模式，主张在不利于自我实现的环境下要发挥自己的人格力量，这应该是有当时的一些体验做基础的。

这个时期，对于"失望"也有深刻体验。没有任何人会主动和你通心，也不一定能够通。唯一的出路：先自己把自己打通！——当然，那个时候我还没有提出"通心"的概念，但这些生活的积累，都是其后提出"通心"的理论与方法不可或缺的生活基础……

这首诗，也体现了当时自己喜欢的小说《牛虻》等对自己的影响。这本《牛虻》，在农村，我至少反复读了十遍。——当然，这并不是指每次都是机械地从头到尾，而是有选择地阅读其中的章节。

苏联电影《牛虻》海报

**我的知青日记**

2007年8月，在成都办工作坊时，有一位学员来自四川邛崃。我忽然想到，自己下乡的地方就是邛崃山区，何不乘机回去看看？工作坊工作结束，搭乘她的车到了邛崃县城。然后，又花了85元雇了一辆车去了夹关镇。这是我一个人插队的地方。路上共花了三个小时。37年了，老乡们居然一看见我，就都叫出了我的名字！这一趟，感想颇多，最重要的是加深了对自己以及乡亲们的认识……返京后，我翻出了以前的日记。我发现，我成长的线索是如此清晰。下面摘录几段当时我对独处和知青生活的感受：

1970年3月2日

千百次地重复着同一个简单的动作，在农村，几乎全部是这类单调、乏味的劳动。我真不能想象，人可以就这样度过自己的一生！

"人生是这样烦闷，假如要是没有奋争。"

在没精打采之际，我有意识地用劲加快速度，在力的发泄之中，我才感觉到了一点兴奋。

尽可能地把劳动当作野蛮体魄的手段，这就是我的意志向自己发出的号令。

……

（评论：把机械的劳动当作锻炼身体，这是我当时常常使用的"应战机制"。我在"防御机制"的基础上，提出"应战机制"的概念。它是指面对生活的挑战，主动地调动自己的人格力量，去适应环境，并且在环境中得到发展，而不是做环境的奴隶。在没有意义中演变出意义。我记得，当时挖地、割麦子等，我都是做得最快的……我还用两个磨盘，穿入一根结实的木棍，做了一个举重杠铃，天天练习。有时候，一些村民也来尝试，都举得吃力，而我，能够用一只右手举起，使他们大为惊叹。——这个杠铃的重量不清楚，估计在90—110斤。练习举重时，很能够生动地体会到意志力的作用，尤其是在意志的发动阶段，那种意念的调动与决心。）

1970年3月6日

由于下雨，已经有三天没有出工。看完了《拜伦诗选》和《莱蒙托夫诗选》，使我有点惊讶的是，在有了一些生活的经历和体会后，竟然能够在他们的诗句中找到那么多的共鸣。特别是莱蒙托夫，他虽然生活在那样一个时代，却以一种"可怕的力量"进行了深刻的不知疲倦的探索，做了他那个时代走在最前列的人。历史是不会有空白的。

（评论：孤独中并不孤寂，因为有他们是我的朋友，他们是真实的存在。现在回想起来，知青生活最大的收获之一就是意志力得到了锻炼。在 19 世纪的俄罗斯文学中，有所谓"多余的人"的主题，诸多俄罗斯作家描写了这一主题。其主人公，是一些没落的贵族青年，由于时代的原因，他们有才华无法施展，但仍然孜孜不倦地进行探索……莱蒙托夫身上体现的就是这种精神。我与之有共鸣，更有激励。）

**1970 年 3 月 11 日**

细雨蒙蒙，笼罩着这寂静的深丘。天色灰暗、模糊，看不出是什么时辰。

在这潮湿、阴冷的日子里，我感到特别寂寞、难受。……在先贤哲人们的著作中去寻求安慰吧，聆听他们的教诲，使我暂时忘记一切。

（评论：每当这个时候，我就强迫自己看书。常常是刚开始看时，看不进去，运用意志力，不断提醒自己，逐渐就进入了状态。意志力只有在意志力的发挥中，才能够得到锻炼，并且强大起来。那个时候，我还没有产生"通心"的概念，不知道我在孤独中看书的这种状态，就是与古人"通心"，与小说中的人物通心。）

**1970 年 3 月 31 日**

农民是辛苦而劳累的，但生活水平却很低，生活方式简单且乏味。我体会到农村的生活方式对人的精神的作用。我能不能在这简单的基础上，产生出更高的东西来呢？这就要看我的能力了，看我能不能用尽量少的时间来从事维持生存的劳动。必须提醒自己：继续加强理智和意志力的作用，在简单的生活中活出自己的精神。

（评论：在生活的最底层，反而有助于产生关于超越性的感悟。我当时的想法是：生活，能够维持就可以了。用不着都花去多挣工分，尽量有更多的时间做自己最愿意做的事情。我发现，我的这一特点直到现在也没有改变。我的物质生活简朴，一直对挣钱没有什么兴趣。只要钱够用，就不专门花时间去挣钱。）

1970年4月27日

从坪上到曹湾的下山的路上，树木有好几处很茂密，快到山脚的时候，两旁的矮树丛和荆棘几乎隐去了山间的石头小径。在这条小径上行走，完全没有人世间的嘈杂、喧闹，只听到鸟儿清脆、婉转、悦耳的歌唱……

我喜欢古木参天的深山老林，一个人默默走进从来没有他人脚步到达的地方，在遮天蔽日之处，沉入无边无际的冥思遐想。在那里，只有大自然同在。但是，在现实社会中是不能容纳鲁滨孙存在的。走着，走着，忽然透过树木稀疏的地方，看见了远处山坡上的田地。啊，这里并不是纯洁的未开垦的处女地。人类为了生存，正在不断地向大自然索取。生活把我从幻想中惊醒。是的，首先要生存。让我毫不畏惧地挑起生活的担子吧。但它再沉重也只能够压痛我的皮肉，却压不垮我欣赏美的自由。

（评论：我似乎先天就喜欢大自然！"喜欢古木参天的深山老林，一个人默默走进从来没有他人脚步到达的地方，在遮天蔽日之处，沉入无边无际的冥思遐想"，实际上就是对自己生命的探索。我自幼喜欢幻想，不过，一直也可以从幻想中很快地回到现实。）

1970年5月6日

当孤独反而成为一个人力量源泉的时候，在一个人不需要任何外来刺激和共鸣也能够发展的时候，他的精神力量便已经达到了超人的地步。……一个人的意志力越强，他就越不容易受外界的影响和支配，他便越是能够影响环境，在外界释放能量，扩大自我，变小我为大我。

（评论：当一个人在独处中能够进入"充实性独处"状态的时候，可以说孤独就已经可以成为力量的源泉了。"一个人的意志力越强，他就越不容易受外界的影响和支配，他便越是能够影响环境，在外界释放能量"，这些话，很像马斯洛描述的自我实现的人，怪不得后来一接触到马斯洛的思想，就非常喜欢。这个时候居然出现了"大我"这个概念！）

四川省邛崃市夹关镇，我下乡的地方。据有关介绍：夹关镇位于邛崃西南山区，距市区37公里，距国家级风景名胜天台山10余公里。夹关镇面积47.46平方公里，人口19288人。夹关是川西旅游环线上的重镇，与名山、雅安、芦山相接，境内交通十分方便。

夹关为秦灭蜀以前古蜀国的边关，与平乐、固驿同为临邛三大古镇之一。有民谣说"一平二固三夹关"。夹关素有"买不完的夹关"之称，是著名的茶马古道和举世闻名的南方丝绸之路的驿站。平均海拔高度600米左右，年均气温16°C，年均降雨量800—1000毫米，气候温暖湿润。

夹关又名夹门关，因镇之西部观音岩处的啄子山、胡大岩两峰对峙如门，中横一水而得名。夹关镇四面环山，林木苍翠，三桥飞跨南北两岸，一水贯穿集镇中心，水势茫茫，碧波荡漾，水流清澈，空气清新，自然形成了"碧水倒影岸柳"的迷人景色，成为邛崃南路唯一的天然游泳场。

我非常熟悉的环境和情景，当年我下山到镇上买东西的时候，就会走过这里。

第一部分　什么是"人格三要素"　｜ 039

农村典型的景色。不过，照片中的水，由于刚下过雨，是黄的。平时，水是清澈的。我多次在这条河里游泳。另外，这山坪上有一些很深的水塘，也是我常常游泳的地方。有时候在夜晚，月色很明亮的时候，我甚至也去游……

过了该桥不久，就开始上山了，我所在的生产队在一个山坪上，约600米高。

在农村经常能够看到类似的景色

  由于我善于摔跤，村子里没有村民能够摔过我，大家后来叫我去看守树林。照片为我做"护林员"经常看见的景色。为了更好地生存，我看书学会针灸，还买了一把推剪为村民理发，靠这些为村民服务，后来就可以完全不干农活了。村民们经常给我送菜，因而我不缺菜吃，自留地也没有种，荒废了。

  1971年年底，成都的工厂来招工，我抓住机会，大胆地去找负责人毛遂自荐，居然成功了！我成了当地第一批返回城市的知青。

2007年，我返回插队的地方，原来种水稻的梯田，都改为种茶叶了。村民比以前富裕。

第一部分 什么是"人格三要素" | 041

## 四、需要的满足与人格力

### (一) 人格三要素是决定我们需要满足的主体因素

我们每个人的生存与发展,需要有一个参考构架,这样的参考构架可以有很多个,我主要采用的是我在马斯洛需要层次论基础上进一步提出的"全人需要层次论"(详见《全人心理学丛书》之《大我实现之路——全人需要层次论》)。按照全人需要层次论,人有七种基本需要:生理需要、安全需要、归属需要、自尊需要、自我实现需要、自我超越需要、大我实现需要。一个人在需要的满足上,其优势需要越高,他的生存质量也就越高。生理需要、安全需要占优势的人,只是在为维持自己的基本生存而努力,谈不上什么生存质量。一个归属需要占优势的人,建立一个家庭,繁衍后代,就达到自己需要满足的最高状态。一个自尊需要占优势的人,高于归属需要占优势的人。一个自我实现需要占优势的人,高于自尊需要占优势的人。一个自我超越需要,乃至大我实现需要占优势的人,在一生中实现了潜能最充分的发挥。我在这里所讲的"大我实现",是在马斯洛心理学基础上的进一步发展,是自我实现概念的进一步发展,是需要层次论中最高的一层需要。所谓自我实现,简单地说就是指在积极适应环境的情况下,个体潜能的充分发挥。所谓大我实现,简单地说就是个体得"道"之后,与大道一致,实现他自己也是在实现"道"。

人的基本需要不断满足,其优势需要不断上升,取决于两大因素,一是环境因素,一是主体因素。

所谓主体因素又分为身体因素和心理因素。那么,人格三要素,即智慧力、情感力、意志力,三种人格力与我们基本需要的满足有什么关系呢?有非常重要的关系。它是决定一个人在需要满足上,其优势层次能够不断上升的基础心理素质。人格三要素理论的宗旨之一就是说明如何发挥智慧力、情感力、意志力以及潜能,更好地满足我们的基本需要,提高我们的生存质量。

一个人的智慧力、情感力、意志力越强并且均衡,他就越有可能尽早、尽多地进入高级需要（自我实现需要、自我超越需要、大我实现需要）占优势的状态，充分发挥自己的潜能。

一个人一生的行为都可以看成是围绕基本需要的满足而展开的。所谓人格，则可以看成是在一定的社会条件下，个体在满足基本需要的过程中所形成的心理特征的总和。

不同的人终其一生，在基本需要的满足上所达到的高度是很不相同的，有的人高，有的人低。

由于社会经济发展条件的限制，迄今为止，只有少数人才有可能达到自我实现需要满足占优势的水平，能够进入自我超越的人很少，能够大我实现的人更是凤毛麟角。

除了社会经济发展水平的限制，人们的潜能发挥、生存质量也受社会分工的限制。即使再完美、优化的社会，总还是有一些工作人们喜欢，一些工作不喜欢。争取做自己更喜欢、职业声望更高的工作，这是一场竞争。一个社会总得有人来做那些一般人不愿意做的工作，即使是有了机器人，也得有人来操作机器人。

是什么决定人们在竞争中胜出，取得优势地位呢？

除了人们先天条件的差异，就是各自人格三要素的表达与发挥了。

**（二）需要满足层次与人格力**

按照全人需要层次论，人有七种基本需要：生理需要、安全需要、归属需要、自尊需要、自我实现需要、自我超越需要、大我实现需要。决定我们生存质量的，是看哪一种基本需要是优势需要。我们同时存在七种基本需要，但在一定时期内，我们往往只有一种优势需要。

如果一个人的某种基本需要长期占优势，我们就可以说他在这个时期是什么人格。例如，一个人长期都是归属需要占优势，就可以说他是归属型人格。如果他长期是自尊需要占优势，就可以说他是自尊型人格。

越是高级的基本需要成为优势需要，我们的生存质量就越高，也意味着我们的人格类型越高。

越是高级的基本需要成为优势需要，对我们的人格力的水平提出的要求就越高。或者说，我们的人格力的水平的表达越高，我们就越是能够从低级需要占优势向高级需要占优势发展。如果我们把三种人格力看成三角形的三条边，那么三角形的面积就代表三种人格力的水平以及取得的成就。不同的优势需要，有不同的人格力水平以及人格力三角形的面积。越是高的优势需要，有越是高的人格力水平和越是大的人格力三角形面积。

示意图：

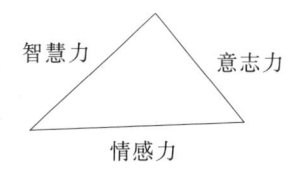

```
        智慧力     意志力
            △
           情感力
```

一般来说，从我们出生开始，我们的需要层次的优势有一个缓慢的上升过程，这个过程也是我们的人格力缓慢变强，人格力三角形缓慢变大的过程。

婴儿的优势需要最低，一般是生理需要占优势。他的人格力水平很低，人格力三角形也非常小。一个婴儿的安全需要、归属需要，甚至自尊需要在四个月左右就可以观察到一些雏形，但是它们和生理需要比起来，一般在一岁半之前，都不成熟，更不可能占优势。

随着年纪的增大，我们的优势需要也开始上升，我们上小学之后，我们的自尊需要的强度开始加快增加，但一般要到高中、考大学时期，竞争加剧之际，我们的自尊需要才往往开始占据优势地位。而一直要到我们步入工作时期，我们要在社会上立脚，争取占据一定地位之时，我们的自尊需要才长期地占据优势地位。

### （三）需要满足受挫与人格力

在人的需要满足过程中，总是伴随着各种各样的挫折。

关于挫折，心理学一般定义为：人在从事有目的的活动中，在环境中遇到干扰或障碍，其目的至少暂时不能达到时的状态。人受到挫折，可以看成与需要的满足相反的状态。需要是引起行为动机的内在条件，在动机不能实现的情况下，人们就会遭到挫折。

从人的最低级的生理需要一直到最高级的大我实现需要，其满足都可能遭到挫折。越是高级的需要，其充分满足越是困难，就越容易遭受挫折。

例如，在当今的社会条件下，当我们在属于生理需要的饥饿的支配下寻找食物时，尽管并不是所有的时候都立即能得到食欲的满足，但这种满足一般都谈不上困难。除了极少的贫困国家和地区，人们一般已经不再为食物而发愁。然而，对自我实现需要，甚至对于尊重需要，由于它们的满足要求有更多的条件，它们就比其他需要更难顺利得到满足。它们的满足，常常要遭受反复多次的挫折。

把挫折问题引入需要理论，目的是更好地研究在一定环境条件下，决定需要满足过程的个体人格因素。

马斯洛的需要层次论发表后，遭到过许多批评，其中，有不少批评是指责马斯洛对需要发展过程的描述缺乏精确性。例如，有一种典型的批评就是："在下一个较高级的需要出现之前，一个人必须体验到多少满足，马斯洛对此缺乏精确说明。"① 然而，这种指责是没有说服力的。相反，这种指责倒是触碰到了一个连马斯洛自己也没有明确意识到的需要层次论的优点：马斯洛需要层次论的模糊性，正好反映了人类需要满足过程本身所具有的模糊性。关于基本需要的发展、上升，马斯洛往往是这样叙述的："在较低一级的需要充分满足之后，较高一级的需要才开始出现，并对人的行为产生作用。在这里，关键的用语是'需要的充分满足'。"② "需要的充分满足"并不表现为一个固定不变的常量。就个体自身而言，它无论在质的方面还是在量的方面，都具有一定的可塑性和变化范围。就人类而言，个体与个体之间又存在很大差别，即各有不同的变化范围。人类需要满足的这种可塑性，存在于每个层次的基本需要中。

以生理需要中对食物的需要为例。首先，从总体上看，在量上，每个人"饱"的感觉阈是不同的。在进餐时，有的人可能吃500克的食物就感

---

① 里查德·里赫曼：《人格理论》第8版，高峰强等译，陕西师范大学出版社，2005年版，第243页。

② 马斯洛：《动机与人格》，许金声等译，华夏出版社，1987年版，第36—37页。

到饱了，有的人则可能要吃 600 克，或者只需吃 400 克，等等。在质上，每个人要求的食物质的水准也有差异。有的人追求山珍海味，有的人每顿饭少不了鸡鸭鱼肉，有的人粗茶淡饭也能过日子。其次，从个体自身来看，每个人在不同时刻在食物的满足上同样存在可塑性。在量上，"饱"的感觉阈不是一个精确值，而是一个区间。例如，所有的人吃饭在"饱"的感觉上都可以有从 6 分、7 分、8 分、9 分甚至 10 分饱的选择。在质上，食物的选择范围也可以很大，如某人可能从吃山珍海味到粗茶淡饭这样不同的层次都适应。

从归属需要的满足来看，也具有极强的可塑性。例如，青年时期是归属需要占优势的时期，一般大学生都具有强烈的对友谊和爱情的需要。然而，有的学生对友谊特别渴求，非常喜爱交朋友，一旦友谊发生了裂痕，情绪上就表现出较大的波动，甚至严重到影响学习。有的学生虽然也渴望友谊，但并不把这当作自己学校生活的最重要的内容。还有一些学生，则可能对友谊的态度较冷淡，因此被看作不爱交往或性格孤僻。大学生在对待恋爱上也同样存在着这种差异。有的大学生一进校门就开始把找对象、谈恋爱当作自己的头等大事，似乎对象不确定就不能安心学习。他们把精力主要消耗在了追求异性之上。有的大学生虽然也向往爱情，但把学习作为头等大事，甚至下定决心，在校期间主要抓学习，尽可能不谈恋爱或对恋爱采取顺其自然的态度。

正是由于人类需要的满足具有可塑性，所以，在环境等变量固定的情况下，个体需要满足的发展、上升，还取决于个体自身的素质，即人格力量。一个人的三种人格力越强，他就越能够在相同的环境条件下，达到需要满足的更高层次。

正是人类需要发展的这种可塑性，也使个体对需要的满足有了选择的必要，在环境等因素固定的情况下，个体人格力的差异决定了选择的不同。在人们的中级需要甚至低级需要都没有充分满足的情况下，那些个体人格力较强者，更愿意以及更能够坚持追求高级需要的满足。与此相反，那些个体力较弱者，则常常有可能停留在低级需要的满足上。

人格力在这里可以理解为个体在满足需要过程中所表现的主体性力

量，它们是个体到达高级需要满足境界的能力素质。当个体的人格力仅仅能够忍受挫折、忍受需要满足条件的匮乏之时，这样的人格力可以说达到了"挫折承受力"的水平。当个体的人格力不仅能够忍受挫折，忍受需要满足条件的匮乏，而且还能战胜挫折，追求更高需要之时，这样的人格力则可以说达到了"挫折超越力"的水平。从挫折承受力到挫折超越力是一个连续统一体，随着挫折承受力的逐渐增强，个体的人格力上升为挫折超越力。

在马斯洛刚刚提出需要层次论以及自我实现论的时候，他就已经注意到一些需要满足的特殊情况。他在1954年发表的《动机与人格》中指出，有一种"把自尊看得比爱更重要的人"。根据他的需要层次论，尊重需要在归属需要之后，只有在归属需要有了相当满足之后，才谈得上尊重需要的满足。马斯洛对此是这样解释的：这种人是受了"最有可能获得爱的人是意志坚定或者有权威的人"的观念的影响。

他还谈到一种"天生有创造性的人"。他说，这些人可以做到"不顾基本需要满足匮乏的自我实现"。

但是，马斯洛并没有详细解释这些需要满足层次颠倒的问题，他更没有进一步追问，造成这些"需要满足颠倒"的个体人格因素是什么。

不过，马斯洛曾经说过："行为由几种因素决定，动机是其中一种，环境是又一种。"[1] 但他并没有详细论述行为的"几种决定因素"都有哪些，它们之间有什么关系。

马斯洛在晚年还注意到了自己的自我实现理论难以解释的一些矛盾，例如，在基本需要满足之后，有不少的人并不追求自我实现，而另外一些人，却具有强烈的自我实现倾向，人与人之间在自我实现上有很大区别。对于这个问题，马斯洛的解决办法是，他将那些"天生就具有更强的自我实现意识"的人称为"生物精华"（Biological Elite）。在这里，马斯洛似乎已经涉及个体心理素质的问题。这个问题是需要有一个素质理论来解释的。

人的行为的决定因素不外分为两大类，一类是环境因素，一类是个体

---

[1] 马斯洛：《动机与人格》，许金声等译，华夏出版社，1987年版，第34页。

自身因素，而在个体自身的因素中，除需要满足状况以外，最重要的就是人格三要素，即个体的三种人格力。

我发现，当人格三要素理论与需要层次理论结合起来以后，对人的行为，特别是追求成功、追求高级需要满足的行为有了更大的解释力。至于人们在先天的遗传上，是否具有人格三要素的差异，这个问题缺乏实证研究。如果这个问题得到证实，那么马斯洛的假设就是可以成立的。

三种人格力都强大而且均衡的人，其高级需要最容易得到满足，并且成为优势需要。

### （四）人格力的提升

三种人格力可以提升并且进行结构调整吗？可以。

在现实生活中不难发现，随着岁月的流逝，不少人在心理素质上都有明显的变化，甚至改变得面目全非。例如，有的人变得更加坚强，有的人更加智慧，有的人善解人意，等等。之所以如此，是因为有各种各样的因素，其中主要是教育的因素。并不罕见的是，除学校之外，一些人在生活中遇到了给他们以极大影响的人，他们常常尊称这些人为"贵人"。至于心理治疗、心理咨询有没有这样的作用？我认为是有的。至少经大量实践证实，通过心理治疗、心理咨询，当事人的心理素质可以得到大幅度的提升。由于当事人的受益，他们常常称这些优秀的心理师为"贵人"。

心理咨询、心理治疗的作用，也可从"人格三要素"来看。

全人心理学的"通心辅导"就有这样的作用，而且有高效、治本的作用。

具体情况是：

1. 直接提升一个人的情感力。
2. 间接提升一个人的智慧力。
3. 强化、调动、激励一个人的意志力，为他的意志力扫清障碍。

"授人以鱼"不如"授人以渔"。提升最基础的人格三要素，就是授人以渔。

裴斯泰洛齐（Johan Heinrich Pestalozzi）是 19 世纪瑞士著名的教育家。

他第一个提出了教育心理学化的思想和要素教育理论。裴斯泰洛齐说："我长期寻找一个所有这些教学手段的共同心理的根源。因为我深信，只有这样，才可能发现通过自然法则本身决定人类发展的形式。很显然，这种形式是建立在人的心理的一般组织之上的……教学的原则，必须从人类心智发展的永恒不变的原始形式得来。"[1]

所谓"要素"指的是人的天赋能力最原始最简单的萌芽，是各种教育不可缺少的基础。教育就是要抓这些最根本的东西。例如，他认为，体育最初的最基本的要素是关节活动。他认为自然赋予儿童关节活动的能力，这是体力发展的基础，也是进行体育联系和各种体力活动的要素。道德教育最基本的最简单的要素是儿童对母亲的爱的感情，他认为这种爱是反映和表现得最早，并将逐步扩展到对家庭其他成员以至全人类的。

裴斯泰洛齐（1746—1827）

裴斯泰洛齐着重研究了智力教育和教学的要素。他说："富有生命但还模糊不清的关于教学的基本要素的思想，在我的脑海中盘旋好久了，最后，像一个奇遇，突然想到便从感觉印象得来的一切知识清楚起来的手段来自数目和语言。这对我所进行的工作是一个新的发现。"[2]

虽然裴斯泰洛齐没有提出"人格三要素"理论，但我的思路与他的教育思想有些接近。

## 五、人格力决定命运

什么是"命运"？从自我实现心理学的角度看，命运就是一个人的自

---

[1] 张焕庭编：《西方资产阶级教育论著选》，人民教育出版社，1964年版，第181页。

[2] 张焕庭编：《西方资产阶级教育论著选》，人民教育出版社，1964年版，第181页。

我实现或者说是由整体人生成功的社会环境、出身、教育、机遇和自身人格状况等综合因素所决定的生存、发展轨迹。

有一些人在现实生活中不成功，缺乏自我实现的感觉，常常埋怨自己的命运不好。"命运"是由什么决定的？

有一种被广泛认可的说法："性格决定命运"。如何理解这句话？

其实，"命运"一词中的"命"和"运"是可以分开来理解的，它们是两个不同的范畴。"命"是一个人无法改变的而又对这个人产生制约的一切外部条件以及现有的内部条件。外部条件是指前面所说的社会环境、出身、教育、机遇的现状。内部条件是指在社会环境、出身、教育、机遇的情况下，自己进行选择、行动，进而形成的三种人格力现状。

所谓"命"不是一个一成不变的状态，它具有相当大的可塑性。无论我们说"时势造英雄"，还是"英雄造时势"，实际上都肯定了"命"的可变性。

"命"的可变，正是由"运"来实现的。这个"运"是我们在不同人生发展阶段，在各种各样的机遇中所做的选择和努力。"运"也可以称为一个人的"气数"。对于命运的积极、进取的理解，可以称为"以运制命"。

因此，如果"命运"反过来理解、言说，就是"运命"！所谓"运"，就是调动我们的智慧力、情感力和意志力，即发挥我们的人格三要素去形成通心力，进而影响我们自身与他人、集体以及社会环境的关系。

在我们生命的每一时刻和阶段中，我们都具有一定的"命"，它是历史造成的，是无法改变的。但是，我们最后的"命运"究竟如何，我们这一辈子能够活得如何，还要看我们把"命"运得怎么样。

所谓"性格决定命运"，是一个被普遍接受的理念。但在这里，什么是"性格"？"性格"又怎么决定了命运？如果说"性格决定命运"，我们可以通过改进、培养、调整我们的"性格"来改变我们的"命运"吗？我认为，对于这些问题的回答，都是肯定的。

著名心理学家雷蒙德·卡特尔（Raymond B. Cattell）有一个性格（人格）公式：$R=f(S, P)$

在这个公式中：

R：Response（代表一个人的行为反应，也就是人们在特定情境下的表现或反应。）

S：Situation（代表情境，即一个人所处的环境或情景。情境可以对一个人的行为产生重要影响。）

P：Personality（代表人格、性格，也就是个体在不同情境下表现出来的稳定的行为特征和性格特质。）

所以，公式 R=f（S，P）可以解释为"反应是情境和性格的函数"。

这个公式强调了人的行为是情境和性格相互作用的结果。不同的情境可以引发不同的行为反应，而个体的性格特质则会影响他们在不同情境下的表现方式。

卡特尔的研究对性格心理学领域产生了深远的影响，他开发了多种性格测验和分类系统，帮助研究者更好地理解和测量个体的性格特征。他的工作也促进了对性格与行为之间复杂关系的研究，为心理学领域的进展做出了贡献。

这个公式其实已经彰显了性格对于命运的影响。也就是说，在面对同样情景的时候，如果人们的性格不同，其行为反应就会有差异。

所谓"性格"，可以理解为我们每个人在运用这三种人格力时自身表现出来的特点，这些特点决定了我们把自己的"命"运用得如何。

一个人，只要有强大的、平衡的三种人格力，就能够以不变应万变，在任何情况下都立于不败之地。

人们常常强调环境的力量和作用，这没有错。个人虽然不能够决定和改变环境因素，但是人可以在一定范围内选择更有利于自我实现的环境。而这种选择本身就需要个体自身人格力的发挥。

更重要的是，如果说个体所处的大环境是一时难以改变的，小环境还有一定的选择余地。那么，小环境如何去选择、营造呢？它也要靠个体对自身人格力的调动与发挥。

我们可以通过三种人格力的调动与发挥，在一定的环境内，活出自己的最佳状态，进入"从心所欲不逾矩"的境界。

人格力强大、平衡的人，永远不会埋怨环境，他们清晰自己是自己命运的第一责任人。

如何看待"运气"呢？

运气是客观的，又是偶然的。人们的确在运气上表现出极大的差异。所谓"瞎猫撞上死耗子""歪打正着"，一定程度上都说的是"运气"。

足球比赛具有极大的突发性、偶然性，这使得整个比赛充满了悬念，这也正是足球比赛精彩之处。足球运动员射门打在门楣上，只差一厘米就可以进球，是典型的自己运气不好。一方运动员在射门，对方的后卫在阻拦时，误把球踢进了自己的球门，对方造成的"乌龙球"是典型的自己运气好。

由于"运气"本身是不可控制、不可预测的，我们可以把它归入"命"的范畴。

弗兰西斯·培根说："好的运气令人羡慕，战胜厄运则令人惊叹。"

战胜厄运为什么令人惊叹？因为表现了人的人格力。

# 第二章　人格力之间的相互关系

### 一、主导人格力与辅助人格力

个体的三种人格力，即智慧力、情感力、意志力的划分，并不意味着它们互不相干，它们之间的区分只具有相对的、有限的意义。三种人格力本来是统一于个体一身的，它们之间的统一关系，归根到底是由心理活动本身的统一性所决定的。人是一个整体，人的心理活动也是一个整体。

我们虽然可以把心理活动划分为认识、情感和意志三种活动，这种划分虽然有一定的好处，但它也只是关于我们自身心理活动的一种主观的分类而已。"地图不等于实际的疆域"，把心理活动划分为认识、情感和意志三种之后，并不等于实际的心理活动。个体在实际生活中并没有单纯的、完全互不相干的认识活动、情感活动或意志活动。个体在进行其中任何一种活动之时，都或强或弱地伴随着其他两种活动。

例如，从认识活动来看，即使是恬静的沉思也常常伴随着某种淡漠的心境，在这种心境中有着愉悦或沉郁等情感。从情感活动来看，即使我们是沉浸在某种稳定强烈的情绪体验中时，也不断会有关于这种情绪体验的判断、想象、感觉、知觉等认识活动伴随。从意志活动来看，意志本身就意味着达到某个以认知为基础的目的，而最冷静的意志活动同时又少不了某种情感活动以及心境的伴随。

和以三分法划分的心理活动相对应，三种人格力也是相互联系、相互渗透的。个体在社会生活中，不管是表现什么行为，三种人格力同时都在发生作用。但在不同的情况下，从不同的角度和关系来观察，三种人格力发挥作用的情况是有区别的。

例如，从主观与客观的关系的角度来看，三种人格力的区别主要在于：智慧力所要解决的主要问题是主观不符合客观的矛盾，或者说是由于对客观对象缺乏认知所形成的矛盾。情感力所要解决的主要问题是主观的内在矛盾，或者说是由于主体自身对于客观对象的感觉、态度有冲突产生的矛盾。意志力所要解决的问题主要是客观不适合主观的矛盾，或者说要使客观现实发生一定的变化以适合于主观的欲求、目的、意志。

在社会生活中，三种人格力在发生作用、表达强度、表达突出上的不一致，归根到底是由个体行为的任务和社会环境条件的差异所决定的。例如，在不同的情境和形势中，对三种人格力发生作用的要求各有强弱。在学习时，更多地要求智慧力发生作用。在抵制诱惑时，更多地要求情感力发生作用。在长跑、长距离游泳时，更多地要求意志力发生作用。

为了说明这种情况，我们可以进一步对三种人格力进行分类，把在一定情境、时期或社会环境条件下发生作用最多、最强的那种人格力称为"主导人格力"，把另外两种人格力称为"辅助人格力"。

"主导人格力"也就是人在某一活动或者某一阶段中需要不断表现和强化的人格力，或者说人在某一活动中强化最多的人格力。

辅助人格力也就是人在某一活动或者某一阶段中和主导人格力一起发生作用的人格力。在这一活动和阶段中，其强化的次数和程度少于主导人格力。

有了这种划分以后，我们就可以说，在学习、思考问题、研究问题时，智慧力常常是"主导人格力"，意志力和情感力是"辅助人格力"。

在与人沟通、做助人工作或者抵制诱惑时，情感力常常是"主导人格力"，智慧力和意志力是"辅助人格力"。

在做需要长时间完成的工作、长距离运动之时，在抵御压力、面临竞争之时，意志力常常是主导人格力，智慧力和情感力是辅助人格力。在进行长跑、登山、长距离游泳等活动时，意志力常常是"主导人格力"，智慧力和情感力是"辅助人格力"。

在具体的心理活动中，"主导"与"辅助"的关系是三种人格力之间最重要的关系之一。

人能够分配注意力，做到"一心二用"，甚至"一心多用"，但是，在大多数情况下，还是有某一种心理过程占优势，某一种人格力起主导作用。

以长跑运动、登山运动为例。在这些运动中，除了体力的付出，就心理过程来看，需要表达、发挥最多的人格力无疑是意志力。尽管运动员在长跑比赛中也需要斗智，但更多的还是需要坚持、坚持、再坚持！这就需要不断地强化意志力。意志力是长跑运动员在比赛过程中的主导人格力。在进行长跑运动的过程中，运动员有一个面对"极点"的挑战。能不能闯过极点，是对他们意志力的一个考验。能够顺利闯过极点，获得"第二次呼吸"，可以说是应战机制发生了作用。在登山运动中，能不能登上山顶，也主要是对运动员意志力的考验。

埃塞俄比亚著名长跑运动员海勒·格布雷塞拉西（Haile Gebrselassie）经常在他的演讲中强调意志力的重要性。他关于战胜极限有一句名言："不要让你的思维控制你，你要控制你的思维。"

**不同的主导人格力的案例**

**智慧力：陈景润突破哥德巴赫猜想**

我国著名数学家，从小便喜爱学习，呈现数学天赋。小学毕业，他以全校第一名的成绩考入了三元县立初级中学，并且有幸遇见良师。其中有一名毕业于清华大学数学系的老师，不仅视野开阔，而且满腹经纶。从此，陈景润最感兴趣的课就是数学课，一本数学书，他只用两个星期就学完了。一直到初中毕业，都保持了数学成绩全优的惊人纪录。后来，陈景润考入福州英华书院，接受高中教育。在这里，他有幸遇见了曾任清华大学航空系主任的沈元老师。沈老师，当时是陈景润的班主任兼数学、英语教师。有一次，沈老师在课堂上出了一道有趣的古典数学题：韩信点兵。就在大家还在奋力演算时，陈景润已迅速得出答案。至此，他树立了献身数学的毕生之志。1953年，年仅20岁的陈景润就从厦门大学数学系毕业了。后来他更是遇见了名师兼明师华罗庚，被调入了中科院数学所。但在极左年代以及"文革"中，被下放异地，关牛棚，受批判，还是华罗庚把他解救回来。他开始在一间只有10平方米的房间，不分昼夜地刻苦研究，演算的稿纸装了几麻袋，终于在1973年，他在《中国科学》上发表了"1+2"的详细证明，旋即引发了世界的轰动。这个证明被公认是对当时数学领域一直悬而未解的"哥德巴赫猜想"研究的重大突破及贡献，迄今无人超越。国际数学界将其命名为"陈氏定理"，并写进了美、英、法、苏、日等至少六种语言的数论著作中。无可非议，在陈景润攻克难关的过程中，他的智慧力起了主导作用。但没有强大的意志力、情感力做支撑，他的成功也没有可能。有一些报道说陈景润不善言辞，待人接物木讷，似乎他的情感力很低。其实并非如此。他从小就知道帮母亲分担家务，在结婚后，与妻子关系很好。著名作家、诗人徐迟在为写《哥德巴赫猜想》采访陈景润时，陈景润告诉徐迟，他曾经读过徐迟的诗集。

**情感力：诚实的力量**

美国的汤姆先生前年失去了管理货仓的工作，妻子波林最近也下岗了，一家人被迫卖掉了一些家产，然后搬进波林娘家并不宽敞的一个小房间。由于没有储藏室，他们只好把很多剩余的个人物品放在汽车里。

一天晚上，汤姆、波林和他们11岁的儿子杰森开车经过布埃纳帕克购物中心时，杰森提议在购物中心停一下。汤姆不愿意停车。他口袋里只有75美分，原打算用这笔钱买一罐红辣椒晚上拌饭吃。汤姆不得不对儿子说，他们只能看不能买……

在这家购物中心里，杰森最喜欢的一个地方是凯碧玩具柜台。儿子看玩具的时候，波林随意看了看摆在柜台前面的货品。她正在看收银台旁边的小商品，突然注意到一堆玩具上面放着一只超大号的灰色皮夹。她可以清楚地看见皮夹里面有钱。最初她觉得是玩具钞票，但仔细看了看之后，发现是真钱。凭推测，她觉得皮夹里面有二三百美元现钞。波林欣喜若狂。对她而言，这似乎是仁慈的上帝在他们困难时所给予的恩赐。但在仔细考虑并与汤姆商量之后，她认识到上帝并没有给予他们这些钱。上帝也许只是让他们暂时代为保管，而这钱是属于别人的。如果不寻找失主，那就是不诚实之举。

汤姆和波林拿着皮夹去找治安室，可是治安室晚上已经关灯了，于是他们开车去了附近的布埃纳帕克警察局。在那里，波林将灰色的皮夹放在柜台上，并向值班的警察说了发现失物的地点。警察检查皮夹发现，里面的钱远比波林想象的多得多。皮夹里有几张信用卡、一本护照、一张价值500美元的飞机票和2394美元现金！[①]

后来，该事情经记者报道后，引起了很大反响，他们得到了社会的大力支持……

注意该文中"波林欣喜若狂。对她而言，这似乎是仁慈的上帝在他们困难时所给予的恩赐。但在仔细考虑并与汤姆商量之后，她认识到上帝并没有给予他们这些钱。上帝也许只是让他们暂时代为保管，而这钱是属于别人的。如果不寻找失主，那就是不诚实之举"一段，正体现了抵制诱惑的情感力的主导作用！

**意志力：世界长跑之王——海勒·格布雷塞拉西**

海勒·格布雷塞拉西（Haile Gebrselassie）1973年4月18日出生于埃塞俄比亚。他曾经27次打破世界纪录。他从1500米到马拉松都非常出色，

---

[①] 摘自狄克·狄威士：《人格力——美国最受推崇的24条做人准则》，钱峰译，天津教育出版社，2013年版，第8—9页。

有"长跑之王"之称。从 19 岁起，他就在运动场上拼搏，一直到 2015 年 42 岁时才宣布退役，其运动生涯长达 23 年。

至于海勒·格布雷塞拉西在比赛中显示的人格力，仅仅从他赢得 2000 年悉尼奥运会 10000 米冠军一事中便可以证明。

当时海勒面临和一位强劲对手肯尼亚的保罗·特加特（Paul Tergat）的对决。保罗·特加特也是马拉松世界纪录的创造者，但之前保罗曾经五次输给海勒。海勒之所以能够赢，是靠他临近终点时的冲刺战术超过了保罗，让保罗屈居亚军。然而，这次在终点前 250 米的最

世界著名中、长跑运动员海勒·格布雷塞拉西

后一个直道，保罗变换了战术，使出了他体力强大的杀手锏，提前开始加速。海勒敏锐地识破了他最强悍的对手的意图，并因此激发出更强大的力量，他奋起直追，直到终点前 20 米，海勒才与保罗并驾齐驱。终点前 10 米海勒才稍稍领先，最后时刻海勒以一步之优势锁定胜局。两人成绩的差距只有 0.09 秒，差不多是 100 米短跑冠亚军的差距！——这是他们在所有重大赛事中成绩最为接近的一次。

海勒·格布雷塞拉西追上保罗·特加特

**人格力的转战**

如果说在长跑运动中，海勒需要与其他运动员斗智，可以说意志力主导人格力，那么在经营企业之时，需要宏观的策划，需要对市场的洞察，需要大量的人际沟通，其主导的人格力往往就不是意志力，而是情感力、智慧力了。

在 2015 年 5 月 10 日宣布退役之前，海勒在埃塞俄比亚已经拥有几个企业，1000 多名员工。他参与房地产项目的经营，拥有四家酒店，一个咖啡种植园，同时也是现代汽车在埃塞俄比亚的经销商。到 2020 年，海勒的业务又有了大幅增长，他在埃塞俄比亚和其他国家的产业有超过 3000 名员工。据海勒在接受肯尼亚国家媒体集团体育记者伊利亚斯·马科里专访时透露，当时他在各种生意中单日流水就可以达到 3000 万比尔，折合人民币约 490 万。拥有 27 项中长跑世界纪录的海勒，退役之后，又成了埃塞俄比亚最成功的企业家之一。这一点，已经足以证明格布雷塞拉西并非只是一位天才的长跑运动员。除了长跑所必需的最突出的心理素质的意志力，他在经营方面显示出来的品质达到惊人的程度，另外，他也有非常强大的智慧力、情感力。从他在比赛中赢得奖金开始，他就一边比赛，一边研究市场，并且用这些钱进行投资。

海勒向肯尼亚记者表示，肯尼亚和埃塞俄比亚运动员所面临的最大挑战，是他们大多来自贫困家庭。"我们突然就成了运动员，我们来自乡下，我们出身贫寒，一旦我们赚到钱，每个人都想分一杯羹。主要问题是，当我们开始给他们钱后，他们的钱财流失的速度比我们跑得还快。……你一旦赢得了一场比赛，许多朋友和亲戚就会出现。我不是说你不要帮助他们，还是要帮助，但更要批判性地思考自己的未来。运动员不仅需要训练，也需要学习投资。"

无独有偶，在我国体操界也有一位奇人，在结束光彩夺目的运动生涯之后，也在企业界再创辉煌。他就是我们熟悉的李宁先生。曾经获得 14 个世界冠军，106 枚国内外体操比赛金牌的体操王子李宁，在退役之后，成为成功的企业家，创造出驰名世界的"李宁"品牌。

退役之后的李宁

2019年,《财经》记者采访李宁时问道:"做运动员和做企业家有共通之处吗?"

李宁:"没有共通之处。运动员时期的训练对我寻找目标、克服困难很有帮助,但有这些素质不代表就可以做好商业,做生意还需要其他素质。做运动员和做企业都很难,有努力,也有运气、时机的成分。"

其实李宁当时的回答,并没有深入到基础心理素质这个层面,尽管李宁不可能使用心理学的语言来回答这个问题,但我们完全可以说,他是心理素质强大的典范,从人格三要素来说,就是智慧力、情感力、意志力都超强大。李宁当时也谈到,"运动员基因是我给公司注入的最大财富"。从我的人格三要素理论看,他注入的,正是他的三种人格力,亦是做运动员和做企业家的共通之处。

**某种人格力长期作为"主导人格力"发挥作用可能产生的作用**

在人的生活中,三种心理过程是同时进行的,但常常只有一种心理过程是主要的。

在现实生活中,我们常常会由于各种各样的因素,长期地偏用、强化和突出某一种人格力,让这种人格力作为主导人格力发挥作用。这些因素包括而不限于:

1. 我们的职业、工作；
2. 我们的这样或者那样的需要；
3. 我们的家庭环境和价值观；
4. 我们所处的社会文化、地域文化和价值观。

当我们在各种因素的要求下，长期地偏用和强化某一种人格力，我们就有可能发生一定变化，其中包括而不限于：

1. 我们可能形成一定的关于自身行为的价值观。我们有可能会看轻在其他不同的环境条件下需要强化的人格力，或者对这些人格力的评价偏低。这样，我们其他人格力的成长就会受到影响，人格力的结构就会发生一定不平衡现象，我们的人格，也就有可能成为"片面型人格"。

2. 我们对其他类型人格的人，尤其是对其他类型的"片面型人格""突出力型人格"的换位体验能力有可能降低，甚至予以不恰当评价以及较低评价。

**人格高度成熟者的特殊性**

注意：以上情况的发生，并不是绝对的。凡是人格高度成熟、人格力强大并且均衡、具有身心"大健康"的人，一般都能够避免在人格力上的偏见。他们自己就是全面发展的人。

例如，伟大的科学家、物理学家爱因斯坦，同时也是有相当水平的音乐爱好者。他会演奏小提琴、钢琴，已经达到能够演奏小提琴协奏曲的水平。尤其难得的是，爱因斯坦具有不需要事先准备的即兴演奏的能力，演奏时而明快流畅，时而委婉悠扬，具有丰富的变化。

1928年10月，某人给住在柏林的爱因斯坦写信询问他的音乐爱好对他所从事的那项与音乐风马牛不相及的主要工作是否有什么影响。爱因斯坦于1928年10月23日回信如下：

> 音乐并不影响研究工作，它们两者都从同一个渴望之泉摄取营养，而它们给人们带来的慰藉也是互为补充的。

为世界做出巨大贡献的爱因斯坦，毫无疑义，在搞专业研究时，其主导人格力是他非凡的智慧力。那么，爱因斯坦在拉小提琴时，其主导人格力是什么呢？仍然是智慧力，不过是智慧力中的艺术性智慧力部分。

在一定的生活环境中，个体常常需要一种人格力作为主导人格力来发挥作用，其他人格力作为辅助人格力发挥作用。这种"主导"和"辅助"的关系是非常复杂的。这种复杂关系根据辅助人格力的参与情况大致可以分为两个类型：

第一，辅助人格力的参与恰到好处。

第二，辅助人格力的参与不足或者参与过分。

平衡型人格的辅助人格力在参与时，在参与的程度和参与的成分方面都恰到好处。非平衡型人格的辅助人格力在参与活动时，常常只是部分地参与。例如，在突出情感力人格中，意志力在作为辅助人格力发生作用时，往往只有坚持性、自制性等品质发生作用，而缺乏独立性、果断性等品质。辅助人格力的参与是否恰到好处，主要取决于情景或者通心的需要，与辅助人格力的参与程度以及参与的成分是否全面没有关系。

## 二、人格力表达的层次性

前面已经提到，个体在社会生活中，不管有什么行为表现，三种人格力同时都在发生作用。但是，在任何具体的行为中，人格力表现、发挥的情况都是不同的。只有一种不同，就是人格力表现、发挥的水平和层次不同。

当我们说到人格力的时候，需要明确是在哪一层次上的人格力。

在这里，我们可以引入全人需要层次理论、全人能量层次理论等来进行分析。从全人需要层次理论看，我们可以根据一个人达到需要满足的优势需要的层次，来判断他的人格力的层次。例如，一个人的优势需要是"自尊需要"，我们可以说他已经具有自尊需要层次上的人格力。从全人能量层次理论看，一个人的优势能量层次是"中立"，我们可以说他已经具有"中立"层次上的人格力。

为此，我们需要对人格力的层次进行划分。在这里，层次划分的标准之一，是其他人格力的参与情况，以及几种人格力发生协同作用的情况。

按照这个标准，可以把人格力划分为以下四个层次：

如果某种人格力层次越高，其他人格力的参与也越深，人格力之间的协同作用就越强。当协同作用达到一定程度的时候，人格力的划分就不明显了。

第一层次，是其他人格力介入不多或者介入不明显的层次。

例如，人刚刚从睡眠中醒来时的认知状况。人刚刚苏醒时，是没有什么意志力的，也谈不上什么情感力，只有微弱的智慧力。——在无意注意、漂浮注意等背景下，人的认知状态也类似于这种情况。

第二层次，是其他人格力已经明显介入的层次。

这是我们在日常生活中，从事一般活动时的情况。例如，当学生在上课时，此时的主导人格力是智慧力，意志力和情感力也有适当的介入。有些情况下介入要略微多一些。

例如，一个学生没有吃早饭去上课，当他上第一节课时，也许还没有感觉太饥饿，如果已经到了上午第四节课，他就会感觉到饥饿，他就需要用自己的意志力来控制注意力的分散了。

如果上的课程又有一定的难度，此时，便需要他有更多的意志力介入了。

在意志力介入后，情感力也不是没起作用。这位学生的学习目的是什么，就体现了他的情感力。他可以是为了取得一个好成绩，可以是为了以后自己的生计，可以是为了以后报答父母，也可以是为了更远大的抱负。如果他的情感力越强，他的意志力也就有了越大的支持系统，能够不断地得到强化。

第三层次，是其他人格力高度介入的层次。

人格力之间有明显的协同作用。在这一层次中，主体已经表现出应战机制。

例如，在集体登山运动中，首先要求每个人都要发挥自己的意志力。但是，这一运动不仅需要意志来坚持，还需要动用智慧力来克服各种各样的困难，需要发挥情感力互相合作帮助等。

第四层次，是几种人格力已经相互融合、难分彼此的层次。

这是主体在超越状态中高水平地发挥人格力的层次。在这个层次上表达的人格力，也就是"挫折超越力"。在这个层次上往往容易产生心流、高峰体验。

人格力表达的层次性常常是由我们所要解决的问题所决定的。我们所要解决的问题越困难，我们受到的挑战就越大，意味着越容易遭遇挫折，也就越要求我们的人格力在更高的层次上表达出来。

在具有重大挑战性的活动中，常常需要我们人格力的协同发生作用，这样，三种人格力的区分也就越不明显。例如，在艺术创作、科学研究、政治博弈、战争决策等高层次的心理活动中，就几乎融合了所有人格力。

从通心理论看，从事这样的活动常常首先需要我们高度清晰自己，进行自身理想、信念、信仰、世界观等高层次的心理活动的反思。

大多数人在大多数时间，其人格力都停留在第二层次，有时候能够进入第三层次。有的人在现实生活中之所以难以突破，往往是由某种人格力不足造成的，难以进入第三，特别是第四层次。

心理素质培训的努力方向之一就是提升人格力发挥的层次，并且协调其相互作用，使人们人格力的表达容易上升到第三层和第四层之间。

人格力表达具有层次性的概念使我们能够更好地对人格进行比较。例如，当我们在评价一个人善良的时候，我们可以进一步追问是在什么层次上的善良。对乞丐施舍是善良，见义勇为也是善良，它们都表达了情感力，但后者加入了更多的意志力。

### 三、人格力的结构性与情景性

人格是指相对稳定的心理特征的总和。人格力是一个人重要的心理特征。在现实生活中，人们的智慧力、情感力、意志力的表现是千差万别的。

当我们按照某人的人格三要素的长期表现，来判断他是属于某种类型人格的时候，此时我们是在结构性的意义上评判他的人格力。

当我们按照某人的人格三要素的短期表现来评论他的人格力的时候，此时我们是在情景性的意义上评判他的人格力。

区分人格力的结构性与情景性，有助于解释许多问题。例如，区别职业问题与人格问题。世界上各种各样的职业，不同的职业常常对人格力的发挥有不同的要求。

例如，运动员这种职业，常常需要意志力作为主导人格力发挥，特别是比拼耐力的运动。对长跑运动员来说，尽管在长跑比赛中也需要动脑筋，也需要调整情感，放松心态，但更多的还是需要坚持不懈。此时，长跑运动员人格力的分布是情景性的。我们不能够因为一个人是长跑运动员，就说他是"突出意志力人格"。

又如，从事科学研究的科研人员，他们的工作常常需要智慧力作为主导人格力发挥作用。在进行科研活动时，科研人员的人格力的状态也是情景性的。我们不能够因为一个人是科研人员，就说他是"突出智慧力人格"。

中学生在准备应付高考时，需要长时间地集中精力突击看书。我们不能够在那个时候说中学生的人格力都是"突出智慧力人格"。

### 四、平衡型人格与非平衡型人格

人格三要素理论的价值之一在于它提供了一种独特而简洁的人格划分方式，它使我们能够根据人们的三种人格力的情况来进行人格分类。

一个人的三种人格力可以都是强大的，以及平衡的、协调的，也可以是弱小的、不平衡的、不协调的。按照人格力的平衡与否来划分，可以有两种基本的人格类型：人格力平衡型和人格力非平衡型。

#### （一）人格力平衡型

人格力平衡型是三种人格力的强弱没有明显差异的人格。如果把三种人格力看作三角形的三条边，平衡型的人格就像是一个等边三角形。平衡型的人格还可以进一步分为三种，一种是强平衡型人格，其三种人格力都超过人类平均水平，人格力的三角形的面积比一般人更大；一种是一般平衡型人格，三种人格力都和平均水平差不多，人格力三角形面积一般；一种是弱平衡型人格，三种人格力都低于平均水平，人格力三角形面积最小。

从全人需要层次论看，强平衡型人格一般在需要的满足上，能够达到更高的状态，或者说让高级需要能够长久地成为优势需要，让潜能得到更充分的发挥。

也许有人会问，一般平衡型人格，甚至弱平衡型人格，它们与高级需要的满足有什么关系呢？

它们可以有高级需要的满足，但往往最多也是达到自我实现需要，无法触及自我超越需要、大我实现需要。即使是自我实现，也很难让其长久地处于优势状态，即成为稳定的自我实现人格。

一般人的人格，甚至人类大多数人的人格（普遍人格）是属于非平衡型还是平衡型？这是难以回答的，是需要进行大量实证研究的问题。

尽管如此，也不排除我们做一定的猜测。一般人的人格力，就人类目前对于法治的强调，以及道德和伦理规范的倡导来说，属于情感力相对于智慧力、意志力稍微弱的接近平衡型的人格。另外，从全人需要层次理论看，人类的普遍人格正处于自尊型人格水平。就三角形来看，其人格三角形是情感力稍微短的，接近等边三角形的锐角三角形。如图：

```
        /\
       /  \
      /    \
 智慧力    意志力
    /        \
   /_____\
      情感力
```

从心理咨询的意义看，一般平衡，甚至弱平衡型人格，都是有待提升的人格，不改变他们的人格，他们就难以活出自己的最佳状态。

**（二）人格力非平衡型**

非平衡型的人格是三种人格力的强弱有明显差异的人格。在这里，强弱有两层含义。强弱与否一是相对于人类的平均水平，一是相对于自身其他的人格。

人格力不平衡的情况是多种多样的，这里主要讨论两种：

三种人格力中，某一种人格力很强，甚至远超平均水平，而其他两种人格力相对明显较弱，和平均水平一样差不多或者接近。这种情况可以称为"突出强人格力"。

某一种人格力很弱，远低于平均水平，而其他两种人格力相对明显较强，和平均水平差不多，甚至高于平均水平。这种人格可以称为"突出弱人格力"。

这样，"人格力非平衡型"共有以下六种。目前，这种分类主要是在概念上，还缺乏更精确的量化的标准。

1. 突出智慧力人格

它本身又可以分为两种：

（1）突出强智慧力人格

在现实生活中有这样一些人，他们在某些方面的智慧能力很突出，甚至在某一些专业和领域上比较出色，可以说远远超过常人，但是他们的情感力和意志力却很一般，从来没有超过平均水平的表现。

例如：ZZ 就属于"突出强智慧力人格"（且限于艺术性智慧力）。他的意志力和情感力不低于一般人，他在智慧力方面，非常具有音乐天赋，他对音乐的感受力远远超过了一般人。他能够随着音乐做出各种指挥动作，能够和乐队一起，进行精彩的演出。但他的智慧力的其他方面都很低。据说，他已经 23 岁，但是智商却相当于 4 岁的儿童，情商没有相关的报道，估计不会高。

ZZ 的人格三角形是属于典型的钝角三角形：

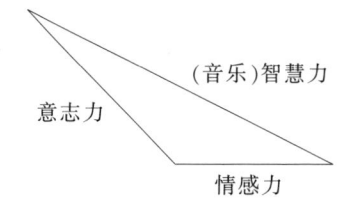

```
              （音乐）智慧力
意志力
              情感力
```

所谓"白痴学者"的情况与 ZZ 差不多，他们常常有突出的智慧力的某个方面，但同时智商又很低。有的智障者有很强的数学天赋，有的有很强的绘画天赋。

（2）突出弱智慧力人格

有这样一些智商明显较低的人。他们称得上心地善良，做事情也有恒心。或者说，他们在情感力、意志力方面都不逊于一般人，只是在智慧力上有不足。

例如：李四读中学时，在待人接物方面就很好，对老师、同学都很有礼貌。他在学习上也非常用功，但成绩却一直不好。尽管他全力以赴地复习，但连考两年都没有考上大学。第一次低于录取线 150 分，第二次低于录取线 145 分。

2. 突出情感力人格

它本身又可以分为两种：

（1）突出强情感力人格

这种人格在中国传统文化环境中是被推崇的一种典型人格，其突出特点是善良、忠诚、严格坚守传统道德。

例如：电视连续剧《渴望》中的女主角刘慧芳。她的情感力非常突出，远远地超过了平均水平，也明显地超过她的意志力、智慧力。她忠诚善良，任劳任怨，以德报怨。她对王沪生不问是非，一味迁就；对王亚茹的百般挑剔，她逆来顺受。不过，她想维持家庭的和谐，最后反而造成了婚姻的破裂。

（2）突出弱情感力人格

在现实生活中，我们可以观察到，有的人明显地更加自私，更喜欢占小便宜等。有一种人，"拔一毛利天下而不为"，他们就属于这种类型。

例如：张三是大学一年级学生。他的学习成绩一般。同学普遍反映，他很自私。到食堂吃饭，他总是不排队，到图书馆看书，看到自己需要的资料，就将其撕下来。他的经济条件不错，上百元门票的歌星演唱会他毫不犹豫购买，抽的是名牌烟，但自己连牙膏、手纸都不愿意买，老是用宿舍里其他人的。

3. 突出意志力人格

它本身又可以分为两种：

（1）突出强意志力人格

突出强意志力人格的人往往表现出惊人的毅力和坚持，能够超乎寻常地坚持做某件事情。尽管他们在智慧力和情感力方面可能一般，但有着显著的意志力特质。然而，过分喜欢争强好胜也是他们的一种缺陷。他们可能在追求个人目标时忽略他人感受，甚至为了成功而不择手段，这种个人主义的态度可能导致与他人、环境产生冲突，丧失审时度势活在当下的能力。

"突出强意志力人格"有时候表现出一些惊人的畸形的情形。

**案例：**

  霍华德·休斯（Howard Hughes）是20世纪美国著名的企业家、电影制作人和飞行员。他以惊人的意志力在商业和航空领域取得了巨大成功。然而，他的个人生活却呈现出极端畸形的情形。

  霍华德·休斯早年继承了父亲的工具制造公司，凭借着顽强的意志力和商业头脑，将其发展成一个庞大的企业帝国。他不怕失败，多次进行高风险的商业投资，最终取得了巨大的成功。休斯对航空的热爱和执着使他不断追求技术的突破。他亲自参与设计和试飞，创下了多项飞行纪录，推动了航空技术的发展。然而，霍华德·休斯的强意志力在控制和管理自己的生活方面表现为极端的强迫症和洁癖。他长期生活在完全隔离的环境中，对卫生的恐惧达到了病态的程度，甚至不惜将自己封闭在酒店房间中数年之久。休斯对周围的人和事物表现出极度的不信任，强烈的控制欲使他疏远了朋友和家人。他为了维持对公司和项目的绝对控制，经常执行很无情的决策，不顾及他人的感受和利益。休斯晚年因过度的压力和心理问题导致身体健康急剧恶化。他拒绝接受外界的帮助和治疗，最终在孤独中去世。

霍华德·休斯的例子清晰地展示了突出强意志力人格的双刃剑特点。

（2）突出弱意志力人格

突出弱意志力人格的典型表现是缺乏行动力。

**案例：**

  缺乏行动力的典型体现在俄罗斯文学中的"多余人"的形象。比如俄国作家冈察洛夫（1812—1891）笔下的伊里亚·伊里奇·奥勃洛莫夫。奥勃洛莫夫是一个养尊处优的俄国贵族地主，自小衣来伸手，饭来张口，穿衣脱袜都需要仆人代劳。他整日无所事事，家里的300来个农奴交的地租就足够他享受了。奥勃洛莫夫非常聪明，有很多美好的甚至宏大的愿望，但从来不去努力实现。他每天早上起床后，在床沿上就要坐一个小时，在那里幻想，直到叫吃早餐时，才开始穿鞋。（《奥勃洛莫夫》，人民文学出版社）

一般来说，人格力非平衡型可以分为以上六种。如果要更详细划分，某一种人格力表现的突出的情况还有程度和层次的差异，至少还可以进一步做以下区分："过分""片面"与"畸形"。做这种区分看来未免烦琐，但在这里仅仅是为以后对人格力的量化做一点理论上的准备。在目前的发展阶段，该理论已经可以进行运用。而这种运用，只需要记住人格力的非平衡型有强弱共六种即可。

第一，"过分"——完全是后天，它是由于在一段时期处于某种环境，需要以某种人格力为主导人格力造成的。已经形成了一定程度的习惯，比较容易改变。

第二，"片面"——完全是后天，也许有一定先天因素，它是由于长时期处于某种环境，某种人际关系，需要以某种人格力为主导人格力造成的。已经形成了较深程度的习惯，可以改变，但是不容易改变。

第三，"畸形"——有较多先天的因素，也可以有一定后天因素。很不容易改变，但也不是完全不能改变。

这样，我们又可以把非平衡型人格做以下分类："过分力人格""片面力人格"和"畸形力人格"。从"过分""片面"到"畸形"，是一个非平衡程度逐渐增加的过程。随着非平衡程度的增加，其数量在现实生活中也就逐渐减少。也就是说，典型的"畸形力人格"要少于"片面力人格"；"片面力人格"要少于"过分力人格"。

过分力人格还可以进一步分为：过分智慧力人格、过分情感力人格和过分意志力人格。其中每一种又可以分为两种，即强型和弱型。

这样，过分力人格就共有六种：

第一，过分智慧力人格，又可以分为：过分强智慧力人格、过分弱智慧力人格。

第二，过分情感力人格，又分为：过分强情感力人格、过分弱情感力人格。

第三，过分意志力人格，又分为：过分强意志力人格、过分弱意志力人格。

畸形力人格还可以进一步分为：畸形智慧力人格、畸形情感力人格和畸形意志力人格。其中每一种又可以分为两种，即强型和弱型。

这样，畸形力人格就共有六种：

第一，畸形智慧力人格，又分为：畸形强智慧力人格、畸形弱智慧力人格。

第二，畸形情感力人格，又分为：畸形强情感力人格、畸形弱情感力人格。

第三，畸形意志力人格，又分为：畸形强意志力人格、畸形弱意志力人格。

按照人格三要素理论，从平衡与非平衡的角度对人格进行分类，见下表：

| 人格 | 平衡型 | | 强平衡型人格 |
| --- | --- | --- | --- |
| | | | 一般平衡型人格 |
| | | | 弱平衡型人格 |
| | 非平衡型 | 突出强(弱)智慧力人格 | 过分强(弱)智慧力人格 |
| | | | 片面强(弱)智慧力人格 |
| | | | 畸形强(弱)智慧力人格 |
| | | 突出强(弱)情感力人格 | 过分强(弱)情感力人格 |
| | | | 片面强(弱)情感力人格 |
| | | | 畸形强(弱)情感力人格 |
| | | 突出强(弱)意志力人格 | 过分强(弱)意志力人格 |
| | | | 片面强(弱)意志力人格 |
| | | | 畸形强(弱)意志力人格 |

平衡型人格只有三种，非平衡型人格可以有十八种。

"人心不同，各如其面。"其实，人们的人格是千差万别的，一个人一种人格。理论只是现实的一种地图，地图并非实际的疆域，地图的使用需要详略得当，过详或者过略皆不妥。

关于平衡型和非平衡型的人格理论可以用来理解很多问题。例如，这可以在一定程度上从心理的角度来解释文化之争。人类的文化都是人类自己心理活动的产物，它们的争论、分歧都可以追溯到提出者心理活动的差异。例如，从哲学来看，罗素哲学具有片面智慧力倾向，尼采哲学具有突出意志力人格的倾向。所谓"倾向"，本身常常可能意味着某种轻视、忽视以及低估。

### 五、非平衡型人格的形成

非平衡型人格的形成有先天遗传因素，也有后天因素。而后天因素中，又分为环境因素和个体自身的价值取向的因素。

有证据说明，人格力达到畸形的程度，往往有先天的因素。例如，有一些心理变态的罪犯属于"畸形弱情感力人格"，似乎先天就缺乏共情能力，也许是镜像神经元的发展不够。他们冷酷无情，能够杀人不眨眼。他们的人格有他们的生理基础。

心理学家曾经做过这样的实验：辨认打乱的字词。每个字词闪现的速度是十分之一秒。大多数人辨识能够引起情绪的字词（例如"杀害"），远快于中性词（例如"椅子"），而且对有情绪含义的字词脑电波会发生波形变化，中性词则没有。但那些心理变态的罪犯没有这类差别反应，"这意味着他们辨识字词的语言皮质区与附加情绪意义的边缘中枢连结有缺损"[①]。

人格力的强弱大致遵循"用进废退"的规则。如果在一种环境中，长久地需要让某一种人格力作为主导人格力发挥作用，这种人格力就会经常

---

① 丹尼尔·戈尔曼：《情感智商》，耿文秀等译，上海科技出版社，1997年版，第121页。

得到锻炼，而其他人格力锻炼较少。长期处于一种环境，长久地让某一种人格力占优势，其主体的适应性必然发生变化，另外一些人格力有可能会退化，从而影响主体的实现和潜能发挥。这种情况，也使人联想到植物学中的"顶端优势"这一现象。

所谓"顶端优势"，是植物学中描述植物的顶芽发育与侧芽发育关系的一个术语。对于植物来说，总是顶芽比侧芽发育得好。顶芽发育旺盛，侧芽的发育往往会受到抑制。只有顶芽受到破坏，侧芽才能迅速地发育。这种顶芽发育占优势，从而抑制侧芽发育的现象，叫作"顶端优势"。

植物出现"顶端优势"的现象，与植物体内含有的生长素有关系。生长素是一种化学物质，在植物体的各个器官中都有，但大多集中在生长旺盛的部位（如胚芽鞘、顶芽和根尖等处）。微量的生长素能够促进生长，含量稍多时则抑制生长。因此，去掉顶芽，顶芽部位产生并源源不断地向下输送给侧芽的生长素就会减少，于是原来由于接受较多的生长素而一直受到抑制的侧芽，就可以得到生长的机会而长成分枝。人们在种植植物的时候，可以利用"顶端优势"的原理，根据不同的需要，对顶芽采取不同的处理方法。例如，在种植用材树木的时候，为了使主干长得又高又直，就不要损伤主干上的顶芽，任它自由生长，并且及时除去侧枝；在种植棉花、番茄等植物的时候，为了促使多生侧枝，在侧枝上多开花多结果，就要适时摘除主干上的顶芽。

固然，人非植物，但植物的"顶端优势"现象有助于我们理解非平衡型人格的形成。

大多数人的人格力都是较为平均的，他们不是非平衡型的人格。但是，人们却可以在某种特殊情景中体会到非平衡型人格的含义。

例如，经常参加长跑运动的人，都可以有关于"第二次呼吸"的体会。在长跑运动中，能不能闯过"极点"，是对运动者的意志力的考验。能够闯过极点，获得"第二次呼吸"，可以说是应战机制发生了作用。"第二次呼吸"，是运动生理学的一个概念。在一些耐力性运动中，如长跑、竞走、游泳或长距离自行车比赛时，开始后有一段时间感到特别难受，心慌、气急、喉头发紧、头晕、下肢不听使唤等。这种现象，在运动生理学上叫作"极点"。出现这种现象时,如果能够坚持运动下去,适当减低速度,减小强度,有意识地进行深呼吸,难受的感觉就逐渐消失。心跳、呼吸恢复正常,全身轻松,动作协调,四肢有力,运动能力得到进一步提高。这种现象,在运动生理学上称为"第二次呼吸"。能够在长跑中体会到"第二次呼吸"的人,其意志力往往都比较强。

人格力的结构性与环境、文化有着极为密切的关系。这种关系甚至是民族性、国民性等形成的一个原因。

在一定环境和历史条件下,人们要发挥潜能,往往需要特别强化某一种人格力的作用。

例如,《牛虻》在世界文学史上并不是一本特别引人注目的书。但是,它却对苏联和我国产生了巨大影响。在20世纪的50年代、60年代和70年代,它一直激励求上进的中国青年。之所以如此,是因为那样的年代是一个需要意志力的年代。而《牛虻》的特色正在于它的主角有一种"忍受考验的无限力"。此书对意志力的强调,也适应了当时我国青年冲破思想禁锢、超越环境限制的需要。现在50岁以上的人,有不少人读过这本书。

长期在一种环境中生活,人格力的情景性也可能转化为结构性。职业对人格的影响也属于这种影响。

## 六、三种人格力的相互关系

有这样一个意味深长的故事:

> 有一位先生幸运地中了彩票,得到一大笔钱。这时一位老人找上门来,说自己的女儿才16岁,正是花季妙龄,不幸患了绝症,如果能够得到一笔钱,也许就有希望。这位先生慷慨解囊,把这笔钱捐给了老人。谁知过了一天,一个知情者告诉这位先生上当了,那老头根本没有女儿,哪里会有女儿患绝症,纯粹就是骗钱!但是,这位先生并没有因此生气,而是高兴地笑了。问他笑什么,他说,世界上少了一位受折磨的少女,为什么不为此高兴呢?再说,我这钱不过是中彩票的意外收获。

你会如何分析这个故事呢？一般人遇到这种情况会感到既失望又尴尬，这位先生却能够高兴地笑起来。这难道不是常常讲的"积极的心态"吗？的确，积极的心态最重要的来源之一就是情感力。这位先生身上所表现的，似乎正是通过情感力焕发出来的积极心态。

但是，如果我们有人格三要素理论的视野，这样受骗的事情还是不发生为好。这位先生完全可以把钱用在更有意义的事情上，天下需要援助的人（包括患绝症的少女）多得很，至少他可以把钱送给一位真正患绝症的少女。假定这位先生在把钱给那老人之前先做适当深入的了解，是可以避免这样的损失的。这个故事也告诉我们，人格力之间是相互依存和影响的。情感力与其他人格力也是一样，只有当情感力与其他人格力结合起来的时候（在这里特别是智慧力），才能够更好地发挥作用。

在1996年亚特兰大奥运会上，有这样一个令人惋惜的镜头：

我国著名运动员王军霞是10000米夺冠呼声最大者。在此之前，她已经夺得了女子5000米的冠军。在10000米决赛时，她也跑得很不错，已经剩下最后一圈，她仍然处于领先位置，大家都以为冠军非她莫属。但就在这时，另外一位选手追上来了，距离越来越近，越来越近，最后200米开始冲刺，于是我们看见王军霞一步一步被赶上，然后超过。结果，王军霞屈居亚军。

长跑比赛，从心理素质来看，尽管主要是意志力的较量，同时也是一个斗智的过程。追溯失败原因，是王军霞的意志力出了问题吗？是她的意志力不够强大吗？应该说，在意志力的发挥上，她已经达到了自己的极限，她只是在智慧力上输给了对方，她没有运用好自己的智慧，对体力进行更合理分配，这样也就影响了她的意志力的发挥。如果说，她在比赛中只是完全按照教练的意图在做，也恰恰说明她的意志力没有问题，而是输在智慧力方面。教练为什么没有把对手最后冲刺的速度因素估计在内？如果教练有责任，王军霞在智慧力上也至少没有做到在赛场上根据情况随机应变，进行适当调整。

2001年7月29日，张健花了12个小时，成为横渡英吉利海峡的第一个中国人。在他横渡的过程中，他运用人格力对自己进行了调整。

北京时间 17 点 55 分，他的横渡已经进行了近 4 个半小时，此时风变大了，海上涌起了大浪。一些不利因素出现了：张健身体出现难受的情况，环境的变化又影响了他的速度。海里出现的水母，虽然不大，但对张健构成了一定的危险。他身上涂的保护油基本都被海浪冲掉了，海水变得比原来更凉。张健后来说，他当时觉得非常不舒服，那种随便游多久都没有问题的感觉消失了。他反思一下，其原因是有一位印度女性提前半小时下水横渡，他想赶上她，不由自主地先就加快了速度，引起了体力发挥的失调。当意识到这一点后，他对自己进行了调整，大概又过了两个小时，体力便恢复了正常。

在这个例子中，张健发挥了自己的智慧力。尽管在长距离游泳的过程中，意志力是主导人格力，但也不能够忽视其他人格力的协同作用。

如何运用自己的人格力？人格力不能够孤立地发挥，任何一种人格力的发挥都必须与其他两种人格力联系起来，否则就会产生一定的问题。

只有注意人格三要素协调作用，我们才能够使自己人格力的发挥达到一个高层次，才能够有更重大的成就。

前面所谈的哈默，他在发挥情感力的时候，就有意志力和智慧力作为辅助人格力。如果没有意志力，他根本无法忍受饥饿，当食物送上来，他早已经饥不择食了。

爱迪生发明电灯，做了 3000 次实验，充分表明了他的意志力的强大。但他之所以成功，与他的智慧力甚至情感力也有密切关系。据说，他有一个强大的顾问班子，帮助他选材料等，并不是他一个人能够包揽 1600 种材料的实验，这说明他有很强的合作性。

### 七、三种人格力的相互影响

三种人格力之间是相互依存、相互影响、互相转化的。它们之间的这些影响可以简单分为"正面"和"负面"两种。也就是说，每一种人格力都对其他人格力有正面和负面两种影响。

## (一) 意志力对智慧力的影响

### 1. "头悬梁""锥刺股"

从意志力对智慧力的正面影响来看,有多种多样的情况。例如,注意力的集中是学习的条件,意志坚强的人更能获取知识。"头悬梁,锥刺股"的故事就生动地表现了意志力在学习中所起的作用。

汉朝信都(今衡水冀州区)的孙敬年少好学,博闻强记,嗜书如命。孙敬读书时,随时记笔记,常常读到后半夜。他有时不免打起瞌睡,醒来之后,又懊悔不已。如何才能够解决打瞌睡的问题呢?一天,当他抬头苦思,看到房梁,顿时眼睛一亮。随即找来一根绳子,上面拴在房梁上,下面跟自己的头发拴在一起。这样,每当想打瞌睡,只要头一低,绳子就会猛地拽一下头发,疼痛就会使他惊醒。刻苦学习使孙敬饱读诗书,博学多才,成为一名通晓古今的大学问家。

头悬梁的孙敬

苏秦(?—前284),是战国时期雒阳(今河南洛阳)人,著名的政治家、外交家、谋略家。他曾经拜师鬼谷子。他当时提出著名的"合纵说",在现在来看,具有"地缘政治"的意味。战国早期,七雄并立,彼此旗鼓相当。到了战国中期,秦国厉行变法,锐意改革,兼并巴蜀,国强地险;而六国彼此消耗,七雄并立的均势被打破。苏秦洞悉此情况,提出

"合众弱以攻一强"，通过六国联盟遏制秦国，以维持均衡。

苏秦在年轻时，由于学问不深，曾到好多地方做事，都不受重视。回家后，家人对他也很冷淡，瞧不起他。这对他的刺激很大，所以，他决心要发奋读书。他常常读书到深夜，一打瞌睡，就用锥子往大腿上刺一下。这样，猛然间感到疼痛，使自己醒来，再坚持读书。

2. "笨鸟先飞""勤能补拙"

如果一个人的智慧力较差，他可以用意志力来弥补智慧力的不足。所谓"笨鸟先飞""勤能补拙"等就含有这个意思。他们的勤奋能够使他们比那些智慧力更强的人取得更大的成就。他们的勤奋甚至也能提高他们的智慧力素质。

从意志力对智慧力的负面影响来看，有不少人很聪明，他们往往也能够选对目标，但终其一生，也没有做出什么成就，

早起的鸟儿有虫吃

这是由于他们的意志力薄弱，导致智慧力无法真正发挥出来。例如，有的人很"聪明"，也知道学习外语的重要性，但由于他的意志力薄弱，总是无法坚持，他可能一辈子也没有学会一门外语。

## （二）意志力对情感力的影响

1. 从意志力对情感力的正面影响来看，没有意志力就谈不上坚持不做不应当做的事，也谈不上强迫自己去做应当做的事。一个意志力强的人，更容易富有同情心，更具有帮助他人的可能性。《约翰·克利斯朵夫》中有这样一段话："自己的心中有阳光，才能够散布阳光。"

美国著名残疾人作家海伦·凯勒一岁的时候因为一场疾病引发了一场高烧，最终这场高烧夺去了她的视觉和听觉。但凭着自己的意志力，不断地锻炼、提升自己，坚持写作，从而使自己拥有丰富、强大的情感力。《假如给我三天光明》中充分体现了她的情感力。

有一个中学生，由于长得胖，跑步比较笨拙，1500 米没有能够坚持跑

完就退下来了。他感到沮丧,同时又担心他人看不起。下课后,同学们都有说有笑地走在路上,有人偶尔扭头看了他一眼,他就疑心大家在嘲笑他。他对他人情绪的判断力又下降了。

2. 从意志力对情感力的负面影响来看,意志力薄弱的人,常常坚持做不该做的事情,导致自己不得不欺骗自己,失去灵魂。他们由于意志力薄弱,不能抵挡压力或诱惑,去做不应该做的事,他们面对某些需要做的事,又往往"不敢越雷池一步"。

### (三) 智慧力对意志力的影响

1. 从智慧力对意志力的正面影响来看,世界观越是深刻的人,越是容易有坚定的意志。一个人行动目的的明确,对于如何达到这一目的考虑得成熟,都可以使他的意志更加坚定;而一般只有智慧力较强的人,才具有伟大的目的。

一个人的智慧力越强,越是能够给自己提出实事求是的目的,周密地考虑到实现目的的可能性。富有智慧力的人还更容易对自己的意志品质进行有益的锻炼,也更善于采用各种锻炼方法。

在钓鱼的活动中,有钓鱼经验者更能够坚持,他们的智慧使他们胸有成竹,他们对鱼儿上钩的预见性使他们更有耐心。

钓 鱼

众所周知,学习钢琴这一乐器需要较强的意志力,因为这是一个需要持续练习和坚持的过程。然而，智慧力可以在以下方面增强意志力：对于音乐理论和乐曲的理解，智慧力较强的人可能更容易理解音乐理论和乐曲。这种理解可以帮助他们更有效地学习和演奏音乐，从而增强他们学习钢琴的意志力。

2. 从智慧力对意志力的负面影响来看，缺乏智慧者由于对自己的目标和前景看不清楚，他们的意志就容易发生动摇。

在钓鱼的活动中，那些对钓鱼毫无经验者由于心中无数，往往就无法坚持下去。

缺乏智慧者常常也能够坚持做一件事情，但是，他们的成功率很小。

学习钢琴时，会遇到各种挑战，例如弹奏复杂的曲目或解决技术性问题。如果智慧力弱，就不善于分析问题、制定解决方案，这种情况是不利于坚持学习的。

**（四）智慧力对情感力的影响**

从智慧力对情感力的正面影响来看，道德行为的首要前提就是要明辨是非。富有智慧力的人面临复杂的道德问题的挑战时，比一般人更容易在困境中闯出一条道路来。

母亲们无疑都爱自己的子女，这是情感力的体现。但是，聪明的母亲与愚笨的母亲在表达爱心时有极大的差异。前者的爱更能够使子女健康成长。

亲子阅读

智慧力在下棋中扮演着重要的角色。当智慧力不够的个体面临一个复杂的下棋局面时,他们由于思维的广阔性和思维的深度都非常有限,往往只能够想一两步,而智慧力高的人则可以想四五步。智慧力不够,在下棋时就容易引起情感上的波动,感到不安和紧张,因为他们无法轻松地分析局势和制定有效的策略。

缺乏智慧力的母亲,尽管也能够表现自己的爱心,但由于不善于学习,缺乏教育知识,不懂得如何教育自己的子女,她们的"爱心"往往使子女养成各种各样的坏习惯。

### (五)情感力对智慧力的影响

儒家讲:"自诚明,谓之性;自明诚,谓之教。诚则明矣,明则诚矣。"(《中庸》)这实际上已表明了情感力与智慧力之间的相互转化关系。一个人如果具有与人为善的胸怀,他就容易生出许多智慧来。

1. 从情感力对智慧力的正面影响来看,个人在胸襟坦荡时可以更具有认识事物的洞察力。

情感力强的人善于进行"换位体验""换位思考",即站在他人的立场角度来进行体验和考虑问题,从而在人际交往中更具有洞察力。

许多心理治疗方法正是通过对情感力的调整,影响人的智慧力,使人能够觉察自己。

如果有一个人走到对面去看一下,争论就会立即停止,但一般人都不愿意这样做

20 世纪初,美国的厄尔·迪克森(Earle Dickson)发明了创可贴。迪克森是强生公司的一名员工,他当时是因为自己的妻子而发明了创可贴。迪克森的妻子很喜欢为心爱的丈夫准备吃的,但经常被刀子割伤。于是,迪克森将胶布和薄纱绷带结合在一起,制造出一种方便的包扎材料。后来强生公司将这一发明推向市场,创可贴因此而诞生。

2. 从情感力对智慧力的负面影响来看,当一个人在受情绪支配,或者有私心杂念的时候,他对事物的认识往往是扭曲的。例如,在第十届全国青年歌手大奖赛上,有选手在答素质题的时候,尽管主持人一再提醒,他们还是没有看(或者听)清楚原本非常简单的问题。如一位选手所选择的题是这样的:在成立欧共体之前,德国、法国、意大利、英国等国家的货币名称分别是什么?(正确的答案应该是:马克、法郎、里拉、英镑)成立之后,统一的货币名称是什么?(正确的答案应该是:欧元)。但是,他的回答却只是两个字:"德国"。

白居易著名的《长恨歌》中写道:"汉皇重色思倾国,御宇多年求不得。杨家有女初长成,养在深闺人未识。天生丽质难自弃,一朝选在君王侧。回眸一笑百媚生,六宫粉黛无颜色。春寒赐浴华清池,温泉水滑洗凝脂。侍儿扶起娇无力,始是新承恩泽时。云鬓花颜金步摇,芙蓉帐暖度春宵。春宵苦短日高起,从此君王不早朝。……"唐玄宗"重色思倾国",对感情生活的沉溺,使得一个原来还算明智的君王,变得昏庸,"从此君王不早朝",最后葬送了江山。

唐玄宗在欣赏舞蹈

心理咨询经常可以见到情感力对智慧力产生负面影响的情况。尤其家长常常因为子女成绩出现下滑而求助心理咨询师。一位家长叙述，其儿子因为自闭抑郁，成绩大大下降。初中时，他在全校八个班级中处在前五名的成绩，而因为心理出现严重问题后，虽然在学习上依然保持以往的刻苦，但成绩却下降到了后十名。

严格说，"有情绪，无智慧"。一个人在有情绪之时，与他讲道理是无法讲清楚的。在有的家庭内部，常常发生争吵，双方都有情绪，越吵越吵不清楚，只能使冲突升级。在这个情况下，有一方能够做到先停住嘴，就是一种明智。

### （六）情感力对意志力的影响

1. 从情感力对意志力的正面影响来看，所谓"君子坦荡荡""无私更能无畏""至诚者，真正的勇士""为人不做亏心事，哪怕半夜鬼敲门"等名言名句，实际上都表现了情感力强大对意志力的积极影响作用。

对于任何热爱自己事业的人，如果他坚信自己是在做对他人、社会有益的事情，他就会乐此不疲。我自己对此就有深切体会。在提出了通心的理论与方法以后，我举办工作坊，做个案的效果常常势如破竹，因此我就想让通心的理论与方法得到普及，让更多的人受益。为此，我曾经举办"心理健康万里行""通心全国行"等活动，举办了大量的公益讲座、沙龙。

2. 从情感力对意志力的负面影响来看，所谓"小人长戚戚""做贼心虚""理亏气短"表现的就是这种情况。一个人在弱情感力的情况下，意志也不会坚定，在患得患失的情况下，很难坚持把事情做好。

情感力有问题的人，包括一些从小就自卑的人，常常有一种怕得罪人的心理。他们常常在你有竞争的时候处于劣势，在面对利益相争关系时不能够据理力争。之后，他们又常常感到懊悔。

在一个团体内部，如果出现背叛者，背叛者常常需要"打肿脸充胖子"，不断给自己打气。

智慧力、情感力、意志力是相互影响、互相转化的，利用它们之间的关系，我们就可以对自己进行心理素质的调整。

# 第三章　人格三要素与行为理想

## 一、三种人格力和三种具有全人类性的行为理想

任何人都具有人格三要素，都具有智慧力、情感力和意志力。然而，在面对挫折时，一般人的这三种人格力，最多只能表现为挫折容忍力，而不能表现为挫折超越力。

一个人具有了在"挫折容忍力"水平上的人格力，他只能算"正常人"，不能达到"自我实现者"的高度。他能够满足自己一般的需要，但不会有潜能的充分发挥。在非良好的环境里，要发挥自己的潜能，他还必须使自己的人格力上升到"挫折超越力"的水平。正因为如此，在自我实现的人身上，可以看到比"正常人"有更多的理想的闪光。在健康人的行为中，常常表现出三种具有全人类性的行为理想。我们从个体心理活动中抽象出的三种具有建设性的人格力，本身已经体现了价值上的倾向性。三种人格力的高扬，便体现出三种具有全人类性的行为理想：理想主义、人道主义和英雄主义。

行为理想与创造性有密切的关系。没有体现行为理想的行为一般是没有创造性的行为。

凡是人们认为有价值的任何文明和文化遗产，一般都注入了人的行为理想。体现行为理想越多的行为，是越有价值的行为。

### （一）理想主义

"理想主义"一词的用法有很多。这里所说的"理想主义"，主要是指人类对人性发展、精神生活的不断丰富以及创造力发挥的追求。

当人类追求的对象更多地表现为知识、真理、美的时候，当人类追求

的动力更多地表现为好奇、求知欲、美感的时候，这样的追求就需要有更高和更多的智慧力才能完成。如果个体在这种追求过程中所发挥的智慧力超过了一般水平，就体现了理想主义的行为理想。

理想主义是以智慧力为主导人格力，以情感力和意志力为辅助人格力的行为理想。

凡是能够称为科学家、哲学家、思想家、艺术家的人，他们一般都明显地体现了理想主义的行为理想。

**伟大的哲学家康德**

乐圣贝多芬曾经在自己的笔记本中写下："位我上者，灿烂星空；道德律令，在我心中。康德！！！"他在"康德"之后一连用了三个惊叹号！他在笔记本上写下的，正是大哲学家康德的名言。

伊曼努尔·康德（Immanuel Kant）的一生，是思考和探索宇宙人生之谜的一生。康德长期在哥尼斯堡大学教学。据说，在哥尼斯堡大学任教时，他的一天是这样的：5时起床，穿着睡衣去书房，喝两杯淡茶，再吸一斗香烟。7时去教室上课。课后又换上睡衣回到书房看书。13时再次更衣，与朋友共进午餐。饭后13时30分，便踏上那条被后人称为"哲学家之路"的小道，开始散步……身上永远是一套灰色的装扮，手里永远提着一支灰色的手杖，后面永远跟着一位忠诚的老仆人拉普，永远为他准备着一把雨伞。这一主一仆是如此守时，以至于市民一看见他们，总是趁机校正手表。康德毕生既没有远离故土，也没有结婚生子。他的生活十分朴素、单调、平凡和刻板。名誉、权力、利益、爱情等，世人所渴求的这些都与他无缘。但是，康德为人类留下了宝贵的精神财富。自然科学方面他涉及了数学、天文学和化学，主要成就有正负数理论和星云学说。在哲学方面，他留下了三部划时代的杰作：《纯粹理性批判》《实践理性批判》和《判断力批判》。另外，他还有《任何一种能够作为科学出现的未来形而上学导论》《道德形而上学》和《永久和平论》等论著。

康德能够取得巨大的学术成就，与他的生活方式分不开。他的生活方式使他能够最充分地发挥自己的智慧力，成为人类探索真理、追求真理的伟大典范。

**全能型钢琴演奏家郎朗**

郎朗是华人著名的钢琴演奏家，他在国际音乐舞台上取得了很大的成就。郎朗以卓越的钢琴演奏技巧而闻名，他的演奏充满激情和力量。他能够应对复杂的音乐作品，展现出高超的手指技巧和音乐表现力。

他所演奏的曲目十分广泛。尽管郎朗最著名的是他在古典音乐领域的演奏，特别是肖邦和李斯特的作品，但他也积极涉足其他音乐风格，包括流行音乐和电影音乐。这使得他能够吸引更广泛的听众群体。

郎朗在舞台上的表现非常出色，他的演奏常常充满活力和感情。他的演奏不仅仅是音乐的呈现，还是一场视觉和听觉的盛宴，因此吸引了大量的观众。

一直保持极好的演奏状态，这对任何钢琴家都是一项挑战。令人感到惊讶的是，郎朗总是一次次地超越了这些挑战，他的职业素养和对音乐的热情通常总是使他有高水平的表现。

郎朗是人类对理想主义追求的典范，他通过音乐演奏传达了人类对美、情感、表达和卓越的追求。他的音乐不仅带给人美感，而且高扬了人类对卓越和美的追求，这正是理想主义的核心价值之一。

**著名华裔大提琴演奏家马友友**

马友友在年仅5岁时就在一次音乐比赛中一鸣惊人，打败了多位14岁到22岁的选手，赢得首奖，一举成名，获得了"音乐神童"的美誉。儿时即成名，并没有使马友友故步自封，多年来，他仍然不懈地探索，不断地追求创新。他兴趣广泛，不断扩大自己的知识面。16岁时，他居然从著名的朱丽亚学院退学，进入哈佛大学人类学系，研究哲学、心理学、历史。马友友跨学科的知识积累和思想的深刻，使他在音乐上不断地有所突破。

他的现实感极强，颇有"通心意识"，不断寻求以各种各样方式与听众对话，求新求变。无论是演奏新乐曲还是大家耳熟能详的曲目，马友友都努力从中找寻能激发听众想象力的元素。

1997年，马友友耗时多年完成一项将巴赫无伴奏《大提琴组曲》结合多种表演艺术的创新诠释。其内容不仅包含他本人在世界各地音乐会演出、巴赫无伴奏《大提琴组曲》重新录音，更重要的是以"巴赫灵感"为题的内涵。演出共分成六部影片（六部组曲各一），以巴赫的音乐为出发点，再各自与马友友所激发的灵感结合，和不同领域的艺术家（包括花样滑冰好手托薇儿与狄恩、花园设计师梅瑟维、导演伊果杨和吉拉德）创造出新风貌的巴赫。影片在"公共电视台"以及全球各大电视网播出，多次获奖，包括两项艾美奖、加拿大双子星奖16项提名及许多国际影展大奖。

早在2001年前，马友友就已经录制了近50张专辑，这些专辑风格不一。他曾18次获格莱美奖，表明了他的音乐兴趣层面之广。除了古典音乐的大提琴曲目，他也录制了许多由他首演的新作品及专为他所写的乐曲。尽管马友友横跨多种音乐领域，但他却保持着古典音乐最畅销音乐家地位。他的新专辑一发行便立刻畅销，并能在前15名维持很长一段时间，甚至有四张专辑同时在榜上的纪录。在他身上，充分地体现了不断追求创新的理想主义的行为理想。

**轮椅上的科学超人——史蒂芬·霍金**

史蒂芬·霍金（1942—2018），是本世纪享有国际盛誉的科学家之一，被认为是继爱因斯坦后最杰出的理论物理学家，是对20世纪人类观念产生了重大影响的人物。

在霍金骨瘦如柴的外表下，活跃着一种卓越的探求真理的精神

霍金由于患肌萎缩性侧索硬化症，被禁锢在一张轮椅上达20年之久，全身仅有几个手指可以活动。他不能写，说话也口齿不清，只能够借助电脑和语言合成器来表达自己的思想。他看书必须依赖一种翻书页的机器，读文献时必须让人将每一页摊平在一张大办公桌上。

就是这样一位被疾病禁锢在轮椅上的人，思维却穿越时间与空间，追寻着宇宙的尽头、黑洞的奥秘。他敏锐的直觉和坚定的推理直接挑战人们广泛认同的传统量子力学、大爆炸理论甚至爱因斯坦的相对论。他在常人难以想象的困难的身体条件下，凭借自己超人的智慧力和精神力，丰富了人类的宇宙观念。

他的《时间简史》出版后，被翻译成近四十种不同的文字，发行量高达千万册，也就是说，世界上每五百个人中就有一个人读过这部关于时间与空间的科学著作。

我们对宇宙有一种神秘感，它潜存在每一个人的心中。这也是史蒂芬·霍金的《时间简史》出版后，会在全世界造成如此巨大影响的原因。霍金心中也有一种神秘感，但他有一种巨大的智慧力来满足这种神秘感。

使人感到惊讶的是，霍金曾经告诉记者，他比患病前更加快乐，因为他找到了人生的价值所在，找到了生命的成就感，对人类知识做出了适度的却有意义的贡献。他说："当然，我是幸运的，但是任何人只要足够努力都能有所成就。"

对理想的追求是一种具有永恒价值的行为，不管固有的理想受到了什么打击，理想主义的光辉却不会暗淡。所谓"人活着要有精神追求"，就是指人活着就要有理想追求。

## （二）人道主义

"人道主义"主要是指对于人和人之间的美好关系的追求，它是对情感力作为主导人格力的弘扬。如果从马斯洛需要层次理论的角度来看，它是人类在自我实现需要乃至更高需要水平上重现归属需要的某些特征，是爱的升华。按照马斯洛的需要层次论，爱在归属需要阶段，只是一种"匮乏性需要"，主要表现为需要得到他人的爱、关心、呵护和同情，这种

"爱"，实际上是满足自己的"缺爱"。而在自我实现乃至以上的层次上，爱就成了一种"丰富性需要""成长性需要"或"存在性需要"。此时，爱主要表现为给予他人、同情他人、与他人通心，有利于他人向自我实现乃至更高的需要发展等。弗洛姆把爱区分为"生产性的爱"与"非生产性的爱"。所谓非生产性的爱，相当于在归属需要阶段的匮乏性的爱；所谓生产性的爱，相当于在自我实现高度上的丰富性的爱。

人道主义是开放的、发展的。它的认同、关注范围，从个人、群体、社会，最后扩大到对大自然乃至整个宇宙。

人道主义是以情感力为主导人格力，以智慧力和意志力为辅助人格力的行为理想。

从通心理论看，人道主义的行为理想意味着我们在人际交往中有一种价值取向。尽管人际关系可以分为和谐关系、弱互利关系、一般关系、利益相争关系和敌对关系共五种关系，如果能够把关系向更好的方向去转化，我们要尽量去转化。例如，在处理弱互利关系时，能够向和谐关系引导，就尽量去引导，以求得更多的双赢。在处理敌对关系时，能够向利益相争关系转化，就尽量去转化，以求减少不必要的两败俱伤。

**"中国好人榜"**

"中国好人榜"是由中央文明办依托中国文明网开展的"我推荐我评议身边好人"活动推荐评议产生的月度榜单。

据介绍，2008年5月，中央文明办依托中国文明网组织开展"我推荐我评议身边好人"活动，每月发布一期"中国好人榜"。此项活动旨在鼓励基层干部群众和广大网友积极举荐身边好人好事、凡人善举，引导人们从小事做起、从身边做起，做中国好人、当时代新人，努力在全社会营造崇德向善、见贤思齐、德行天下的浓厚氛围。听过这个好人榜，发现了不少体

现人道主义行为理想的人物和事迹。例如，在 2020 年的中国好人榜中，有河北邢台市的王树亚、夏雪利夫妻，他们于 2020 年 3 月 7 日驱车 900 多公里援助武汉。在 34 天时间里，妻子（职业护士）王树亚在隔离点看护患者，丈夫夏雪利每天在老旧社区病人家中做消杀或运送医疗物资和药品。又如，江苏宿迁的教师付大中，退休后自费举办"留守儿童之家"，七年来免费辅导留守儿童。

**举世闻名的作家维克多·雨果**

2002 年是法国举世闻名的作家维克多·雨果（1802—1885）诞生 200 周年，法国把 2002 年命名为"雨果年"。在他的《悲惨世界》《巴黎圣母院》《九三年》《笑面人》等小说中，都体现了高尚而深刻的人道主义行为理想。

维克多·雨果

以《悲惨世界》为例。主人公冉阿让由于偷了一片面包而被关了 19 年，出狱后偶遇卞福汝主教，受到其宽大为怀的感召，后改名为马德兰，并且发财了。他乐善好施，当上了市长，并且拯救了沦为妓女的女工芳汀。警方误断一个小偷就是冉阿让，他为了不连累别人就挺身而出，后被捕，芳汀因此受到惊吓而死。后来冉阿让利用抢救一个海员的机会假装坠海死亡，在经历了无数苦难之后，他终于把芳汀的私生女柯赛特抚养成人。小说通过对苦难的真实描绘，对社会的黑暗提出了强烈的抗议，宣扬了仁慈博爱可以杜绝罪恶和拯救人类的人道主义思想。

在写作之外，雨果也密切关注现实，他把自己的人道主义思想付诸行动。1861 年，英法联军火烧圆明园以后，他发表了著名的抗议信，愤怒地谴责了侵略军毁灭东方文化的罪恶行径。巴黎公社失败以后，他呼吁赦免公社战士，并开放自己在布鲁塞尔的住所供社员们避难。

在个人生活方面，雨果与情人朱丽叶·德鲁埃的关系也是达到了人类亲密关系的高峰。朱丽叶尽管不是雨果的妻子，却胜似妻子。他们有长达50年的美好的感情，雨果给朱丽叶·德鲁埃写了2万封情书，而朱丽叶给雨果写了1.8万封。

### （三）英雄主义

人类在任何有目的的活动中都需要具有意志力这种品质。当对于理想或目的的追求要求主体克服比一般情况下更大的内在和外在障碍，要求主体做出更大的努力，从而主体在意志力方面表现出超出一般的水平时，这种追求就体现了英雄主义。

英雄主义是意志力作为主导人格力的高扬。在社会变革时期，在战争时期，常常需要人们更多地表现英雄主义，这时期的英雄主义常常表现为一种为了正义和崇高的事业、不怕牺牲的精神。

在我们的文化环境里，我们从小就知道董存瑞舍身炸碉堡，刘胡兰在铡刀下英勇牺牲的故事，他们都典型地体现了英雄主义行为理想。刘胡兰（1932—1947），山西文水人，牺牲时才15岁，在这样的年纪，能够做到在死亡面前毫不恐惧，宁死不屈，很不容易。她在1947年1月12日被捕。在同时被捕的6个农民当场被铡死的情况下，她居然能够毫不畏惧地说道："死有什么可怕？铡刀放得不正，放正了再铡！"最后从容地躺在敌人的铡刀下壮烈牺牲。一个少女，能够面对死亡毫无恐惧，真是拥有典型的英雄主义精神。1947年3月下旬，毛泽东在听了任弼时的汇报后，也抑制不住沉痛的心情，挥笔写下了"生的伟大，死的光荣"八个大字。

英雄主义是以意志力为主导人格力，以情感力和智慧力为辅助人格力的行为理想。

"明知山有虎，偏向虎山行"是英雄主义，"人生自古谁无死，留取丹青照汗青"是英雄主义。

### 硬汉作家海明威

诺贝尔文学获得者、美国著名作家海明威，是著名的"硬汉作家"，他的意志力十分突出，他的作品往往体现了英雄主义的行为理想，例如著名的《老人与海》。

海明威为了使自己的文笔简练，坚持站着写作，而且是用一只脚站着写。他解释说："这种姿势，迫使我尽可能简短地表达我的意思。"

海明威参加过两次世界大战。在第一次世界大战中，他在欧洲战场上负过一次重伤，从身上取出小弹片227块。在第二次世界大战中，他是战地记者，又多次负伤。1944年，他为协助英国空军对德作战，到了伦敦。在一个灯火管制之夜，他的头部和膝部因汽车失事受伤，被送到医院急救时，缝了57针。他被误认为死亡，两天后，他躺在医院里，从几家报纸上看到了自己的"讣告"。

海明威

1945年年初，他在东非狩猎，飞机两次失事，虽侥幸逃命，但严重受伤使他永远不能再恢复健康。在这样的情况下，他仍坚持写作。他说："我是个学徒，要学习写作，一直到死。"

1954年年初，海明威和妻子玛丽在非洲旅行狩猎，途中飞机失事，他肝部和腰部受震，下脊椎受重伤，玛丽也断了两根肋骨。两人被送到互内罗毕医院治疗。这使他再一次看到自己的"讣告"。

在晚年，他的身体每况愈下，经常剧烈头痛，思想和说话迟钝，还伴有耳鸣、听觉失灵等现象。1960年，渴望写作的念头再次纠缠着他，但是高大的身躯已萎缩疲乏，不允许他再度进行这种极为艰苦的脑力劳动。对于一个作家来说，这无异于剥夺了生存的权利。于是，他向自己举起了手枪，果敢地选择了死亡。

他的死亡，与他过分争强有关系，能伸不能屈。如果他有情感力予以平衡，改变他的信念价值系统（BVR），那么他也许就不会选择自杀了。

在和平年代，人们的英雄主义更多地通过体育运动、极限运动、冒险运动等体现出来，包括单人驾机、驶船横渡太平洋、游泳过海峡、攀登悬崖等。

**单人划艇横渡太平洋**

英国冒险家吉姆·谢赫达在54岁时单人划艇横渡太平洋，成为世界单人划艇横渡太平洋的第一人。他的横渡总共耗费了9个月零1天,即274天。在漫长的时间里,茫茫大海上只有他一个人。

谢赫达从澳大利亚返回伦敦后,对媒体畅谈了感受。他回忆说:"当我独自一人驾船在海上与风浪搏斗时,才对冒险的真正含义有了最深刻的理解。那时,孤独和无助的感觉是最大的无形的敌人。随身携带的卫星电话是我与家人保持通信联络的唯一工具。巨大的体力消耗使我的体重下降了整整24公斤。"他还说:"我一直自信这次探险会成功,不过即使失败,我也会以微笑面对,因为我是有收获的。人们应该创造机会让自己去面对挑战,这样生活才会变得激动人心。"

在横渡大洋的过程中,谢赫达曾多次与凶猛的鲨鱼遭遇。由于已有充分准备,他使用自制的长矛成功地赶走了鲨鱼。由于探险过程中多次遭遇鲨鱼,他对鲨鱼的厌恶已胜过了害怕。真正让他感到恐惧的是一次与巨型油轮的不期而遇。多亏躲避及时,他的小船才免遭灭顶之灾。此后,一直到上岸,为了提早发现紧急情况,谢赫达几乎再没有睡过一个安稳觉。横渡大洋期间险情不断,就在谢赫达胜利在望,距离澳大利亚海岸仅有150米时,他的船被突如其来的巨浪掀翻,他不得不游过最后这段距离。好在距离不远,否则后果难以想象。最令这位勇士感到激动的是,当他奋力游向彼岸时,看见了专程赶来迎接他的妻子、21岁的大女儿和19岁的小女儿等亲人。(根据李京力文章整理)

**登珠峰遇难者的墓地**

记者王天林是中国探险协会会员。从1995年起累计行程十万公里,成为第一位到达"地球三极"的中国广播记者。

他说:珠峰、南极、北极给他的最大的震撼,就是坐落在冰雪世界里的墓地——那种物化的精神是无可替代的,是维系天地人的辩证关系和生死两界的终极标志。他写道:

> 青藏高原有一处世界上最高峻、最寂静的墓地……1996年"6·5"世界环境日那天,我终于站在这块墓地旁——地处海拔约5300米的珠峰北坡的大本营。这是一片凹形的山谷,四周山峰高耸对

峙。从大本营一溜石头房再往上走200米,有一座隆起的山丘,地上除了嶙峋冰冷的石头,没有一棵树、一丛草。唯一有生命气息的,是位于海拔6000多米的绒布冰川,融化的冰凌冰水顺着墓地近旁的绒布河哗哗地向下流淌。

尖啸的山风,吹起了山丘上的沙土,原定的高山航空项目被迫终止了。四下稍微平整些的山地,散落着一片用碎石块垒成的墓冢。简陋的墓碑用就地的石片,斜倚在墓顶石缝凹处,碑文上刻下的,是一些中外探险家、科学家的名字和生卒日期。

按照国际惯例,遇难者就地掩埋。这里大都是"衣冠冢",直到今天,多数壮志未酬的英雄们,还躺在山峰的某处山崖旁、冰缝下,仅8100米左右就不下十七八人,有人因为仅仅离峰顶只差几米而抱恨终生。没有谁能把散落的遗体运下山。难怪有人称:"登山,是一场没有观众的生死竞赛!"他们是把一切交给了大山,与大自然彻底融合的英雄!

## 二、三种具有全人类性的行为理想之间的关系

和智慧力、情感力、意志力三种人格力一样,三种具有全人类性的行为理想之间的区分也不是绝对的,它们之间有着相互依存、渗透、转化的关系。正如三种人格力是统一于个体本身一样,三种行为理想也是统一于个体。这三种行为理想有层次的区别,越是较高层次的某一行为理想,与其他的行为理想之间越有着密切的关系,包括:

1. 一种切实的(有较高层次的)理想主义必然包含着人道主义和英雄主义。只有这样,它才既追求了人性的不断发展,具有新的突破,同时又崇高地体现了大无畏的勇气。

路德维希·范·贝多芬(Ludwig van Beethoven)就是这方面的典型,他在理想主义、人道主义和英雄主义方面都有显著的表现。他是智慧力、情感力、意志力皆强大的人。从钢琴奏鸣曲《月光》,到他的最后一部交响曲《第九交响曲》,都体现了三种具有全人类性的行为理想。正因为如此,他与他的作品才成为人类精神力量的象征。

81岁高龄的列夫·托尔斯泰仍然在不断地探索人性，追求心灵的成长。这些都充分体现在他《最后的日记》里。与此同时，他的人道主义、英雄主义精神也更加成熟。他在晚年抛弃贵族生活和财富，解放农奴，追求简朴的生活方式，这些都需要博大的胸怀和非凡的勇气。

创造出传世之作的艺术家、文学家并非少数，但同时体现三种行为理想的并不多见。世界上有很多各种各样体现了单一人类行为理想的情况。

**案例：**世界流行歌王"迈克尔·杰克逊（Michael Jackson）

2001年，在沉默了一段漫长的时间后，被誉为"世界流行歌王"的超级巨星迈克尔·杰克逊又再度出现，推出了轰动世界乐坛的全新专辑《无敌》（Invincible），这是迈克尔·杰可逊迈入新世纪后的最新力作，专辑名称正说明了他在歌坛无人可超越的地位及耀眼的成就。

迈克尔·杰克逊，1958年8月29日出生于美国印安那州（Indiana）的盖瑞市（Gary），5岁便显露其在歌唱及舞蹈方面的才华，他一出道就开始走红，之后便一发不可收。

1980年，杰克逊推出专辑《墙外》，其中4首歌成为该年度的美国"十大流行金曲"，杰克逊因此获得美国音乐奖。1983年，史诗唱片公司出版发行了杰克逊的《惊悚》，该唱片摘取8项格莱美奖和美国年度唱片奖，还在全世界28个国家获得了140项金奖和白金奖，仅在美国就销出了4800万张，创世界最高纪录。《惊悚》引入了电影制作的技巧，包括特效、舞蹈编排和复杂的故事情节。这一创新改变了音乐视频的制作方式，将音乐与视觉艺术相结合。

迈克尔·杰克逊的音乐打破了传统的音乐界限，融合了多种音乐元素，包括流行、摇滚、放克（Funk）、灵魂（Soul）和嘻哈（Hip-Hop）。这些元素为他的音乐带来了新的声音和风格，更大的创作自由度和声音创造的可能性，对当时的流行音乐产生了深远的影响。

迈克·杰克逊还以出色的舞蹈技巧和舞台表演而著名，他的音乐会演出常常被视为视觉和音乐的盛宴。他的"太空步"，给人以新奇、兴奋的感觉，为流行音乐演出带来了创新。

一个歌手能够长期占领舞台，必须能够不断地创新。在迈克尔·杰克逊的身上，也典型地表现了理想主义的行为理想。正如他说："……好就是好，如果你做得很好，大家就会想要尝试看看，不会因为你消失多久，就失去吸引力。重点是你必须要是个创新者、一位先锋，那才是最重要的。"

然而，迈克尔·杰克逊也是一位问题不断、颇有争议的艺术家。特别是，他多次陷入性侵犯男童的事件中，他因多次做改变自己黑人肤色和外貌的手术受到质疑。在他的身上，明显地体现了原生家庭的负面影响。如果他的原生家庭的情结能够得到很好的处理，那么他很可能会有更持久的创造力。不管怎样，迈克尔·杰克逊应该算是单一地体现了理想主义行为理想的艺术家。

2. 一种真正的（有较高层次的）人道主义，必然通过理想主义和英雄主义强有力地表现出来。作为行为理想的人道主义，之所以高于一般的同情心、一般的做好事等，是由于它本身就伴随着创造以及创新的欲望，并且能够克服种种困难和障碍。

弗洛伦斯·南丁格尔（Florence Nightingale，1820—1910），英国的医学护理先驱，她在克里米亚战争期间（1853—1856年），通过创新的护理方法和卫生改进，拯救了大量士兵的生命。她的人道主义行为不仅表现为对病人的关怀，还包括了对医疗体系的创新改善，这体现了人道主义与创造性的结合。

尼尔森·曼德拉（Nelson Mandela，1918—2013），著名的南非的反种族隔离活动家，他在被囚禁的27年中坚守着人道主义的信念，致力于民族和解和结束种族隔离。他的坚韧和坚持表现出了人道主义与克服巨大困难之间的关联。

人道主义可以在不同程度上表现，甚至可以说有高低之分。这取决于人道主义行为的广度、深度、长期性以及对他人的影响。临时性人道主义行为，它们是短期和偶发的，通常是对紧急情况的响应。例如，偶尔的救助、对乞丐的施舍或对自然灾害的捐款都属于这一类别。虽然这些行为有助于缓解特定状况下的困难，但它们通常是有限的，应该没有像上述弗洛伦斯·南丁格尔、尼尔森·曼德拉那样有深远的影响。

3. 一种纯正的英雄主义（有较高层次的）必然融合了人道主义与理想主义，这样，它才不会流于匹夫之勇。

奥斯卡·辛德勒（Oskar Schindler，1908—1974）是一位德国商人，他在二战期间使约 1200 名犹太人免受被纳粹屠杀的命运。他的行为体现了英雄主义，因为他冒着巨大的生命危险以保护被迫害的犹太人。然而，他的出色不仅在英雄主义，不仅在冒险方面，还包括了他巨大的情感力、智慧力，他的深刻的人道主义和理想主义。他的行动是为了拯救生命，以及他对人类具有普适价值观的信仰。

马丁·路德·金（Martin Luther King Jr，1929—1968）的身上体现出的是英雄主义，因为他在面对种族歧视和暴力时，坚决捍卫了平等和公正的理想。他的英雄主义也包括了人道主义，因为他的运动旨在改善许多美国人的生活，并为社会带来正义。他于 1968 年 4 月 4 日在美国田纳西州孟菲斯市被种族主义者刺杀。这次刺杀震惊了美国和国际社会，导致了全美范围内的哀悼和抗议活动。马丁·路德·金是非暴力抵抗和民权运动的重要领袖之一，他的工作和领导对于争取美国黑人平等权利和民权的斗争产生了深远的影响。他被暗杀是这一运动的严重挫折，但也进一步激励了人们继续争取平等和正义。

**案例：** 韩奇志奇怪的"英雄主义"

2001 年 2 月 18 日，一条新闻引起了轰动。韩奇志，上海一位普通的打工青年，没有和任何部门联系，一个人私自攀登 420.5 米高的金茂大厦，并且取得了成功。该大厦当时是上海最高的摩天大楼，地面共 88 层。据称，韩奇志从小就喜欢攀登，经常以爬老家的大烟囱为荣。

韩奇志私攀金茂大厦成功，在当时激起了争论。有人认为他是一个英雄，也有人疑惑不解，认为他是在拿自己的生命开玩笑。也有人认为，他的行为不过就是哗众取宠的自我营销。更有人指责他置社会秩序于不顾，是极端的个人自由主义。他自己解释，他一是出于爱好，一是为了帮助他做鞋的老板多卖一些鞋子。

如果用我提出的人格三要素理论，可以在理解韩奇志以及类似事情上更深入一个层次。和我们具有的智慧力、情感力、意志力三种人格力对应，它们的超常发挥体现出三种具有全人类性的行为理想。可以认为，韩奇志的这一行为最多单一地体现了超常的意志力，能否称为英雄主义行为还是一个问题。但是，它的这一行为并没有与法治以及更广泛的利益相结合，即没有理想主义、人道主义的行为理想支撑，所以他的英雄主义也是在比较低的层次，并不值得提倡和推广。

韩奇志的该行为，当时引起了无数人的驻足围观，对当地交通秩序造成极大冲击。在2月18日下午4点至5点30分整整的一个半小时内，上海陆家嘴地区的交通严重阻塞。有关部门动用了八辆消防车。据说金茂大厦为维修他造成的大厦外面的损坏的铝合金饰件，就花了30万元。

韩奇志因此被公安机关行政拘留15天，我认为完全是妥当的。

攀登金茂大厦 　　　　　　　　　　　即将登顶

金茂大厦

第一部分　什么是"人格三要素"　| 097

三种具有全人类性的行为理想之间的关系和区别可以结合著名整合学家肯·威尔伯（1950— ）的进化理论来解释。肯·威尔伯认为，进化应该同时体现"涵括"与"超越"。人类行为的进化和发展也是一样。

三种具有全人类性的行为理想之间的区别在于：理想主义、英雄主义偏重于积极的进取的意义，从人类进化的角度来看，主要体现了人性在"纵"的方向的发展，这种发展如果用肯·威尔伯的话来说，就是"超越"；而人道主义主要偏重于扩大的稳定的意义，从人类进化的角度来看，主要体现了人性在"横"的方向的发展。这种发展如果用肯·威尔伯的话来说，就是"涵括"。

人类进步的表现之一，就是体现理想主义、英雄主义和人道主义行为理想的人越来越多。

我们也可以把人类的行为区分为两大类：一是进取性的行为，一是协调性的行为。进取性的行为，是指人类为了进一步的成长和发展所表现出来的阳刚性质的力；协调性的行为，是指人类为了调整个人与个人之间、个人与集体、社会之间的相互关系的阴柔性的力。若按此标准再对行为理想分类，理想主义、英雄主义属于进取性的行为理想，人道主义则属于协调性的行为理想。

在这里，进取性的行为也可以看成与"超越"概念对应的行为，协调性的行为也可以看成与"涵括"对应的行为。

"一阴一阳谓之道"。人类只有同时发扬了分属阴阳的这两种类型的行为理想，才能够健康地、不断地向前发展。

由于社会环境条件的差异，由于某种情境或形势的需要，在一定时期内或在某一时候，个体在行为上体现的行为理想就会有差异或有所偏重，个体在人格力的发展上也会有差异或偏重。

行为理想属于人类的终极价值，即使只是单一地、情境性地体现某个行为理想，也算是有价值的闪光，也可以流传。或者可以反过来说，凡是有价值的东西，总是或多或少凝聚了人类的行为理想。

例如，在创作活动中灵感横溢的艺术家，可以说是突出地表现了智慧力，发扬了理想主义的行为理想；在各种各样的灾难中不计个人得失救死扶伤的人们，可以说是突出地表现了情感力，发扬了人道主义的行为理想；在正义的战争中英勇作战的战士，可以说是突出地表现了意志力，发扬了英雄主义的行为理想。

个体力的一般的发挥与达到了行为理想的发挥的区别在于：当人格力的发挥达到了行为理想的时候，往往意味着个体在需要满足上进入了较高层次，即至少在自我实现阶段，在自己的行为中体现出行为理想，这要求个体发挥自己的潜力，突破自己原有的行为水平。从长期的、非情境性的角度来看，只有全面地体现了三种行为理想的人格，才是一种完美的理想人格。

在艺术作品中，如果这三行为理想的人格在主人公身上得到比较完满的体现，作品将会更有吸引力。以文学作品为例，在奥斯特洛夫斯基的《钢铁是怎样炼成的》中，英雄主义的行为理想体现得更多一些，而其他的行为理想体现得相对少一些，主人公的意志力得到了淋漓尽致的发挥；在夏洛蒂·勃朗特的《简·爱》中，人道主义的行为理想体现得更多一些，其他行为理想体现得相对少一些，主人公的情感力被刻画得细致入微；在德莱塞的《天才》中，理想主义体现得更多一些，其他行为理想体现得相对少一些，主人公的艺术才华被描写得栩栩如生。但是，相对而言，在罗曼·罗兰的《约翰·克利斯朵夫》中，三种具有全人类性的行为理想都有较丰富的体现。也许这正是它在某种程度上具有更强的生命力的重要原因。

苏联作家鲍里斯·瓦西里耶夫的《这里的黎明静悄悄》是一部优秀的战争题材的小说。尽管它的题材是战争，但它所表现的不仅有英雄主义，还有浓厚的人道主义和理想主义。正是由于它全面地表现了三种具有全人类性的行为理想，才使得这部小说与其他同类题材小说相比具有更大的魅力和感染力。

《这里的黎明静悄悄》剧照

《这里的黎明静悄悄》剧照

三种行为理想应该尽量从大系统来看，从人类进步、发展的系统来看，单从一个小系统看，一种行为理想的表现似乎可以成立，但是从更大的系统来看，就不是这样了。在这方面，我认同世界长青哲学体现的诸多理念。理想主义和英雄主义的行为理想不应该背离人道主义。用肯·威尔伯关于进化的理论来看，一种进化的行为，应该同时体现"超越"与"涵括"。

**英雄主义的悲歌**

1911年12月，杰出的挪威探险家阿蒙森和他的四名队员，战胜了寒冷、暴风雪和崎岖的冰川，摘取了第一个到达南极点的桂冠。

与胜利者相比，失败者的英雄主义更让人感到荡气回肠。英国探险家、海军上校斯科特就是这样。1912年1月，斯科特所带领的探险队也到达了南极点，但是比挪威人迟到了1个月。

回去的危险增加了10倍，来时只需要遵循罗盘的指引，现在却必须顺着足迹走回去，一旦偏离就会错过贮藏点，那里储存着食物、衣服和煤油。往回走时，他们已没有来时的充沛精力，此时正遇南极最寒冷的时候，漫天大雪封住了他们的视线……

负责科学研究的威尔逊博士，在距离死亡只有一步之遥的时候，还在继续着自己的科学观察。他的雪橇上，除了一切必需的载重，还拖着16公斤的珍贵岩石样本。

他们的脚早已冻烂。食物的定量愈来愈少，一天只能吃一顿热餐，由于热量不够，身体变得越来越虚弱。最身强力壮的埃文斯突然精神失常，站在一边不走了，嘴里念念有词，抱怨所受的种种苦难——有的是真的，有的是他的幻觉。2月17日1点钟，这位不幸的英国海军军士去世了。

　　奥茨的脚趾冻掉了，他用没有脚趾的脚板行走，后来越来越走不动了，成了朋友们的负担。一天中午，气温达到零下40摄氏度，奥茨明白，这样下去，他会给大家带来厄运，于是做好了准备。他向威尔逊要了十片吗啡，以便在必要时加快结束自己的生命。这个病人又艰难地和大家一起走了一天路程，然后他要求留在睡袋里，但他们坚决拒绝了。于是他又只好用冻伤了的双腿踉踉跄跄地又走了若干公里，一直走到夜宿的营地。他们一起睡到第二天早晨。清早起来，他们朝外一看，外面是狂吼怒号的暴风雪。奥茨突然起身说："我要到外边去走走，可能要多待一些时候。"大家不禁战栗起来。谁都知道，在这种天气下到外面去走一圈意味着什么。但谁也不敢说一句阻拦他的话，他们怀着敬畏的心情感觉到：劳伦斯·奥茨——这个英国皇家禁卫军的骑兵上尉正像一个英雄走向死神。

　　现在只剩下三个疲惫的、羸弱的人拖着沉重的脚步，在茫茫无际的像铁一般坚硬的冰原上行走。他们只是靠着迷迷糊糊的直觉支撑着身体，蹒跚地迈动双腿。3月21日，他们离下一个贮藏点只有20公里了。但天气更加可怕，暴风雪异常凶猛，使他们无法离开帐篷。每天他们都希望第二天能到达目的地，可是到了第二天，除了吃掉一天的口粮，只能把希望寄托在又一个明天。燃料已经告罄，而温度计却仍然指在零下40摄氏度。

　　他们现在只能在两种死法中间进行选择：是饿死还是冻死。四周是白茫茫的原始世界，三个人在小帐篷里同死亡又搏斗了八天。3月29日，他们知道再也不会有奇迹出现了，于是决定骄傲地在帐篷里等待死神。他们各自爬进睡袋，始终没有哀叹过一声自己遭遇到的种种苦难。凶猛的暴风雪袭击着薄薄的帐篷，死神正在悄悄地走来，就在这样的时刻，斯科特回想起了与自己有关的一切。他悲壮地意识到自己对祖国、对全人类的感情。他想起那些由于爱情、忠诚和友谊曾经同他有过联系的各种人的形象，他用冻僵的手指给所有这些人留下了遗言。

难得的是，斯科特的日记一直记到他生命的最后一刻，笔从僵硬的手中滑下来。他希望以后会有人在自己的尸体旁发现这些能证明他和同胞勇气的日记，这使他能用超人的毅力不断写下一些东西。最后一篇日记是用冻伤的手指颤抖着写下的："请把这本日记送到我的妻子手中！"但他随后又悲伤而坚决地划去了"我的妻子"这几个字，改为可怕的"我的遗孀"。

斯科特虽然在同不能抗衡的厄运的搏斗中牺牲了，但他的英雄主义精神却因此保留下来了。斯科特的探险队在意志力、情感力上都是无可非议的，但他们在人格力的发挥上也有问题。他们之所以失败，可能是智慧力方面没有运用好，没有制定更加周密的计划和各种应变措施。

斯科特与他的探险队

### 三、宇宙进化的深度与人类精神性的顶峰

肯·威尔伯指出：大宇宙进化的结果在于精神性的增加。人类是最具有精神性的生物，而在人类之中，能够达到这三种行为理想的人，可以认为达到了精神性的顶峰。

肯·威尔伯还认为，精神的深度越深，广度就越小。这里的"深度"是指精神性的程度，"广度"是指具有某种精神性的物种的数量。

理想主义、人道主义、英雄主义这三种行为理想之所以具有全人类性，是因为它们是人类进化的产物，它意味着人类进化过程中在精神性上所达到的高度。如果说，人类在漫长的进化历史中越来越远地离开了动物界的话，那么，这三种具有全人类性的行为理想，正体现了人类行为的灵光。现在，地球上的人们，只要已经从野蛮进化到了文明，那么，不管他们生活在什么地区，不管他们属于什么民族，甚至不管他们属于什么阶级，一般说来，他们都会尊敬体现了这三种行为理想的人，如果他们也体现了这三种行为理想，他们会以此为荣。当然，人们的行为必然要受其世界观的制约，对于三种行为理想的具体追求也是一样，例如，行为理想相同，政治理想却有可能不同。

从一定意义上说，人活着的意义，就是要尽量多地体现这三种具有全人类性的行为理想。

历史上也出现过一些反对某个行为理想的思想家以及政治人物。例如，尼采、希特勒似乎都是人道主义行为理想的反对者。不过，他们尽管表面上有一些思想倾向接近，但也有巨大的区别。尼采提出"超人"的概念，他强调都是个体的创造力、独立性和超越传统道德观念。希特勒可能认同了尼采的超人的观点，将其用于宣扬纳粹主义中的"优越民族"理念，鼓吹亚利安人种超越其他民族之上。然而，尼采的超人观点强调的是个体的道德责任和创造力，与纳粹主义的种族主义观点存在很大差异。至于尼采，他本人也只不过是在自己的著作中大喊大叫而已。据说，他在现实生活中，倒是一个具有同情心的人。强烈反对某种行为理想，往往在客

观上信奉了另一种行为理想。从尼采的人生哲学来看，他也并没有完全跳出这些具有全人类性的行为理想，例如，他自己主张的超人哲学就是对于英雄主义的畸形的强调。至于作为反人道主义的实践者法西斯主义的希特勒之流，早已因为他们的令人发指的暴行，被永远钉在了历史的耻辱柱上，而为全人类所痛斥。人们把他们的行为斥为"兽行"，这正好说明，反人道主义是人类的倒退，而人道主义是人类进化的产物。

三种具有全人类性的行为理想，从心理学的角度来看，就是三种人格力在社会生活中的高扬。我国著名小说家王朔，表面上是反传统、反"理想主义"，似乎不认同什么传统，但我感觉在他的作品中体现了在我们这个国度对人性的一种新颖的理解，实际上他的作品至少鲜明地体现了他的智慧力。

# 第四章　人格三要素理论的源流

## 一、"人格三要素"与历史上的三分法

一种好的理论，一般应该找到自己的历史渊源，以便说清楚传承与创新的关系。对历史上的有关的人格理论或者心理素质理论进行考察，我们可以发现人格三要素理论有不少历史的渊源。

早在荷马史诗《奥德修纪》中，在英雄奥德修的身上，就已体现了智慧、勇敢、节制和正义四种精神。在这四种精神中，已经包含了本书所谈的三种人格力的成分。其中"智慧"可以归入"智慧力"，"勇敢"可归入"意志力"，"节制"和"正义"可归入"情感力"。在人类较早的文学作品中，已经呈现了现代人所具有的全部重要的人格素质的胚芽。

在古希腊哲学的毕达哥拉斯学派那里，也可以看到"三分法"的思想。这个学派把人的灵魂分为三个部分：理性、智慧和情欲。灵魂的不同部分定位于不同的器官：理性在脑，智慧也在脑，情欲在心脏。只有人才

齐备了理性、智慧、情欲三者；动物只有后二者，而没有理性。只有理性是不死的。

在古希腊的思想家中，柏拉图把人的心灵分为三个部分：理性、意志和情欲，这三部分也位于人体的不同部位，理性位于头脑，意志位于胸部，欲望位于腹部横膈膜与脐之间。这种划分，类似于毕达哥拉斯学派，但他认为这三者之间，有一种层次关系，理性最高，意志次之，欲望又次之。理性以意志控制欲望，就像哲学家国王以武士来控制平民一样。柏拉图认为，与心灵这三部分相对应的品德就是"智慧""勇敢""节制"。而所谓"正义"，则是心灵的这三部分协调发生作用时的状态。柏拉图对国家的看法就是他对心灵看法的放大。武士的主要品质是勇敢，因此，柏拉图给勇敢下了一个似乎颇为独特的定义："勇敢就是一种保持。"[1] "这种精神上的能力，这种关于可怕事物和不可怕事物的符合法律精神的正确信念的完全保持，就是我称之为勇敢的东西……"[2] 在这里，柏拉图所谈的"勇敢"，还不能等同于本书所谈的"意志力"，它仅仅相当于意志力中的"坚持性"品质。

这些历史上的思想家和哲学家的观点与现代的心理素质理论有一些相似之处。这种历史背景可以帮助我们更好地理解人格三要素理论在整个人类思想发展中的意义和位置。

从荷马史诗到古希腊哲学，以及毕达哥拉斯学派和柏拉图的观点，都在一定程度上包含了情感、智慧和意志等核心心理素质的元素。尽管这些观点在细节上可能有所不同，但它们都强调了不同心理素质在塑造人的品德和决策中的作用。

特别值得注意的是，这些历史观点中的思想家们已经开始认识到不同心理素质之间的相互关系，以及它们如何协同作用来构建个体的品德和行为。这种历史渊源为现代的人格理论提供了一些重要的思考基础，帮助我们更深刻地理解人类心理和行为的复杂性。

---

[1] 柏拉图：《理想国》，商务印书馆，1986年版，第148页。
[2] 柏拉图：《理想国》，商务印书馆，1986年版，第148页。

同时，我们也可以从这些历史观点中看到，对于人格素质的理解一直以来都有一个持续发展和演变的过程，人格三要素理论只是企图进一步进行发展探索。

在毕达哥拉斯学派的观点中，将人的心灵划分为理性、智慧和情欲三个部分，每个部分分布在不同的身体部位。理性、智慧和情欲之间的平衡可以确保个体在思考、情感和决策方面都得到充分发展，从而更好地适应各种情况。

他们强调避免极端，意味着不应过于追求某一心理素质的发展而忽视其他素质。如果一个人过于理性，可能会缺乏情感体验；过于情感化则可能无法做出明智的决策。平衡不同素质有助于避免陷入极端状态。

柏拉图认为，理性是人的最高部分，它可以引导个体做出正确的决策和行为。然而，理性需要正确地引导意志和情欲，以确保个体的决策不受欲望的干扰，符合智慧和道德。

在我国的神话传说中，在一些人民领袖的身上，也可以找到本书所谈的人格三要素的胚芽。

例如，尧、舜和禹是中国古代夏商周时期的重要人物，被视为古代中国的圣人和人民领袖。这类人物在中国的神话、历史和文化传统中都扮演着重要角色，并被赋予了崇高的道德和领导地位。在他们的故事中，可以找到一些与人格三要素理论相关的元素。

尧被认为是中国古代的第一位君主，他被描绘为仁德之君。尧在传说中以智慧、仁爱和英明的统治方式闻名。他选择了舜作为他的继承人，显示了他的智慧和关心国家未来的胸怀。

舜被视为尧的继任者，他是一位仁德之君。关于他的故事中强调了他的谦虚、忍耐、正直和对人民的慈爱。舜是一个勤勉、负责任的领袖，他以他的德行和智慧赢得了人们的尊敬。

禹被认为是治水英雄，他的故事描绘了他如何解决洪水问题并成为一位伟大的统治者。他的品德和领导能力使他能够成功应对国家面临的重大挑战。

虽然在中国古代神话中更多地强调了尧、舜、禹的领导才能和德行，但在这些神话故事中确实可以找到与人格三要素理论相关的元素。

智慧力（智）：尧、舜和禹在他们的决策和统治中展现出智慧。他们的智慧不仅体现在智商方面，还表现在对人民需求的洞察、解决问题的能力以及明智的决策上。

情感力（仁）：尧、舜和禹都展现了对人民的关爱和慈悲。他们以仁爱的态度对待人民，关心他们的需求，努力维护人民的福祉。

意志力（勇）：虽然他们的故事可能不像其他史实人物那样强调勇气，但尧、舜和禹都展现了面对重大困难和挑战时的坚定意志和决心。

尽管这些故事可能在某些方面强调了不同的品质，但它们的共同点在于这些古代领袖所展现的智慧、仁爱和意志。这些元素与人格三要素的理论相关，揭示了人类在不同文化和历史背景下对于领导品质和道德德行的共同关注。

而到了先秦儒家那里，则明确地提出了"智、仁、勇"三大德。当然，它们同古希腊的四大德一样，也不能等同于本书所谈的人格三要素。人类所具有的人格素质，随着社会历史的发展而逐渐变得丰富和复杂。

孔子说："君子道者三，我无能焉，仁者不忧，知者不惑，勇者不惧。"（《论语·宪问》）这是对人格素质作用的惊人的洞察。他所说的"仁"，相当于"情感力"；"知"，相当于"智慧力"；"勇"相当于"意志力"。

与人格三要素相类似的说法源远流长，就有文字可查的角度来看，至少可以往上追溯二千余年。世界文明在人的素质上的说法不约而同、大同小异，这种情况的确令人感到惊奇！这种"智、仁、勇"，或者说智慧力、情感力、意志力的相对稳定的总体人格结构，说明人格三要素具有全人类性，可以理解为人类的一种种属遗传的基础。

当然，由于人类还在继续进化，人格三要素的内涵和外延也会随着历史的发展继续不断地发展和丰富，

我们在前面已经谈到，人格力是人在社会生活的实践中形成和巩固的。因而，对于不同的思想家，由于对社会生活有不同的看法，对人生主张有不同的主张，他们在心理活动以及人格力的强调上往往就呈现差异。

我国心理学家唐钺说："在古希腊，思想家们对于心理活动，一般说，是偏重理智功能的。但是，到了古代后期，如伊壁鸠鲁学派等，则比以前

思想家更注意情感和意志的功能。"① 众所周知，伊壁鸠鲁学派在伦理上主张快乐主义，所以理应注重情感与意志。然而，思想家们对于心理活动功能的强调，其终极目的是什么，还不能简单而论。例如，主张禁欲主义的基督教，为了提高信仰的地位，同样也强调情感和意志。奥古斯丁就代表了这一倾向。在奥古斯丁之后，司各脱和奥卡姆则是要为科学思想开路而宣传意志主义，把信仰划归入意志的势力范围，其实是要限制信仰，使它失去干涉科学思想的权力。所以这两人的意志主义在当时是起进步作用的。它与起反动作用的奥古斯丁的意志主义不同。

## 二、康德对三分法的贡献

心理学史一般认为，心理学的三分法（把心理活动分为认识、感情和意志）的确立，是由于18世纪的德国哲学的影响。在康德之前，德国已有孟德尔逊（MendeLsohn）和提顿斯（U. N. Tetens）把心理活动区分为认识、感情和意志三种，但没有引起普遍关注。"使心理三分法流行的是康德。康德提出他这样区分的理由是：这三种之中任何一种都不是由任何其他一种派生的。这个区分的标准就是心理学区分才能的标准。但康德表示这个意思的文字也未引起人们注意。三分法的流行大概是由于康德的三部主要著作体现心理三分法的缘故：纯粹理性相当于认识活动，实践理性相当于意志活动，判断力主要讲美感，相当于感情。"② 康德由于他的三大著作（《纯粹理性批判》《实践理性批判》《判断力批判》），在哲学史上影响极大，甚至波及了人们对主体性以及心理结构的看法。

康德的《实用人类学》是一部关于心理学的著作，他在这本书中指出：

> 人从开始用"我"来说话的那一天起，只要有可能，他就表现出他心爱的自我，并且毫无止境地推行个人主义，即使不是公开的（因为那会与别人的个人主义相冲突），也是隐蔽的，要用表面的自我否

---

① 唐钺：《西方心理学大纲（第二版）》，北京大学出版社，2010年版，第28页。
② 唐钺：《西方心理学大纲（第二版）》，北京大学出版社，2010年版，第98页。

定和假谦虚在别人眼里更可靠地为自己产生一种优越的价值。①

康德进一步把个人主义的表现分为三种：逻辑的个人主义者、审美的个人主义者和道德的个人主义者。他指出：

> 个人主义包括三种不同的狂妄：理性的狂妄、鉴赏的狂妄和实践利益的狂妄。也就是说，它可以是逻辑的、审美的和实践的。②

康德关于"三种个人主义"的说法，与他的三大批判的体系是对应的。

> 逻辑的个人主义者认为，自己的判断同时由他人的知性来检验是不必要的，仿佛这判断完全不需要这样的试金石。但显然，我们不能缺少确保我们判断的真理性的手段，这也许是为什么有教养的民族如此急切地呼吁着出版自由的最重要的原因。因为，如果这一点被拒绝，我们立即就被剥夺了一个检验我们自己判断的正确性的有力工具，我们就会犯错误。

他所说的"逻辑的个人主义者"就是指只强调自己的工具性智慧力的人。

> 审美的个人主义者是这样一种人，对他说来他自己的鉴赏力就已经足够了，而不顾人家可能觉得他的诗、画、音乐等等很糟糕，加以指责甚至嘲笑。他把自己和自己的判断孤立起来，孤芳自赏，只在自身之内寻找艺术美的标准，这时候，他就窒息了自己的进步和改善。

他所说的"审美的个人主义者"就是指只强调自己的艺术性智慧力的人。

> 最后，道德的个人主义者是这样的人，他把一切目的都局限于自身，他只看见对他有利的东西的用处，也许还像幸福论者那样，只把意志的最高确定性基础放在有利的东西和使自己内心幸福的东西之

---

① 康德：《实用人类学》，《康德文集》，邓晓芒译，改革出版社，1997年版，第433页。

② 康德：《实用人类学》，《康德文集》，邓晓芒译，改革出版社，1997年版，第433页。

中，而不是置于义务观念之中。由于每个不同的人对于他认为是内心幸福的东西都产生出不同的概念，于是个人主义直接走到了这种地步，即完全不具备任何真正的义务概念的标准，而这样的标准绝对必须是一个普遍有效的原则。因此，一切幸福论者都是实践上的个人主义者。

能够与个人主义相对抗的只有多元主义，即这样一种思想方式：不是在自身中把自己作为整个世界来研究，而是仅仅作为一个世界公民来观察和对待自身。从这里开始都属于人类学的范围。至于从形而上学的观点来看上面这种区别，则已完全超出这里所要阐述的这门科学的领域之外了。因为要是问题只是在于，我作为能思的存在，除了我的存在之外，是否还有理由承认和我处在一个共同体之中的一整个其他存在物（所谓世界）的存在，那么这就不是人类学的问题，而仅仅是形而上学的问题了。①

康德在这里谈到了任何人的自身素质都有局限性。

我国学者李泽厚认为，"使心理学三分法流行的是康德"。

康德的《纯粹理性批判》研究的是"知"；《实践理性批判》研究的是"情"；《判断力批判》研究的是"意"。康德的"三大批判"刚好对应心理过程的三分法"知、情、意"。

"纯粹理性"——真——认识活动

"实践理性"——善——意志活动

"判断力"——美——审美活动

我国学术界对于主体性以及心理结构问题曾经有过讨论。例如，李泽厚写道："不仅是外部的生产结构，而且是人类内在的心理结构问题，可能日渐成为未来时代的焦点。"②

李泽厚对于主体性以及心理结构的看法，也是采用了康德的划分方

---

① 康德：《实用人类学》，《康德文集》，邓晓芒译，改革出版社，1997年版，第434页。

② 李泽厚：《走我自己的路：杂著集》，中国盲文出版社，2002年版，第457页。

法。他的划分的具体内容是：

主体性的人性结构 { 智力结构（理性的内化）<br>审美结构（理性的积淀）<br>意志结构（理性的凝聚）

这种划分方法刚好对应于人们惯用的术语"真、善、美"，因此易于流行：

　　真——知　　善——意　　美——情

这种"对应"不能够机械化、简单化地去理解。我们应该注意，人类对于"真善美"中任何一种价值的追求都同时需要个体的全部心理功能。我在本章中提出的"主导人格力"与"辅助人格力"的概念，也许既能够使用"对应"这一概念，又能在避免简单化方面前进一步。

本书所提出的"人格三要素"划分的角度，与康德是有一定区别的。康德的划分是从宏观的、人类创造的精神文化的角度，而本书则是从微观的、个体达到自我实现的角度。在本书的体系中，"真善美"是人类自我实现追求的价值目标，他们与人类的心理活动以及个体的人格力是如下对应关系：

{ 真<br>美<br>善 } 
- 知（理想主义）——（主导人格力）智慧力 { 情感力（辅助）<br>意志力（辅助） }
- 情（人道主义）——（主导人格力）情感力 { 意志力（辅助）<br>智慧力（辅助） }
- 意（英雄主义）——（主导人格力）意志力 { 智慧力（辅助）<br>情感力（辅助） }

其中，当"真"对应于"知"时，主导人格力为工具性智慧力；当"美"对应于"知"时，主导人格力为艺术性智慧力。

本书所提出的这种对应关系至少有以下一些好处：它有助于更深刻地分析个体对于"真善美"的追求，它有助于说明"意志"与"道德"二者分离的重要情况。一是意志坚强有助于使一个人的道德更加高尚，但是，意志坚强者不一定是一个善良的、有道德的人。二是意志不坚强者中也有善良的人，当环境较好时，他们的情感力的表现非常明显，但是当环境恶劣之时，他们的情感力就会受到很大的影响，他们的道德行为或者真

第一部分　什么是"人格三要素"　| 111

诚的层次就很难达到较高的高度。

在康德的对应中，由于把"意"对应于"善"，突出了情感力，却忽略了意志力。如果让"意"对应于意志力，突出了意志力的品质，也许就能使人的主体性显得更加全面。本书把人类对于"美"的追求，对应"知"，即智慧力中的艺术性智慧力（或形象思维能力），也许更能符合"美"的原意。在美学史上，由鲍姆嘉通所使用的作为"美学"含义的词，希腊文原意就是"感觉"。这种情况也许正好说明，人类在对"美"的追求中，属于"知"的艺术性智慧力是主导人格力。

以上所讲人格力与"真、善、美"的对应，主要是指追求"真、善、美"的过程。在人的自我实现状态特别是在高峰体验状态中，真、善、美不再有明显差别，也就无所谓"对应"了。

### 三、卡耐基谈人的三种"心理趋向"

使我有点惊讶的是，被称为当代成功学先驱的卡耐基也有类似人格三要素的看法。

卡耐基认为，我们每一个人都存在着三种"心理趋向"：情感、理智、实践。他认为，情感趋向的目的，是产生我们与他人、宇宙万物和上帝的联系。他说的这种"情感趋向"相当于我关于情感力的概念。——他对情感趋向的解释，与我对情感的解释基本一致。

理智趋向的目的，是发展我们对生命的洞察力和创造性知觉。他说的这种"理智趋向"相当于我关于智慧力的概念。

实践趋向的目的，是产生行动，回应情感趋向的关系和理智取向的洞察力。他说的这种"实践趋向"，相当于我关于意志力的概念。

他还认为，三种趋向的观念是一种解析人性的新方式。

善于利用这些资源，活出最好的生活，自然是天经地义的事。平衡地应用这些趋向，将是最理想的情况。

人格的形成是以一种不平衡的方式开始的。这些趋向在我们内心交互作用的时候，自然会偏向于使用某一个，但是，又必须兼顾到其他两个趋向的发展，于是就产生了不平衡。这样的不平衡，使这些趋向只被用在功用层次，而不会触及真正的目的。

无论是从大哲学家康德，还是通俗的应用理论家卡耐基都接触到了人格三要素的问题，但是他们都有所缺失，有失简单，没有从心理学的角度深入和完善。

**四、H. B. 丹尼什的"精神心理学"**

我所见到的与人格三要素类似的理论，最详细、最系统的当数加拿大心理学家 H. B. 丹尼什提出的理论。他在《精神心理学》中提出了"知识""爱"和"意志"三分法。他的这本书是 1994 年第一次发表的。

他所说的"知识"（Knowledge），相当于我的智慧力的概念。他所说的"爱"（Love），相当于我的情感力的概念。他所说的"意志"（Will），相当于我的意志力的概念。

H. B. 丹尼什指出：

> 只有当我们用创造性的、富有生机的、促进成长的和具有普遍意义的方式去利用三者的合力时，我们才能达到内心的宁静。这便是精神生活方式的一个要素。
>
> 总而言之，知识、爱和意志是灵魂的属性。这三种属性是密切相关的。三者和谐地发挥其功能，便是我们大家都寻求和渴望内心安宁、恬静而又充满力量的基本前提。[①]

他的这些看法与我的人格三要素理论也是一致的。

H. B. 丹尼什理论的独到之处在于：他提出了人关心的三种基本问题："自我""关系""时间"。人的知识、爱和意志是在这三个基本问题中展开的。

他所说的这三种基本问题相当于人的基本需要。

他说：

---

[①] H. B. 丹尼什：《精神心理学》，陈一筠译，社会科学文献出版社，1998 年版，第 60 页。

人的精神层面，既包含了人的主要力（MHP）即知识、爱和意志，又包含了人对主要问题的关心（PHC），即对自我、关系和时间的关心。现在，摆在我们面前的任务就是探究人的主要力和主要关心之间的关系，看它们在健康与病态的条件下是怎样的情形，并且看它们是怎样发展的。①

为了说明人的三种主要力（知识、爱和意志）与人对主要问题（自我、关系、时间）的关心的关系，H. B. 丹尼什绘制了下面的表格。

| 人关心的主要问题 | 人的主要力 | | |
| --- | --- | --- | --- |
| | 知识 | 爱 | 意志 |
| 自 我 | 自我体验<br>自我发现<br>自我认识 | 自我专注<br>自我接纳<br>自我成长（发展） | 自我控制<br>自我信任<br>自我负责 |
| 关 系 | 人们的相同性<br>人们的独特性<br>人们的一致性 | 接纳他人<br>同情他人<br>团结 | 竞争<br>合作与平等<br>Movasat |
| 时 间 | 现在<br>死亡<br>不灭 | 初级团结<br>分离<br>再度团结 | 欲望<br>抉择<br>行动 |

每一个部分都标明有三个发展等级。例如，自我体验是认识自己的最基本等级，而自我认识则是认识过程的最高等级。

Movasat 是一个阿拉伯词，它描述的是人的关系成熟性的最高等级。在这种成熟条件下，个人将宁愿帮助别人超过自己而毫不踌躇或不希望酬答。作为其存在的自然表现，Movasat 与"无私"的含义相近，但又比后者含义更广些，它指对他人幸福的无私关怀。

表中所列出的各项都表明在三个发展阶段上的健康情况。例如，在健康条件下，人的认识能力和人对时间的关心在生活的三个主要阶段上是不

---

① H. B. 丹尼什：《精神心理学》，陈一筠译，社会科学文献出版社，1998年版，第67页。

相同的。在儿童时代和青春期时代，我们关于时间的知识几乎都是现在时，在后来的生活中我们才会敏锐在意识到我们的死亡，然后，在更成熟的阶段我们则开始认识灵魂不灭这一严肃问题。①

从表中我们可以看出：知识与自我的统一表现为"自我体验""自我发现""自我认识"三个阶段。在儿童身上，自我意识是从"自我体验"开始的，后来发展为"自我发现"和"自我认识"。"自我认识"是知识与自我的统一的最高成果。如果一个人在成年以后，还没有达到这个阶段，"生活就会被焦躁所笼罩，就会充满了困惑、恐惧和痛苦"②。"痛苦是一种症状，它说明我们需要增加自我认识。"③

H.B. 丹尼什的这个表格，为我们解决"自我""关系""时间"的问题，提供了一个有用的理论框架。

## 第五章　人格三要素理论的涵盖面

人具有多种能力。多元能力观是已经得到普遍认同的一种能力观。这种能力观认为，满足人的需要，提高人生质量的能力是多种多样的。

在我提出人格三要素理论的时候，我同时也赞同没有一种理论是能够解决所有问题的，任何理论都有它的局限，人格三要素理论也一样。

多元能力观的优点是提醒我们对人的素质问题有一种开放的态度，在生活中，我们应该不断拓展视野，保持一定的灵活性。

---

① H.B. 丹尼什：《精神心理学》，陈一筠译，社会科学文献出版社，1998年版，第67页。

② H.B. 丹尼什：《精神心理学》，陈一筠译，社会科学文献出版社，1998年版，第69页。

③ H.B. 丹尼什：《精神心理学》，陈一筠译，社会科学文献出版社，1998年版，第69页。

但同时我也认为，理论应该具有简约性的品质，如果过分强调多元，也有抓不住要领的危险。

## 一、"厚黑学"批判

"厚黑学"为四川学者李宗吾（1879—1944）提出的理论。他写的书，几经周折，1934年才正式出版。他的厚黑学的论证，是从三国演义开始的：

> 三国英雄，首推曹操，他的特长，全在心黑：他杀吕伯奢，杀孔融，杀杨修，杀董承伏完，又杀皇后皇子，悍然不顾，并且明目张胆地说："宁我负人，毋人负我。"心子之黑，真是达于极点了。有了这样本事，当然称为一世之雄了。

> 其次要算刘备，他的特长，全在于脸皮厚：他依曹操，依吕布，依刘表，依孙权，依袁绍，东奔西走，寄人篱下，恬不为耻，而且生平善哭，做三国演义的人，更把他写得惟妙惟肖，遇到不能解决的事情，对人痛哭一场，立即转败为功，所以俗语有云："刘备的江山，是哭出来的。"这也是一个有本事的英雄。他和曹操，可称双绝；当着他们煮酒论英雄的时候，一个心子最黑，一个脸皮最厚，一堂晤对，你无奈我何，我无奈你何，环顾袁本初诸人，卑鄙不足道，所以曹操说："天下英雄，惟使君与操耳。"

> 此外，还有一个孙权，他和刘备同盟，并且是郎舅之亲，忽然夺取荆州，把关羽杀了，心之黑，仿佛曹操，无奈黑不到底，跟着向蜀请和，其黑的程度，就要比曹操稍逊一点。他与曹操比肩称雄，抗不相下，忽然在曹操丞驾下称臣，脸皮之厚，仿佛刘备，无奈厚不到底，跟着与魏绝交，其厚的程度也比刘备稍逊一点。他虽是黑不如操，厚不如备，却是二者兼备，也不能不算是一个英雄。他们三个人，把各人的本事施展开来，你不能征服我，我不能征服你，那时候的天下，就不能不分而为三。

> 后来曹操、刘备、孙权，相继死了，司马氏父子乘时崛起，他算是

受了曹、刘诸人的熏陶，集厚黑学之大成，他能欺人寡妇孤儿，心之黑与曹操一样；能够受巾帼之辱，脸皮之厚，还更甚于刘备；我读史见司马懿受辱巾帼这段事，不禁拍案大叫："天下归司马氏矣！"所以得到了这个时候，天下就不得不统一，这都是"事有必至，理有固然"。①

李宗吾的论述并不是很严密。例如，曹操难道只是黑而不厚吗？赤壁大战时，他败走华容道，向关羽求饶，脸皮也不能说不厚。

尽管如此，他的理论还是有一定概括力的，听起来也颇有道理。这也是《厚黑学》一书具有一定影响力、能够再版的原因。

"厚黑学"是一种成功学。做到厚黑，就能够成功吗？

李宗吾自问自答：

> 人问：世间很多人，用厚黑以图谋私利，居然成功，是何道理？我说这即所谓"时无英雄，遂使竖子成名尔"。与他相敌的人，不外两种：一种是图谋功利而不懂厚黑技术的人，一种是图谋私利，但厚黑技术不如他的人，故他能取胜，万一遇见一个图谋公利，厚黑技术与他相仿，则必败无疑。②

他在这里承认，厚黑之外，还有一个"图谋公利"的问题。这样，"厚黑"就不是成功的充分条件了。如果把"图谋公利"看成是具有情感力的行为，那么李宗吾便开始向人格三要素接近了，但他并没有走到这一步。

至于为什么要"图谋公利"，他说：

> 语云："千夫所指，无疾而死。"因为妨碍了千万人的利益，这千万人中只要有一个见着他的破绽，就要乘虚打他。③

《厚黑学》在成都出版单行本后，谢绶青作跋。李宗吾引用他的话说：

> 绶青之言："厚黑学，如利刃，用以诛叛则善，用以屠良民则恶。

---

① 李宗吾：《厚黑学》，求实出版社，1989年版，第2页。
② 李宗吾：《厚黑学》，求实出版社，1989年版，第42页。
③ 李宗吾：《厚黑学》，求实出版社，1989年版，第42页。

善与恶，何关于刃。故用厚黑以为善，则为善人，用厚黑以为恶，则为恶人。"绥青这种说法，是很对的……①

我有一条公例："用厚黑学以图谋一己之私利，是发卑劣之行，为用厚黑以图谋众人公利，是至高无上之道德。"②

就人格言之，我们可以下一公例曰："用厚黑以图谋一己私利，越厚黑，人格越卑污；用厚黑以图谋众之公利，越厚黑，人格越高尚。"③

按照他的说法，厚黑是中性的，好人可以用，坏人也可以用。

厚黑是办事上的技术，等于打人的拳术。④

看来，他是主张讲道德、"图谋公利"的。但是，既然讲道德、"图谋公利"也是成功的因素，那么他的厚黑学就是不完全的了。

厚黑学在相当长的一段时间，都有一定的市场，但它明显是有问题的，从人格三要素理论来看其问题，就可以看得比较透彻。

厚黑学所举的例子是中国历史上的战乱时期的人物，例如，曹操、刘备、孙权、司马懿等，他们算是成功吗？

在本书中我们已经谈到，个体人格力的表现，不能够离开环境。

无可厚非，曹操、刘备、孙权、司马懿都取得了一定的成功。但他们的成功，与社会正义没有明显的关系，不一定是具有社会意义的成功。政治家可以是追求社会正义的，也可以是不追求社会正义的。例如，美国的开国元勋华盛顿，中国的孙中山，就是三种人格力都强大的，他们所取得的成就，是经得住历史考验、富有社会意义的成就。

总的来说，厚黑学强调的是一种本书所批判的"野心家"人格。

"厚黑"的概念可以被"逆商"以及我关于挫折承受力、挫折超越力

---

① 李宗吾：《厚黑学》，求实出版社，1989年版，第34页。
② 李宗吾：《厚黑学》，求实出版社，1989年版，第36页。
③ 李宗吾：《厚黑学》，求实出版社，1989年版，第41页。
④ 李宗吾：《厚黑学》，求实出版社，1989年版，第29页。

的概念扬弃。

马斯洛在对自我实现的人进行描述的时候，曾经提到他们有这样的特征：

> 我们的研究对象偶尔会表现出异常的、出乎意料的无情。必须记住，他们是非常坚强的人，在需要的时候，他们能超越常人的能力表现出一种外科医生式的冷静。假如他们有谁发现自己长期信任的人不诚实，就会毫不惋惜地中断这种友谊，而并不感到痛苦。一个与自己并不爱的人结婚的妇女，在决定离婚时表现出的果断几乎近于残忍。他们中的一些人能很快从哀悼亲友死亡的情绪中恢复过来，以至显得有些无情。①

马斯洛还说：

> 这些人不仅坚强，而且不为大众舆论所左右。有一次，当一位妇女在一次聚会上被介绍给他人时，她因对方乏味的俗套而大大激怒。因而有意让自己的言行使对方感到震惊。也许有人会说，她这样做未尝不可，但人们不仅会对她本人而且会对主持聚会的主人采取完全敌对的态度。虽然我们这位研究对象想要对这些人疏远，但男女主人却并不想这样做。②

自我实现的人所表现的这些特征，都可以称为"挫折超越力"。

## 二、拿破仑·希尔与人格三要素理论

拿破仑·希尔（Napoleon Hill）（1883—1970），一生致力于成功学和个人发展的研究与教育，留下了许多关于成功和积极思考的著作。拿破仑·希尔在美国的影响力相当大，尤其在成功学和个人发展领域，他被认为是现代成功学的奠基人之一。成功学运动在美国影响深远，他的著作和思想一直影响着美国的商业和自我发展文化。他的著作和演讲激励了许多人追求

---

① 马斯洛：《动机与人格》，许金声等译，华夏出版社，1987年版，第205页。
② 马斯洛：《动机与人格》，许金声等译，华夏出版社，1987年版，第206页。

自己的目标。以下是他在美国的一些主要影响。

拿破仑·希尔曾经总结了走向成功的17条定律，它们是：

（1）积极的心态。

（2）明确的目标。

（3）丰富的经历。

（4）正确的经历。

（5）高度的自制能力。

（6）培养领导才能。

（7）建立自信心。

（8）迷人的个性。

（9）创新精神。

（10）充满热忱。

（11）专心致志。

（12）合作精神。

（13）正确看待失败。

（14）永葆进取之心。

（15）合理安排时间和金钱。

（16）保持身心健康。

（17）养成良好的习惯。

拿破仑·希尔的这17条定律很像是对经验的总结与分享。它们如果结合实际案例进行生动的演讲，打动听众，让听众各取所需，激励他们在追求成功时采取行动。

但是，这些定律是分散的、粗糙的，缺乏内在联系的整合，它们也不能够满足人们对于理论的简约性的要求。

我关于智慧力、情感力、意志力的"人格三要素"理论可以用来分析拿破仑·希尔的17条定律，并提供更具结构性的观点。

1. 智慧力：这些定律涵盖了一系列与成功相关的智慧力因素。见上面（2）的明确的目标、（4）正确的经历、（9）创新精神和（15）合理安排时间和金钱等都需要智慧力的运用。然而，这些定律在智慧力方面缺乏系统性的整合，没有提供明确的智慧力发展路径或方法。

2. 情感力：情感力在这些定律中起着关键作用。（1）积极的心态、（7）建立自信心、（8）迷人的个性、（13）正确看待失败等都涉及情感管理和情感智慧。然而，这些定律缺乏深入的情感智慧指导，如情感调节策略、情感智慧的培养等方面。

3. 意志力：意志力在成功中也占有重要地位，其中，（5）高度的自制能力、（10）充满热忱、（11）专心致志、（17）养成良好的习惯等都需要强大的意志力。然而，这些定律未提供关于如何增强意志力的详细指导，如自我控制的技巧和方法。

总的来说，拿破仑·希尔的17条定律在某种程度上涵盖了智慧力、情感力和意志力的要素，但它们缺乏系统性整合和具体的实践方法。为了使这些定律更具实用性，可以将它们整合为更有结构性的模型，提供更多关于智慧力、情感力和意志力的指导，以帮助个体更有效地追求成功。这种整合和深化可以使这些定律更符合理论的简约性要求，并增强它们之间的相互关系。

"积极的心态"是拿破仑·希尔关于成功定律第一条。我感觉，"积极的心态"是他关于成功学最重要的论述，但也是包含着极大误导的论述。

拿破仑·希尔说："所谓积极的心态指的是，在看待事物的时候，应该考虑生活中既有好的一面，也有坏的一面。强调好的一面，就会产生良好的愿望与结果。当你向好的方面想时，好运便会到来。积极心态是一种对任何人、情况或者环境所把持的正确、诚恳而且具有建设性，同时也不违背上帝律法和人类权利的思想、行为和反应。"[①] "……积极心态是当你面对任何挑战时应该具备的'我能够……而且我会……'的心态"[②]。

这是一种典型的二分法的思考方式。它忽略了事物的复杂性，忽略了

---

[①] 拿破仑·希尔：《积极心态的力量》，刘津译，四川人民出版社，2000年版，第6页。

[②] 拿破仑·希尔：《积极心态的力量》，刘津译，四川人民出版社，2000年版，第6页。

对事物不好一面的接纳、积极面对与解决。而且，它没有从人成长的角度来看问题，所谓事物不好的方面，正是事物对我们的挑战，是我们需要激发潜能、成长的地方。

当然，积极的心态也可以看作个体面临危机和挑战时的一种应战机制。也就是说，当我们面临危机和挑战时，如果能够以"我能够……而且我会……"的心态去面对，我们就能迈出成功的第一步。

如何才能有积极的心态？关键在于人格力，主要是情感力。情感力使我们能够真诚地面对事物，而事物本身的意义是我们赋予它的。

尤其我们需要注意的是："积极心态""从好的方面去想"并不意味着逃避、否认"生活中坏的一面"，特别是自己的负面情绪，而是积极地去面对"生活中坏的一面"，如果我们在面对时有任何负面情绪，就需要去调整与处理。

自从我举办全人心理学·心灵成长工作坊以来，不时会遇见一些受过成功学培训的学员，他们把隔离自己的负面情绪，回避自己的心理问题，不愿解决自己的心理情结，也看成"积极的"。我认为这是不妥的。这实际上是把"积极的心态"片面理解成了逃避"生活中坏的一面"，这导致他们的大量的潜能没有得到开发。人们所回避的东西，恰恰是他们人格中的阴影部分，是有待开发的潜能。

### 三、斯腾伯格"成功智力"与人格三要素理论

R.J. 斯腾伯格（Robert J. Sternberg）是美国著名心理学家。他关于"成功智力"的研究是国际上关于智力研究较新的理论，引起了较大的反响，在我国亦得到了一些好评。

R.J. 斯腾伯格认为，"成功智力"是指包括分析性智力（Analytical intelligence）、创造性智力（Creative intelligence）和实践性智力（Practical intelligence）三个方面智力的综合性智力。

他的理论中最有价值的部分之一在于"实践性智力"的概念。

早在 R.J. 斯腾伯格之前，安东尼·罗宾就曾经提出这样一个问题：现在关于扭转人生的知识在美国俯拾即是，成功学的书籍、录影带到处流

行,为什么仍然是有的人卓有成就,有的人碌碌无为?他指出,光有知识是不够的。对成功者来说:"他们之异于常人,是因为他们知道应该采取什么样的行动。行动是指达成目标的做法,是成功所不可或缺的;而知识在没有达到能够活用的人手中之前,它只能够算是潜藏的力……"①

这实际上也就涉及 R. J. 斯腾伯格所说的"实践性智力"。成功学研究者由于强调达成目标,都无不重视把知识转化为实际有效的行为。

R. J. 斯腾伯格的贡献之一在于,他把"实践性智力"作为一个专门的术语提出来了,而且试图把它与"分析性智力""创造性智力"区分开。

尽管他的研究在很多方面具有启发性。但遗憾的是,他的理论仍然存在着一些问题。这些问题包括:

第一,他关于三种智力的定义还没有清晰到令人满意的程度。他说:"其中,分析性智力用来解决问题和判定思维成果的质量;创造性智力可以帮助我们从一开始就形成好的问题和想法;实践性智力则可将思想及其分析结果以一种行之有效的方法加以实施。"②

在这里,三种智力似乎缺乏明显的区分。"分析性智力"中难道没有"创造性智力"?"创造性智力"中难道没有"分析性智力"?"实践性智力"中难道没有包括"分析性智力"和"创造性智力"?如果没有分析好问题并有创造性思考,我们能够做到"以一种行之有效的方法加以实施"吗?

第二,R. J. 斯腾伯格关于"成功智力"的一个严重问题,是忽略了情感力的作用。R. J. 斯腾伯格为了说明"成功智力"的概念,在书中援引了这样一个故事:

两个男孩在森林里行走。他们是截然不同的两个人。第一个男孩,老师和父母都认为他聪明,于是他也自认为很聪明。他的能力测验成绩出色,功课优秀,另有许多奖励证书。所有这一切都将使他在学业领域中出类拔萃。第二个男孩很少有人认为他聪明,他的测验成绩一般,学习成绩

---

① 安东尼·罗宾:《激发心灵的潜力》,新疆科学技术出版社,1997年版,第4页。
② R. J. 斯腾伯格:《成功智力》,吴国宏等译,华东师范大学出版社,1999年版,第16页。

也不突出，其他的文件证明显示他勉强合格。至多也仅仅够得上机灵或有点小聪明。

当两个男孩行进在森林中时，他们遇到了一个问题——一头巨大、凶猛而且很饥饿的灰熊从树林中向他们扑来。第一个男孩算出了17.3秒后灰熊将追上他，于是大惊失色，回头去看第二个男孩。后者正镇定自若地脱去旅行靴换上跑鞋。

第一个男孩冲第二个男孩说："难道你疯了？我们怎么跑得过灰熊呢？"

第二个男孩答道："没错，但我跑得过你！"①

R.J. 斯腾伯格用这个故事来说明，第二个男孩具有真正的成功智力。尽管这个故事明显是杜撰，它却能够给人清晰的概念，成功智力就是实际达成目标的能力。但我也同时发现，在他关于成功智力的概念中，显然没有把情感力考虑进去。

在这个故事中，第二个男孩是有成功智力的人。但是在面对危险时，不仅丝毫没有考虑第一个男孩的安全问题，而且还以第一个男孩的牺牲为前提来保障自己的安全。也许 R.J. 斯腾伯格还可以列举一些不是明显涉及情感力问题的例子。但似乎他对情感力的忽视，并不是偶然的。

在 R.J. 斯腾伯格《成功智力》一书的最后一章中，他总结了具有"成功智力"的人的共同特点。他说："在我们的工作和生活中，如果缺少这些品质，就可能导致自我损害和失败。相反，具有了这些性质，它们就会成为自发的启动者，并且最终走向成功。"② 这些共同特点有20个。我发现，这些特点可以用人格三要素来概括，在每一个特点后面，我都注明它与人格三要素的关系：

1. 具有成功智力的人能自我激励。（意志力为主导人格力）
2. 具有成功智力的人学会了控制自己的冲动。（意志力为主导人格力）

---

① 参阅 R.J. 斯腾伯格：《成功智力》，吴国雄等译，华东师范大学出版社，1999年版，第115页。

② R.J. 斯腾伯格：《成功智力》，吴国雄等译，华东师范大学出版社，1999年版，第249页。

3. 具有成功智力的人知道什么时候应该坚持。（智慧力为主导人格力）

4. 具有成功智力的人知道如何充分发挥自身的能力。（智慧力为主导人格力）

5. 具有成功智力的人能将思想转变为行动。（意志力为主导人格力）

6. 具有成功智力的人以产品成果为导向。（主导人格力不明显）

7. 具有成功智力的人完成任务并能坚持到底。（意志力为主导人格力）

8. 具有成功智力的人都是带头者。（意志力为主导人格力）

9. 具有成功智力的人不怕冒失败的风险。（意志力为主导人格力）

10. 具有成功智力的人从不拖延。（意志力为主导人格力）

11. 具有成功智力的人接受合理的批评和指责。（情感力为主导人格力）

12. 具有成功智力的人拒绝自哀自怜。（意志力为主导人格力）

13. 具有成功智力的人具有独立性。（意志力为主导人格力）

14. 具有成功智力的人寻求克服个人困难的办法。（智慧力为主导人格力）

15. 具有成功智力的人能集中精力达到他们的目标。（意志力为主导人格力）

16. 具有成功智力的人既不会对自己要求过高，也不会对自己要求过低。（情感力为主导人格力）

17. 具有成功智力的人具有延迟满足的能力。（意志力为主导人格力）

18. 具有成功智力的人既能看到树木，也能看到森林。（智慧力为主导人格力）

19. 具有成功智力的人具有合理组织的自信及完成其目标的信念。（意志力为主导人格力）

20. 具有成功智力的人能均衡地进行分析性、创造性和实践性的思维。（智慧力为主导人格力）

我在每一个特点后面的括号里标出了与我的人格三要素理论相对应的人格力。其中，较为明显地以意志力为主导人格力的有 12 个，占了 60%。较为明显地以智慧力为主导人格力的有 5 个，占了 25%。较为明显地以情感力为主导人格力的有 2 个，只占 10%。

我所提出的人格三要素理论与他的"成功智力"概念有什么关系呢？

人格三要素理论主张三种人格力缺一不可，均衡发挥才更能够自我实现。R.J. 斯腾伯格也强调三种智力的均衡。他所说的"分析性智力"和"创造性智力"的概念大体与我的智慧力的概念相对应。他所说的"实践性智力"，由于含有实践活动、意志活动的含义，则相当于我所说的意志力为主导人格力的活动能力。

区别在于，R.J. 斯腾伯格所提出问题、解决问题的价值取向是"成功"，我所提出问题、解决问题的价值取向是"自我实现"和"自我超越"，或者称为"整体的人生成功"。

R.J. 斯腾伯格所说的成功智力仍然是在西方传统的智力中心的基础上提出的。

### 四、巴赫和贝多芬

我的人格三要素理论具有很大的涵盖面，它甚至可以解释一些比较难理解的问题。例如：

著名哲学家波普尔有一个颇为奇怪的关于"两种音乐"的理论。对他的这一理论，也可以从我的人格三要素理论的角度来理解。

波普尔十分看重他关于"两种音乐"的发现。他在自传中写道：这一发现"极大地影响了我的哲学思考方式，甚至最终导致了我对世界2和世界3的区分"[①]。

波普尔的三个世界理论，是他的重要理论之一。他认为，"世界1"是指包括物理实体和物理状态的物理世界；"世界2"是指精神的、思维的或心理的世界；"世界3"是指思想内容的、客观知识的世界，它更多地体现在像图书馆里许许多多文献材料中的知识的存在。他的这一理论是被广泛引用的、很有解释力的理论。

卡尔·波普尔（Karl Popper）
（1902—1994）

---

[①] 《波普尔思想自述》，赵月瑟译，上海译文出版社，1988年版，第78页。

那么，他所谓的"两种音乐"究竟是什么呢？

波普尔说，他是在解释巴赫和贝多芬的区别时发现这一点的。

他认为，贝多芬的音乐可以称为"主观"的音乐。他说："我觉得，贝多芬使音乐成为一种自我表现的工具。这大概是使他能够在绝望中继续活下去的唯一方式。"[1]

他认为，巴赫的音乐可以称为"客观"的音乐。例如，巴赫在指导他的学生演奏低音部时说："它应该构成美妙的和声，赞美上帝和心灵允许有的欢娱；像一切音乐一样，它的终止和终极原因不是别的，只能够是上帝的荣光和心灵的欢娱。如果对此掉以轻心，那就根本不会有音乐，只有可憎的吵闹和喧嚷。"[2]

"作曲家的情感真正有意义的功用并不在于它们要被表现，而在于可用它们来检验（客观的）作品的成功、恰当性或者影响。"[3]

其实，用我的人格三要素理论，可以从一个角度更好地解释波普尔想要解释的问题。

波普尔反对表现主义的解释，认为它太简单。实际上，为什么不可以在将表现主义丰富之后再来解释问题呢？

作曲家的作品都是他们自己人格的外化和表现，只不过由于他们的人格素质不一样，他们所表现出来的人格素质也有所差异。

巴赫和贝多芬的共同性是都具有天才的艺术性智慧力。

不同之处在于，他们的创作环境有极大的不同。这些不同使他们在创作的过程中，巴赫更多地加入了情感力作为辅助性人格力，这种情感力表现了他对上帝的虔诚的信仰。而贝多芬更多地加入了意志力作为辅助性人格力，这种意志力表现了他对于环境和命运的反抗。

有趣的是，当我们追问波普尔为什么会有这样的理论取向和策略时，我们仍然可以用人格三要素的理论对此进行解释。

---

[1] 《波普尔思想自述》，赵月瑟译，上海译文出版社，1988年版，第79页。
[2] 《波普尔思想自述》，赵月瑟译，上海译文出版社，1988年版，第79页。
[3] 《波普尔思想自述》，赵月瑟译，上海译文出版社，1988年版，第87页。

他能够就音乐发出如此敏锐而且深邃的议论，说明他的艺术性智慧力超过了一般人。但就他自身来进行比较，他的艺术性智慧力与他的逻辑性智慧力来说，显然是"小巫见大巫"。正是因为他的智慧力的这种差异，他难以与贝多芬共情，体会到情感过程和艺术性智慧力在贝多芬式的艺术家的创作过程中所起到的作用。

### 五、一元论与多元论问题

为什么会有一元与多元价值问题？这是因为，世界既有多元性也有一元性，人既有多元性也有一元性。康德曾经富有洞察力地指出，一元论的根源在于个人主义、独立人格。我们还可以补充：多元论的基础在于人能够超越自己，看到并且承认他人的价值以及世界上各种各样的丰富的价值。

我国学者甘阳在介绍伯林思想的文章中，谈到了人们对差异性、不确定性、不和谐等的恐惧心理。[①] 这些心理其实来源于人的基本需要，特别是安全需要和归属需要。

为什么人要追求同一性、确定性、和谐性？这与人的基本需要有什么关系？

甘阳没有看到，人固然有对差异性、不确定性、不和谐的恐惧，但同时也有对差异性、不确定性、不和谐的喜爱，以及对同一性、确定性、和谐性的恐惧。人本心理学就是主张应该适当地追求紧张。正如马斯洛和罗杰斯在谈论自我实现的人的时候，都谈到他们对紧张的追求，对不确定的接受。这大概是有创造性的人的一个特征。

在我国思想界活跃的1988年，我曾经听过当时还是青年学者的刘某某的演讲。他在讲演中说，有那么多的人赞同、认同他的思想，这使他感到不安，因为他感觉到认同的人越多，自己的独特性就越低。

尊重需要和求新求异的动机是这种对同一性、确定性、和谐性的恐惧的根源。

人既有对一元的需要，也有对多元的需要，这大概是人的本性。

---

① 参阅甘阳：《自由的敌人：真善美统一说》，《读书》，1989年第6期。

但是，在自我实现的人那里，一元与多元的难题得到了解决。

不管是在一元状态下的不愉快，还是在多元状态下的不愉快，都是一种人格发展水平不充足的体现。这些状态并不是不可以避免或者克服的。马斯洛认为，对于一般人适用的两分法，对于自我实现的人来说，在很多时候是不适用的。对于一般人来说，当他们达到自我实现状态的时候，也是不适用的。

高峰体验状态正是个体对一元与多元问题的突破，即越过了多元的限制，暂时达到了相对和谐的一元状态。当然，高峰体验只是一种暂时的状态。

关于文化分歧，可以从两个层面来寻找原因。一个是历史发展、社会结构的层面。一个是人格、心理结构的层面。人格三要素是从人格和心理结构这个层面来寻找根源。借助人格和心理结构这一层面，我们可以更好地理解文化，甚至理解历史。

古罗马人的道德观与基督教的道德观有着明显的差异。

人类的种属特征落实到个体身上，也有一定的差异性。但是，人类的种属特征在种族和种族之间表现出来的差异性由于人数的增多而减少。

俗话说："始差一，终差万。"人与人的区别由于后天的环境因素而大大地扩大了。

人格的差异是在适应环境的过程中形成的。由于环境的不同，人们常常需要更多地发挥某一种人格力。这样也就形成了人格结构的差异。民族性的差异是在适应民族的大环境中形成的。

人们的人格结构是人们的既得利益，这种利益常常使人们更高地评价在和自己所处的环境相类似的环境中取得的成就，更低地评价在其他环境中取得的成就。因为人们总是需要适应环境。他们希望环境向有利于自己人格结构的方向发展，价值观也是。

多元与一元都是人性本身的需要。多元与一元也是一种历史的过程，个体发展的过程。

承认世界的多元性，这是人格三要素理论的一个前提。承认多元，就是承认每个人的独一无二性，承认环境的千差万别。其实，当我们承认多元性的时候，我们就已经获得了一种一元化的价值，这就是"宽容"。

人格三要素理论承认价值的多元性，也承认一元性的价值。它是一种主张多元与一元统一的理论。

多元与一元在马斯洛所描述的自我实现的人那里得到了统一。关于这种统一，还可以借用肯·威尔伯的"上行"和"下行"的概念来说明。当然，从全人需要层次论看自我超越的人、大我实现的人更是如此。

追求一元的过程就是"上行"的过程，追求"多元"的过程就是"下行"的过程。

"退隐"的过程是"上行"的过程，"复出"的过程是"下行"的过程。

### 六、人格三要素理论与意象对话

我国著名心理学家朱建军先生的意象对话的理论、方法和技术，是具有创造性的心理学的理论。从人格三要素理论来看，意象对话与提高心理素质之间，有什么关系呢？我的浅见如下：

#### （一）意象对话技术对提高智慧力的作用

意象对话技术首先是一种很好的了解自身心理素质的工具。在提高心理素质方面，它具有提高个人的自知能力的直接的功能。人的自知能力，从人格三要素的角度看，主要就靠智慧力的运作。自知的过程，是一个以智慧力为主导人格力，情感力和意志力作为辅助人格力发挥的过程。由于在自知的过程中，也有情感力和意志力在发挥作用，对于自知能力的锻炼，也可以间接地提高情感力和意志力。

如果把智慧力分为"左脑智慧力与右脑智慧力"，或者逻辑智慧力与形象智慧力，或者阳性智慧力与阴性智慧力，意象对话技术对于开发和培养"右脑智慧力"、形象智慧力或者阴性智慧力有独特的意义。

对于自知问题上有严重误区的人，意象对话技术有非常明显的效果，它可以迅速提高其自知力，改变其人格状态。但是，对于自知能力较强，而主要是情感力和意志力方面存在问题的人，意象对话技术也有作用吗？

## （二）意象对话技术对提高情感力的作用

由于意象对话技术要求学习者、来访者真诚地面对自己，消除阻抗，让自己真实的意象出现、呈现，并且真诚面对，而不是隔离、逃避，这在实际上也就锻炼了学习者、来访者真诚地面对自己的态度和能力。这正是情感力的内涵之一。所以，该技术也可以直接提高情感力。

## （三）意象对话技术对提高意志力有作用吗？

与另外两种人格力相比，意志力更需要表现在外显的行动上，更多地体现在现实生活中。人格的改变，似乎很大程度上最后需要落实在意志力上。一个意志力薄弱的人，似乎很难说只通过意象对话就能直接提高意志力。相反，不排除他们有沉溺于意象对话、缺乏行动力的可能。在现实生活中，有一些"心理咨询迷"，他们热衷于寻找名师、高手，他们对自己存在的问题已经有相当的自知，常常已经知道应该怎样做，但是仍然不去做。他们对心理咨询师常常有一种依赖心理。进行意象对话学习和咨询时，也需要防止这种情况发生。

心理咨询可以为人格的改变创造条件，但心理咨询还不是人格改变的充分条件。意象对话也是一样。意象的改变，不等于生活的改变，意象中人格的改变，不等于实际人格的改变，更不等于具体生活的改变。

我们不能够假设，谁的意志力薄弱，仅仅是由于他有某一个情结，这个情结一解决，他的意志力就变强了。他的意志力要增强，还必须从意象对话回到现实中，反复地进行实践。我们不能够说，一个人缺乏意志力，永远只是自知的问题，只是自知不够的表现，增加自知，就可以提高意志力。我们最好应该有人格三要素的观念：三种人格力是各自具有相对独立性。当然，我们要提高意志力，首先需要我们对自己缺乏意志力有一个自知。但是，有了对自己缺乏意志力的自知后，还并不等于就能够增强自己的意志力。

用一个比喻来说，如果我们要增强大腿的力量，不能够靠活动手臂，而必须靠活动大腿。一种人格力的增强只有通过与这种人格力相关的行为来增强。增强意志力不能够主要靠增强智慧力来做到。要增强意志力，我们必须选择那些需要以意志力为主导人格力的活动来进行锻炼。例如，古人用"头悬梁，锥刺股"来进行意志力的坚持性品质的锻炼。而现代的拓展训练在增强克服困难的意志力上是一种很好的方式。

当然，三种人格力之间是相互影响的。任何一种人格力的增强，都可以为另外两种人格力的提高创造条件。它们的关系可以用"人格三角形理论"和"木桶理论"很好地说明。

我们的人格力之间的关系，有时候通过"三角形理论"来说明要更好一些，有时候要通过"木桶理论"来说明更好一些。

在三条边不一致的情况下，增加最短的那一条边，可以使三角形的面积得到更大的提高。也有这样的情况，无论我们如何再增强某一种人格力，我们行为的效果，或者是实际的通心力都不可能得到改善。

这也是木桶理论所描述的情况了。一个木桶由高低不同的木板组成，无论我们怎样加高我们最高的那一块木板，我们都不可能让这个木桶增加容量。

意志力必须通过运用意志力的行为来增强，正如智慧力必须通过运用智慧力的行为来增强一样。

更详细地说，意志力的品质又可以分为多种，要增强某一方面的意志力，必须通过那一方面的行为。

怎样才算具有意志力呢？

自己具有关于意志力的生命体验。对自己具有意志力要感觉有自信，这样才算真正具有了意志力。

正如著名整合学家肯·威尔伯在《万物简史》中论述的，成长必须同时具有"包容"和"超越"两个特征。

如果只是"自知"，只是"接纳"，这不过是只做到了"包容"，还没有"超越"，因此还不是真正的成长。要做到"超越"，还必须在实际生活中，有进一步的行动。自知的时候，是智慧力为主导人格力，在行动的时候，主导人格力需要发生转化，意志力成了主导人格力。

### （四）从人格三要素理论看意象的转变

人的心灵成长，人的心理素质（人格三要素）的提高，当然是一个现实生活的生活形态不断变化的过程，但在每个人的心理现实中，是不是可以表现为新的意象取代了旧的意象呢？当然。

在朱建军先生的《你有几个灵魂？》（1993）一书中，列举了一个意象从蛇最后演变到凤凰的案例。这个案例具有很大的启发性，其演变可以看作心灵成长的一个过程。可以从人格三要素理论的角度来理解这个案例中的意象演变过程，这个过程是这样的："蛇—孔雀—仙鹤—凤凰"。

这一过程的人格力的变化脉络如下：

| 动物象征 | 要素（子人格） | 进化层次 |
| --- | --- | --- |
| 凤凰 | 融合力（具有平衡和整合的力量） | 整体 |
| 仙鹤 | 毒（智慧力） | 头（智慧） |
| 孔雀 | 毒（情感力） | 胆（勇气） |
| 蛇 | 毒（意志力—接纳） | 牙（攻击性） |

为什么蛇能够进化到凤凰呢？

从蛇到孔雀、仙鹤、凤凰，它们有一个共同的特征："毒"。所谓"毒"，应该理解为一种力量。蛇的"毒"之所以能够最后转化为"融合力"，是因为经过了孔雀、仙鹤的转化过程。这一转化过程也是人格力变化和增强的过程，也是人格成长的过程。

在蛇的阶段，蛇象征攻击性和性欲，它的牙除毒以外，是没有太大力量的。所以，蛇是自卑的，对自己的力量应该是没有自信的。

通过心理调整，心灵成长，对自己接纳后，蛇毒上升成孔雀胆（仍然有毒），蛇也就变成了孔雀。

孔雀的攻击性大大减少了，孔雀开屏是在求偶，求偶是象征有主体间的通心行为。如果能够看到孔雀开屏的美丽，就意味着会有一定的幸福，也代表一种自豪。而且孔雀的头部是白色的，可以看作寓意着"白头偕老"，会使夫妻感情和睦，百年好合。孔雀也象征着权力、自信。古人常常在家中选择有孔雀花翎或者是孔雀图案的花瓶、画，都是在期望能够得到权力，官运畅通无阻。孔雀除象征权力以外，还象征着爱情。因为白孔雀的头部是白色的，正符合人们对于白头到老的美好期盼，因此孔雀在情人眼中，也就成了美好爱情的一种象征，希望爱情能够圆满。对于孔雀，其攻击性转化为良性的通过展示其优点的竞争性，甚至通心。

蛇胆又进一步上升为仙鹤的"鹤顶红"，据称，它也有毒，但此毒由于没有攻击性也就无所谓。孔雀也变成了仙鹤，不需要炫耀而自显其美。仙鹤界限感清晰，通心力很强，但进取性似乎不足。

仙鹤是否需要进一步发展？当然。发展后，又是什么呢？

加上了孔雀的胆（勇气，情感力）和仙鹤的头（智慧力）后，它的毒得到了升华，产生了质变，发生了创造性转化，变成了凤凰。到了凤凰后，智慧力、情感力、意志力融合在一起，变成了高层次的融合力。融合的结果，体现出一种完美：无论做什么都非常自信，能够达到目的。在高级需要满足的阶段，即自我实现、自我超越、大我实现的阶段，人格力、通心力逐渐增加乃至协同作用已经达到了很高的水平，已经难以明显区分每一种人格力。

凤凰是大我实现高级的满足占优势的意象。具有稳定的凤凰意象的人，其人格发展应该已经有重生，即"新我"的诞生。这是需要通过一个痛苦也是快乐的过程的——浴火重生。

浴火重生

# 第二部分　人格三要素理论的运用（个人）

## 第六章　如何运用人格三要素理论

### 一、人格力与通心力

人格三要素理论与通心理论都是我原创的理论。人格三要素理论是我在知青时期就开始酝酿的理论。而通心理论，是我在全力研究应用心理学、心理咨询后诞生的理论。它们既相互区别，又紧密联系。

#### （一）什么是人格力？什么是通心力？

所谓"人格力"，是指人们活在世界上，不断满足自身需要的基础心理素质。它可以进一步划分为智慧力、情感力、意志力，即"人格三要素"。这三种人格力作为人们最基础的心理素质，是作为潜能存在的。它们与客观世界、现实生活的联系，以及联系的紧密程度，发挥作用的实际效果，还需要有一种中介的主体因素，即人们的"通心力"。

所谓"通心力"，是指人们深入、明确地清晰自己，深入明确地了解他人和环境，进而做出能够产生良好效果的决策，并且不断进行反馈调节，尽量保持有效行动的能力。如果从心理素质来看通心力，通心力可以称为最接近决定人们生活质量的相对终极的心理素质。

通心力也可以分解为三个要件,即"通心三要件",它们是:(1)清晰自己。(2)换位体验。(3)有效影响。完整地体现这三个要件的行为,即是"通心"。"通心三要件",是人们一切积极行为取得成功的充分必要条件。(详见《全人心理学丛书》之《通心的理论与方法》)

人们通心力的大小与人格三要素密切相关。一般来说,三种人格力是否强大而且均衡,制约着人们的通心力。三种人格力强大皆均衡的人,更容易有强大的通心力。

或者说,人们在现实生活的通心力出现问题,可以追溯到三种人格力。

### (二) 人格力与通心力的相互影响

发现"人格三要素",我找到了人们的基础心理素质。发现"通心三要件",我找到了人们一切积极行为的充分必要条件。从"人格三要素",到"通心三要件",是一个大的飞跃。

我早就发现,通心辅导可以提升人们的人格力,即人们的基础心理素质。现在讲素质教育,那么任何好的心理咨询,是否也应该落实在人们的心理素质之上呢?好的心理咨询,应该称为"素质心理咨询",即治本的心理咨询。

人格三要素理论在通心辅导中也是不可或缺的。整合这两种理论,可以使它们相得益彰,发挥更大的作用。

在通心行为"(1)清晰自己,(2)换位体验,(3)有效影响"之中,三种人格力发挥的主次是有差异的。

不同人格力在通心辅导,以及更加广泛的通心行为的全过程中都是全然参与的,只是在不同的阶段或者情境中,不同的人格力参与的程度有差异,这种差异可以简单地用是起"主导作用"还是起"辅助作用"来区分。具体而言,在"通心三要件"(清晰自己、换位体验、有效影响)中,智慧力、情感力和意志力会在不同要件中发挥不同的主次作用。

人格三要素理论在"通心辅导"中具体是怎样运用的呢?下面以通心辅导的过程为例进行阐述:

1. 在"清晰自己"中

A. 主导人格力：智慧力。

B. 辅助人格力：情感力、意志力。

通心辅导师在清晰、理解自己的过程中，智慧力起着主导作用。智慧力使个体能够敏锐地捕捉自己的感觉，深入觉察、思考、分析自己的心理状态、想法、动机和信念，明确本次通心辅导的目的，从而增加自我认知。情感力和意志力则辅助了这个过程，情感力可能帮助认识和处理情绪，意志力可能帮助通心辅导师保持自己对于来访者的专注和做通心者和探险者的决心。

常见问题：如果通心辅导师觉察到自己的身体状态、情绪状态不适合工作，就应该很快地调整自己的情绪和状态，如果感觉情况比较严重时，应该及时放弃，与来访者另外约时间。这既需要智慧力，也需要情感力，更需要意志力。在这个过程中，较高的标准是老子所说的"致虚极，守静笃"，佛家"应无所住而生其心"等，最低标准是经过调整能够达到中立。

2. 在"换位体验"中

A. 主导人格力：情感力（兼有情绪共情和理智共情）。

B. 辅助人格力：智慧力、意志力。

常见问题：在体验来访者的情感和立场时，情感力发挥主导作用。情感力使通心辅导师能够站在来访者的立场上，感同身受并理解来访者的情感，甚至潜意识状态。智慧力和意志力辅助这个过程，智慧力可以用理智来理解和分析来访者的情绪和动机，以及情绪和心理状态的演变，而意志力不断强化去真正换位体验和理解来访者的决心。

常见问题：有的心理咨询师，他们平时在生活中，经常有不能放空，不能够活在当下的时候，而对于通心辅导师而言，是非常强调放空的。尤其在对来访者进行换位体验的时候，心理服务工作者常常会因来访者触发一些负面情绪。这个时候，我们需要用意志力排开情绪干扰，继续静下来去换位体验。较高标准是能够精准地体验和把握来访者主要的情绪状态和成长点。最低标准是大体体验到来访者的一定情绪状态。

3. 在"有效影响"中

    A. 主导人格力：意志力。

    B. 辅助人格力：智慧力、情感力。

通心辅导师在影响来访者的过程中，意志力发挥主导作用。意志力使通心辅导师能够制定目标，实施有效影响的技术。智慧力和情感力辅助这个过程，智慧力可以帮助通心辅导师制定明智的计划和策略，情感力可以帮助观察来访者的情绪反应，以及与来访者建立情感连接。

常见问题：有些心理咨询师常常会出现有话不敢讲、生怕出错的情况。如果确认换位体验没有问题，已经体验到了来访者的状态，就应该逐渐尝试，并且根据回馈进行调节。在原有的方法和技术不管用的时候，我们鼓励通心辅导师根据来访者的情况变换方法，甚至发明一种新方法，进而去有效影响来访者。较高标准是高效、治本、精准，最低标准是有一定效果。

## 二、用三角形表达人格力与通心力

### （一）人格力三角形与通心力三角形

为了描述三种人格力之间的关系，我们可以借用一个简单的数学手段，即可以把智慧力、情感力、意志力看作三角形的三条边。这样人格三要素就构成了一个三角形。智慧力、情感力、意志力的大小就是三条边的长短。智慧力、情感力、意志力越大，相应的边的长度就越长。智慧力、情感力、意志力越小，相应的边的长度就越短。三角形的面积可以看作一个人的人格力总量。

同样，为了描述"通心三要件"之间的关系，我们也可以把清晰自己、换位体验、有效影响看作三角形的三条边。三角形的面积就是我们潜能发挥的程度，或者是当事人感到自在的程度。

心理学研究关于心理活动的划分有心理活动三分法之说。即心理活动可以划分为认知、情感、意志，它们相对于人格力，是更加基础的。如果把这三种心理活动看作三条边，也可以通过三角形来表达。这样，就形成了一个三种三角形重叠的模型：

```
        知情意
       心理三过程
      人格三要素
     通心三要件
```

**三种三角形重叠模型**

三角形的面积相当于一个人活在世界上的自在程度，
在周长一定的情况下，等边三角形的面积最大。

图解：越是里面的三角形，越是最基本的要素。从里面向外，本能的性质越弱，类本能的性质越弱。所谓本能，是指先天就有、不需要后天的学习能力。所谓类本能，是指有先天的基础，需要后天的学习和锻炼才会有的能力。从知情意心理三过程看，本能的性质是最强的，类本能的性质是最弱的。人格三要素，即智慧力、情感力、意志力的本能性质要弱一些，但类本能的性质更强。通心三要件，即清晰自己、换位体验、有效影响的本能性质最弱，类本能的性质最强。也就是说，人们的通心力，是最需要在后天学习和发展的。

### （二）人格力和通心力

一个人的人格力状况、人格力类型与他的潜能发挥的关系可以用三角形来表示：

智慧力、情感力、意志力各为一条边，它们构成一个三角形，三角形的面积就是一个人的人格力潜能。

三角形的三条边缺一不可，缺少其中任何一条边，三角形都没有面积，当然，在现实生活中，这应该是不存在的。

我们只能够设想某人的某种人格力要素很小，但很难设想他完全没有某种人格力。

第二部分　人格三要素理论的运用（个人） | 139

三角形的面积取决于三条边的长短。任何一条边减短或者增长，都会影响三角形的面积。

一个人的人格三要素越强，越均衡，他的人格力三角形的面积就越大，他的人格力潜能就越大，他就越有可能表现出强大的通心力，自身的需要满足水平就可能越高，对社会的贡献也可能就越大。

一个人的通心三要素越强、越均衡，他的通心力三角形的面积就越大，他就越有可能成功地完成需要付出更大通心成本的事情。

我们很难设想会有一个完全没有智慧力，完全没有情感力，或者完全没有意志力的人。

我们也很难设想会有一个完全清晰自己能力，完全没有换位体验能力，或者完全没有有效影响能力的人。

智力残疾人的智慧力很小，但并不是没有。罪犯的情感力很小，也并不是没有。软弱者的意志力很小，但也并不是没有。同时，智力残疾人、罪犯以及软弱者也都可以表现出一定的通心力。

### （三）"金三角"人格

在周长相同的三角形中，等边三角形的面积最大。人格力需要平衡发展，需要协同发挥作用，才能够在不同的情况下都表现出通心力。

```
        智慧力    意志力
             △
           情感力
```

如果一个人的三种人格力都较强（超过一般水平），而且很平均，用三角形的三条边来表示，构成等边三角形，他的人格可以称为"金三角人格"。

金三角人格是具有"最大化的心理潜能""最大化的基础心理素质"，以及"最优化的潜能储备"的人格。它是素质教育应该培养的人格。

"金三角人格"的启示是：

在周长一定的情况下等边三角形的面积最大。

在三条边长度不同的情况下，增加最短的那条边，对三角形面积的贡献最大。在三种人格力不同的情况下，增强最弱的那种人格力，对人的潜能的储备和发挥最有好处。

每个人的人格力都具有一定的可塑性，都可以让自己的人格力向"金三角"发展。

应该注意的是，不同职业可能对智慧力、情感力和意志力的要求有差异。以下用一些例子来说明不同职业可能需要不同类型的人格力：

1. 医生与艺术家

医生通常需要高度的智慧力来做出诊断和治疗决策，同时需要坚强的意志力来处理紧急情况和长时间的工作。

艺术家可能更侧重情感力，因为他们的工作通常涉及情感表达和创造力。他们需要深刻的情感智慧来传达情感和与观众建立共鸣。

2. 工程师与社会工作者

工程师需要强大的智慧力来解决复杂的工程问题，他们的工作可能需要高度的逻辑和分析能力。

社会工作者需要高度的情感力，因为他们与需要帮助的人建立亲密关系，理解他们的需求并提供支持。他们还需要坚定的意志力来处理挑战性的社会问题。

3. 企业领导者与冒险家

企业领导者需要均衡的人格力，因为他们需要在不同情境下做出决策，与员工建立联系并推动公司的成功。

冒险家可能更侧重意志力，因为他们的工作涉及冒险和挑战，需要坚强的意志力来面对风险和不确定性。

尽管不同职业对人格力的要求有所不同，但均衡的人格力仍然是重要的。在实际工作中，个体通常需要在多个领域发挥其人格力，而不仅仅是一种。此外，人格力的发展也可以使个体更好地适应不同的生活环境和情景。

从马斯洛描述的自我实现的人看，自我实现的人的三种人格力都是发达并且均衡的，他们的人格都属于"金三角人格"。自我实现的人的效能，以及在社会环境中的自由程度，都是相对更好的，他们比一般人有更大的通心力。

人生活在社会中，而社会的情况是千变万化的，人们要尽可能地保持自由状态，活在当下，产生心流，必须在各种各样的情况下与他人通心，与环境通心。正如俗话说：逢山开路，遇水搭桥。如果我们没有高度发达并且均衡的人格三要素，是难以做到的。例如，缺少智慧力，我们难以解决复杂和艰难的问题；缺少情感力，我们难以处理需要大量人际关系沟通的问题；缺少意志力，我们难以完成那些需要长久坚持不懈的事情。

由于在不同的生活情景中，个体面对的人和环境不同，所需要解决的问题和完成的任务不同，对个体的人格力的要求也就不同，从而，在某种情况下，个体三种人格力形成的三角形也就不同。例如，在更需要智慧力的情况下，个体的智慧力的边应该是最长的边；在更需要情感力的情况下，个体的情感力的边应该是最长的边；在更需要意志力的情况下，个体的意志力的边应该是最长的边。

以上所述，并没有否定我们的人格力应该强大而且均衡的观点。作为人格力潜能，我们的人格力三角形最好应该是等边三角形。这样，我们才能够面临不同的情况，表达出不同的人格力状况，即不同的人格力三角形。

人们常常可能提出这样一些问题。例如，如果有两种人：一种人的三种人格力是均衡的，另外一种人的人格力不均衡，其中智慧力，或者情感力，或者意志力低于平均水平。如果两种人格的三种人格力所构成的三角形面积都相等，那么，哪一种人更容易成功呢？是前一种还是后一种？

例如，我们可以再进一步具体问，如果有人属于智慧力、意志力较高，情感力较低，可以说是"唯利是图"，甚至是"野心家"类型，难道他们不是比一般人更容易成功吗？这应该如何解释呢？

要回答这个问题，必须具体问题具体分析。

1. 要看是什么事情

一般说来，在需要有情感力发挥的事情中，前一种人可以通过情感力的发挥来弥补其智慧力和意志力的不足。而野心家由于情感力原因，智慧力和意志力常常不能够得到正常的发挥。这样看，前一种人容易成功。

例如，假定有两组人比赛集体登喜马拉雅山，一组由前一种人组成，一组由野心家组成。他们的人数、身体条件、设备等都一样，哪一组更容易成功呢？我认为是前一种人。因为登山是一种需要互相帮助、互相协作，甚至需要有自我牺牲的运动。前一小组的成员由于情感力强，他们在遇见困难时，更容易团结起来克服。他们能够付出登喜马拉雅山所需要的巨大的通心成本。

在实际生活中，不排除有一些涉及情感力不明显的事情，这时候野心家也有可能比前一种人容易成功。

2. 看如何定义"成功"

野心家类型的人最多只能够取得一般意义上的"成功"，即目标的达成。他们的成功往往是短期的、局部的，如果从持久的、更大系统的角度看，他们就很难成功。对于他们的成功，如果把参照系统扩大到足够的范围，例如，如果从历史的角度来看他们的成就，他们就不能够算成功。

如果我们把"成功"定义为"三赢"，即你好、我好、世界好。取得"三赢"，显然需要更大的通心力。野心家就肯定不能够取得三赢意义上的真正的成功。

例如，最典型的"野心家"人格的例子莫过于希特勒。他尽管也有过建立"第三帝国"的辉煌，但终究没有逃脱被历史的车轮碾碎的下场。

**甘于亚军得到冠军**

在2000年悉尼奥运会上，中国选手王丽萍摘取了20公里竞走的金牌。不少评论说她这次获得冠军完全是意外。是这样吗？

当20公里仅剩下最后的几百米时，澳大利亚选手塞维莉一马当先走进了体育场的门洞，她超过了王丽萍有30多米的距离。人们都以为金牌非塞维莉莫属了。然而，就在塞维莉刚刚穿过门洞，走进体育场时，戏剧性的场面出现了：塞维莉的面前忽然跳出一名裁判，果断地向她出示了红牌，将她罚下。许多人根据这一点说王丽萍是意外夺金。这种说法似乎也有道理。王丽萍自己也说过，她原来已经放弃了夺金的希望，只想保住银牌："我也想追上她，但追了一会儿后，发现差距太大，于是就放弃了。又怕不小心失牌，只想把银牌保住。我回头看了一下，发现后面的选手离我挺远，我于是就稳着走。"

我认为，王丽萍之所以能够夺冠，与她的人格素质是分不开的。她具有金三角的人格三要素。在比赛中，原来处于第一集团并且领先的刘宏宇、贝隆尼、帕龙、塞维莉先后被罚下，应该说，她们的情感力在比赛中都出现了问题。特别明显的是塞维莉。为什么她恰恰是在入体育场的门洞里第三次犯规？也许她以为在门洞里没有人看见（其实，门洞里虽然没有裁判，但门洞里有电子摄像头，外面的裁判可以看到），跑几步就可以保持优势，稳拿冠军？其实，她如果不在门洞里跑，她也是可以拿冠军的，但她太急于拿冠军了，到了不择手段的程度。由此可见，即使她的意志力、智慧力都可以，但情感力首先就有问题。

不管怎样，王丽萍都没有那样去做，恰恰是她甘于得亚军的心态使她得了冠军。她的意志力、智慧力并不见得比其他选手强多少，她的胜利是胜在她的三种人格力保持了平衡，她的情感力没有因为剧烈的竞争而消退。

另外，已经稳拿冠军的澳大利亚选手塞维莉为什么会失败，最后连名次也没获得？她拿冠军的心过于迫切了，以至于她的人格三要素失去了平衡。她的情感力的失控造成她的失败，她的人格三角形的面积小于王丽萍。从通心力看，王丽萍与比赛的形势和大环境是通心的，而塞维莉是纠缠的。

### （三）一些典型的人格

1. 一般人对人格力期望的偏好现象

早在1992年我搞的一次抽样问卷调查中，曾经问过这样的问题："您对自己最看重的品德有哪些？""您对他人最看重的品德有哪些？"我列出的品德有：诚实、宽容、有责任感、助人为乐、勤劳、正直、忍耐、善良、节俭、谦虚、讲礼貌、热爱工作、有理想、事业心强、有创造力、聪明、知识广、敢于冒险、独立性强、有自信心、争强好胜、坚持不懈，共22个。

调查结果是对与情感力有关的品质，如诚实、宽容、有责任感、助人为乐、善良等，回答是"对他人最看重的品德"的人远远超过了"自己最看重的品德"。而对于涉及智慧力与意志力的品质，如有理想、事业心强、有创造力、聪明、知识广、敢于冒险、独立性强、有自信心、争强好胜、坚持不懈等，回答是"自己最看重的品德"的人远远超过了"对他人最看重的品德"的人。

这个调查也显示一般人的人格力期望的偏好现象，说明了人们在对待不同品质时的优先顺序。人们在对待情感力问题上持有双重标准，希望他人对于情感力的重视程度超过自己对情感力的重视程度。

一般人对人格力期望是否存在这种情况，即比较注意发挥智慧力和意志力，对情感力的发挥相对忽视，有待进一步的调查和研究。

一般人的人格力三角形：情感力那条边最短。这反映了人容易自私，难以超越自我的天性。

一般人希望的他人的三角形的情感力那条边最长。这反映了人的自私，以及双重标准。

2. 野心家的人格

他们的人格力三角形：他们的情感力边相对于其他两条边来说更短。

野心家做事情不择手段，常常也能有一些成功。但他们的成功是暂时的、局部的，而不是长久的、全局的。

为什么？原因之一：野心家不可能有真正的拥护者。

```
     智慧力 ∧ 意志力
          ╱ ╲
         ╱   ╲
        ╱     ╲
       情感力
```

从人格力三角形看，片面力量型人格的三条边不一样，它们与周长一样的三角形相比，面积更小。这种情况意味着，片面力量型人格相对于人格力平衡的人格，其潜能没有得到充分发挥。

**典型的野心家人格希特勒批判**

希特勒是一个野心家人格的极端的典型，他具有很强的意志力和智慧力，但情感力却异常薄弱。在缺乏情感力的情况下，一个人的意志力、智慧力越是强大，其行为的后果就越是可怕。

希特勒除了意志力过人，在搞政治、玩权术、演说、煽动等方面也才能出众。另外，他还有突出的美术和音乐天赋。这种人格常常沉溺于自己的理想世界。"他孤僻，不顾及事实，生活在一个幻觉的世界，在由自己的幻觉构筑起来的世界里他才感到快活、满足。"[1]

马斯洛曾对"权力主义者"进行了概括："（他们）大约有百分之九十的人在情感上是不稳定或缺乏安全感的。有相当部分的人甚至患有神经病，其症状有时非常明显。这些性格类型的人可以简略归纳为：他们是一些受过打击、深受痛苦和怀有敌意的人。一般来说，他们过着可悲的生活，其主要原因是他们都有个人被父母或更广泛的社会环境所抛弃的经历。"[2]

他把这些"权力主义者"的人格特征概括为以下几点：

（1）对他人有极深的怀疑和不信任感；

---

[1] 赵鑫珊：《希特勒与艺术》，百花文艺出版社，1996年版，第34页。
[2] 马斯洛：《洞察未来》，许金声译，改革出版社，1999年版，第64页。

（2）自己内心的冲突感和受挫感；

（3）悲观主义情绪，尤其是在对他人能力的看法上；

（4）强烈的焦虑感；

（5）强烈的敌对冲动；

（6）在自尊问题上具有各种失调与混乱。这也许是最重要的一点……

（7）涉及权力表达时的各种混乱与失调。

关于最后一点，可以这么说，他们无意识地表现出了强烈的权力欲望与报复欲望，以及无意识地以"成者为王，败者为寇"的二分法来看待所有的人的倾向。另外，他们迫切希望改变自身的地位，即从失败者变成成功者，从被压迫者变成压迫者。①

这概括真是入木三分！它剥开了希特勒以及其他一切极权主义者的画皮：在那些所谓"领袖"的"动人理想""神圣主义"等背后深藏着多少病态的心理！

希特勒最后走向的是自我毁灭。一个人越是与人类的人道主义行为理想作对，就越是容易失败。因为他有更多的内耗，受到的反对也越多，即使这些反对一时不会公开。

马斯洛写道："我并不怀疑，人人都可以不依照自己的本性行事，去做间谍、骗子等，但这样做势必代价甚大，会带来紧张、操劳和疲倦，并伤害自尊心。（例如，我到底还是在以假充真！如果人们知道我的真实面目，便会仇恨我、蔑视我、嘲弄我、反对我。）"②当一个人缺乏情感力的时候，无论他怎样厚颜无耻，也多少会有类似间谍、骗子等的能量消耗。我相信，希特勒也是一样。

希特勒有高峰体验吗？

一些当年听过希特勒演讲的人回忆，他的演讲非常富有感染力，能使他们如痴入迷。据希特勒自己说，他在演讲时眼前会出现一幅幅的景象，

---

① 马斯洛：《洞察未来》，许金声译，改革出版社，1999年版，第65页。

② 理查德·劳里编：《马斯洛日记》，英文版，第二卷，第1123页。

他几乎可以不用脑子，只需把这些景象描绘出来。但这些情况，还不能说他有马斯洛所描述的那种高峰体验，只能说明他具有灵感以及亢奋的幻觉状态，最多有一些心流。他是一位不错的催眠（包括自我催眠）大师。这些状态如没有情感力的支撑，只会引来可怕的结局。曾几何时，恐惧、愤怒、绝望就充满了希特勒生命中的分分秒秒。他多次遭暗杀；他不断诅咒国防军对他的背叛；他兵败斯大林格勒；他溃退诺曼底海滩；最后，他自杀于阴暗的地下室。由此可见，即便某人有某种程度的潜能发挥，但如果这种"潜能发挥"没有情感力作为基础，甚至与人类的共同利益背道而驰，其发挥的结果不会自我实现，只会加速他的自我毁灭。

阿道夫·希特勒成年后的行为可能与他的家庭生活有关。他出生于1889年，是六个孩子中的第四个，但他的三个哥哥在他出生前都已去世，他的妹妹也去世了，只剩下一个年长的姐姐和一个年幼的妹妹。他的父亲阿洛伊斯·希特勒是一名严格、严肃且易怒的海关官员，喜欢饮酒并经常对他的家庭成员进行虐待。阿道夫·希特勒曾在自传《我的奋斗》中描述了他对父亲的恐惧和对母亲克拉拉·希特勒的极端依恋。他的母亲是一位溺爱和呵护他的女性，一些心理学家认为这可能导致他的自我中心、傲慢和权力主义的行为。

> 来自通心理论的看法：也许大家会提出一个类似自然科学中的"思想实验"的问题，如果具有心理治疗的干预，希特勒是否可以发生改变呢？心理治疗不是万能的。如果当事人不愿意接受心理治疗，就没有通过心理治疗发生改变的机会。
>
> 有不少历史文献可以证明，希特勒具有强烈的病态自恋、好强，强烈的猜疑、怀疑和戒备心态。具有这种心理特征的人是难以与专业心理医生建立信任和合作关系的。如果想对这种人进行心理治疗，其通心成本已经大到无法进行。

3. "多余人"的人格

他们的人格力三角形：意志力边最短。由于他们做事情常常无法坚持，或者不能够坚持，他们很可能终其一生，一事无成。

```
         ╱▲╲
   智慧力╱ ╲情感力
       ╱   ╲
      ╱     ╲
      ─────
       意志力
```

### 王五的前途？

王五高中毕业已经10年了，人并不笨，也有事业心，但一直没有正式的工作。他已经换过了许多单位，但是每一种工作都没有耐心做下去，经常是"打一枪换一个地方"。后来，他听说保险业务员的收入很高，又去应聘保险员。

殊不知保险员对意志力的要求比其他工作还强。保险员在工作中常常需要更多的坚持并克服挫折。例如：

1. 他们常常需要进行"陌生拜访"，这就需要强迫自己做应该做的事情。

2. 他们常常受到拒绝，这就需要他们百折不挠。正如 NLP 所讲：没有挫败，只有回馈。

这样，王五在保险公司干了一个月便退出来了。

在人员的流动性排行中，保险员是流动性最大的职业之一。许多保险公司招聘的保险员，常常不到一年就减少了一半。这些被淘汰的人中有一些是因为缺乏意志力。

王五以后再找到新的工作，如果他仍然不提升自己的意志力，那么他有可能成为一个终身一事无成的"多余的人"。

> 通心辅导的看法：如果王五来寻求心理咨询，找到通心辅导师的话，通心辅导师首先要问他在工作中有哪些不舒服，尤其面对哪些客户最难以开展工作？把这些客户设置为他的"通心对象"，并且对这些不舒服进行追溯、处理。经过处理，王五早年在原生家庭里形成的自卑情绪、卑微感被化解了，他的情感力解放了。王五发现自己的智慧力，即面对客户的思维和认知都大大提升，自己的意志力，即自信和行动力都得到了改善。

### 4. "容易好心办坏事者"的人格

他们的人格力三角形：他们的智慧力边最短。他们的效率很低，甚至适得其反。

情感力　意志力

智慧力

通心辅导的看法：我发现在全人心理学工作坊，以及来访者中，常常会发现这样的情况。他们的基础的智慧力就有问题。具体表现在，聆听能力差。在做练习时，讲述者讲话，他们似乎也在认真听。但十句话，他们最多只能够记住三四句话，而且常常把意思搞错。追溯其原因，常常可以发现，他们在小学以及中学时期就没有好好学习过。有的属于从来没有遇到一位像样的好老师，有的是由于把原生家庭的自卑带到了学校，没有办法认真学习。

## 三、成功与"必要的张力"

在现实生活中，我们不难看到这样一些人，他们的思维不可谓不活跃，他们的点子不可谓不多，他们的行动力不可谓不强。他们频频跳槽，两个月换一个单位；他们不断地改变项目，但无论做什么都是虎头蛇尾。这些人都是聪明人，但他们的成功率却非常低，奋斗了若干年，收效甚少。他们的不成功，原因是他们的思维方式的不成功，人格力运用的不成功。他们在人格力的运用上缺乏一种"必要的张力"。

### （一）发散型思维能力和收敛型思维能力

如果按照思维解决问题的方式或方向来分类，智慧力可以分为"发散型思维能力"和"收敛型思维能力"，或称"辐射型思维能力"和"辐合型思维能力"。这两种思维能力的主要区别在于，发散型思维能力是依据一定的信息、理论、知识或事实寻求某一问题的各种可能的答案的思维能力，它具有开放性，其结果不能确定。收敛型思维能力是依据一定的信息、理论、知识或事实寻求某一问题的最正确的答案的思维，它具有闭合性，其结果是相对可以确定的。

学术界一般认为，思维要做到有真正的创造性、有实际的成果，这两种思维能力都是必不可少的。一般人都只注意了发散型的思维能力，其实，收敛型思维能力也是不可缺少的。著名的科学史家库恩在其名著《必要的张力》中说："全部科学工作具有某种发散特征，在科学发展最重大事件的核心中都有很大的发散性。"库恩同时也指出，在科学研究中，不应片面地只强调思想的活跃和思想的解放。在科学研究中，某种"收敛式思维"也同发散式思维一样，是科学进步所必不可少的。这两种思维形式不可避免地处于矛盾之中，维持一种它们之间的张力，正是从事最好的科学研究所必需的一个重要条件。

**（二）"贝尔纳现象"**

库恩从宏观的科学史所做出的洞见，也为我国学者的一些研究所支持。如赵红洲等把在科学研究中畸形注重扩散性思维的现象称为"贝尔纳现象"。

U. D. 贝尔纳是一位非常有趣的科学天才。他在结晶学、分子生物学方面做过重大贡献，还在科学学等领域多有建树。贝尔纳的同事和学生都相信，按他的创造天赋，贝尔纳完全可能获得诺贝尔奖，而且不止一次。然而，这一天却始终没有到来。为什么贝尔纳没有获得诺贝尔奖呢？其重要原因就是：他总是喜欢提出一个题目，抛出一个思想，自己先涉足一番，然后就放弃，留给别人去完成。世界上有不少著名的论文，其原始思想都来源于贝尔纳，但它们都是以其他人的名义，而不是以贝尔纳的名义发表的，但贝尔纳对此却无动于衷。

赵红洲等学者认为，这种情况提出了一个重要问题：在科学创造中，兴趣过于广泛，思维过于分散，对科学创造是不利的，这种现象，可以称作"贝尔纳现象"。赵红洲等学者还认为："贝尔纳现象和智力僵化都是科学创造中两个极端的病态。僵化的人，满足于一孔之见，不会从相邻学科汲取营养，思想贫乏，对于现代科研工作是很不适应的。而思想过于发散的人，兴趣随意转移，开题过多，使成果中途而废。"

这一事例，强调了意志力在实现科学创新和个人成功中的关键作用。不仅需要有创新的思想（智慧力）和对工作的热情（情感力），还需要有坚持到底的决心和毅力（意志力）。

### （三）如何有效发挥人格力

贝尔纳现象不仅存在于科学研究领域，也广泛地存在于社会生活。在人人追求成功的创业的过程中，我们也可以观察到许多"贝尔纳现象"。

从人格三要素来看"贝尔纳现象"，出现这种现象的原因不光是智慧力本身，而且还有我们的其他人格力，往往是我们的意志力。

兴趣容易转移、做事情有始无终，虽然在某种意义上说明我们思维活跃、情感丰富，但往往同时暴露了我们的意志力品质有问题，特别是意志力品质中的"坚持性"与"自制性"有问题。意志力薄弱的人，往往只乐意做那些轻松的事情，而不乐意做那些重要但不太轻松的事情，在人格力的运用上，他们往往自觉或者不自觉地缺少意志力对智慧力的调控和平衡，当然也就谈不上让发散型思维能力和收敛型思维能力之间保持一种"必要的张力"。

从"贝尔纳现象"我们应该得到这样的启示：想在现实生活中取得实际的成功，要靠我们人格力的充分发挥。但是所谓"充分发挥"不是指只让我们的某一种人格力（贝尔纳现象强调的是智慧力）任意发挥，而是要让全部人格力有效发挥。所谓"有效发挥"，是指我们的各种人格力之间以及每一种人格力的内部结构都要保持一种恰当的平衡状态。

> 通心辅导的解决办法：我们不知道贝尔纳先生如何评价自己在事业上的成败。"贝尔纳现象"具有普遍性，那么具有"贝尔纳现象"的人应该如何办？他要首先搞清楚，具有"贝尔纳现象"的人有什么不舒服。如果他没有什么不舒服，就不需要处理。这个世界是多元的，也许有的人就乐意如此。再说，他的"发散型思维能力"获得的成果，也启迪了很多人。他或许满足于这样的报偿。如果他是有明显

不舒服的，则他需要得到心理咨询的帮助。通心辅导对这样的人，要解决他有什么不舒服，就先处理他为什么不舒服的策略，进而发现他具有"贝尔纳现象"的原因。一旦让他明白了自己不成功的原因，他也许会做出新的选择。

### 四、"选择"更重要，还是"努力"更重要

有不少成功学书中都有这样的看法，认为"选择比努力更重要"。有论证往往举这样的例子：在美国，一位中国学生向他西方的同学讲述在中国家喻户晓的"愚公移山"的故事，他的同学听了却直摇头，疑惑地问："花那么大的力气去移走房前的大山，为什么不换一个没有山挡路的地方重建一座房子呢？"

勤奋固然可贵，但是新时代的今天，人们渐渐发现这样的事实：努力工作只是成功的前提，聪明工作才是成功的关键——选择比努力更重要。选择要面临比较，选择要面临权衡，选择要面临决定，选择要面临取舍——选择本身就是一种智慧的努力。

我觉得这种看法值得商榷。

比较"选择"和"努力"谁更重要，要看具体是什么情况。愚公错了吗？

如果我们排除寓言的性质，从常识和现实的角度来看，应该说愚公错了。他错在犯了"突出意志力人格"的错误。但是，寓言是象征性的，寓言告诉我们的只是某一个方面的道理。我们做一件事情，在目标确定无误、价值肯定无疑、只是需要坚持的情况下，就是应该有"愚公移山"的精神。愚公之所以叫"愚公"，正是因为排除智慧力方面的因素。

如果我们撇开愚公移山的寓言性质，说在愚公当时的情况下，应该是"选择比努力更重要"，但我们却不能够说任何情况下选择都比努力更重要。

例如：A是一个大学应届毕业生，在毕业前，他面临立即工作还是考研究生的选择，最后，他决定要考研究生。于是，他开始努力复习功课。可是，在复习了几个月之后，复习的艰苦又使他发生了动摇，他想：万一

自己考不上怎么办，不是会浪费一年的时间吗？他又看见自己同班的一个同学，尽管学习成绩并不优秀，也没有考研究生，仍然找到了理想的工作，月薪10000元。于是，他又动摇了，又重新开始考虑是否应该考研究生，并且花费了不少精力到处找单位应聘。结果，他考研究生没有考上，工作也没有找到。其实，A在校时，成绩还算不错，如果加一把力，他是很有可能考上的。这是一个没有处理好选择与努力的关系的例子。

  通心辅导的解决办法：该大学应届毕业生在感到复习艰苦时即应该寻求心理咨询。一般人认为心理咨询是在自己心理有什么严重问题时才适合去求助，其实只要当事人感觉有明确的不舒服时就需要。现在的心理咨询技术完全可以解决。实际上，通心辅导处理了众多类似的问题。在辅导时发现，该生早在读大学时，已经对读书感到了厌倦。每当厌倦时，他又感到焦虑。他从小就是在父母的压力之下拼命读书的，并不是出于自己对知识的热爱。复习时，他又唤起了自己那种厌倦、焦虑的感觉。经过处理他与父母之间的关系，以及他与找到好工作那位同学之间的关系，他释然了。感到能够靠自身来决定自己的命运。通过做通心辅导个案，他也学会了通心，他自己变得能够与父母沟通，父母认识到自己以前给他过分压力的不妥，改变了态度，完全支持他按照自己的意愿进行选择。于是他决定，再选择自己相对喜欢的专业，全力以赴地考一次研究生，考不上就找工作。过了一年后回访，他已经在读硕士研究生了。通心辅导认为，凡是面临"两利相权取其重，两害相权取其轻"不能够做出选择的人，都是由于内心深处有冲突，能量有待提升。处理了内心深处的冲突，智慧力、意志力都会得到提升。

所谓"选择比努力更重要"只限于在做出选择之前，以及还需要我们调整选择的情况下。

如果我们做某件事情需要不断地尝试不同的方法，不断地做选择，这就对意志力提出了挑战。如果不能够坚持不懈地努力，我们就不能够找到正确的选择。

另外，选择也取决于价值观。如果一个人是心甘情愿地去做一件事情，选择对于他来说，就无关紧要了。

我们不能够简单地说"选择比努力更重要"。

过分注重选择，有时候也是缺乏意志力的一种借口，甚至是一种灾难。

网络的出现，给了我们很多机会，同时，也给我们带来了许多诱惑。"网络综合征"就是这样出现的。

信息时代的到来，开始出现了注意力稀缺的情况。这种情况一方面对如何面对机会的诱惑提出了更高的要求，另一方面也对如何进行选择提出了更高的要求。网络给我们提供了无限的机会，也为我们设下了陷阱。

例如，在人们利用网络进行择业或者择偶的时候，常常可能出现这样的情况：我们已经找到了最合适的，我们还在问：最好的在哪里？

机会变得无限多了，当我们沉浸在机会中的时候，我们自己也就被机会异化。

如果只注意机会，我们就只能够发展我们潜能的一部分，这就是寻找机会的能力。我们的潜能还有很多部分没有发挥，我们仅仅是一个善于寻找机会的人。

过分地注意选择，常常是意志力有问题的表现。过分地注意选择，人格力的发挥就失去了平衡，具有片面智慧力的倾向。

在成功和自我实现的道路上，人格三要素的发挥缺一不可，三种人格力需要均衡、协同地发挥作用，任何一种都不能过分。

所谓"过分"，归根到底都是一种"偶像崇拜"或"执着"。它们是创造性、成长等的障碍。它们崇拜的是某一种人格力，或者说执着于某一种人格力，把某一种人格力的作用畸形地夸大，而没有看到人格力之间的相互关系。

**五、如何理解"只有偏执狂才能够生存"**

有一句话"只有偏执狂才能够生存"，这句话有不少人很喜欢，把它作为座右铭。如何看待这句话？"偏执"与人格三要素有什么关系？

这句话强调了我们每个人在世界上都是独一无二的，都有自己可以区别于他人的个性。而充分表达出我们的个性，意味着我们潜能的发挥，意味着自我实现。"偏执"的一个含义,可以理解为坚持发挥自己的特长。

"偏执"既然意味着我们要发挥自己的特长,是不是常常需要长时间地以某一种人格力为主导呢?是不是不再需要人格力的平衡与协调发挥呢?

我的回答是否定的。"偏执"意味着要突出和保持自己的特色与个性。但是并不意味着只需要某一方面的人格力,不再需要其他人格力。如果某人具有某一种特长,他要在外界取得成功,必须有三种人格力的协调发挥。

例如,某人具有运动天赋,弹跳力特别好。他如果想成为一名优秀的跳高运动员,甚至获得奥运会冠军,他显然需要一个漫长的成长过程。在这个过程中,他不仅要增强他的弹跳力,还要增加其他方面的力量,在心理上,他的三种人格力也需要全面发挥。

有人也许会问:音乐天才ZZ显然在人格力上是畸形的,他为什么又能够成功呢?ZZ之所以能够成功,其实是由于借助了健全的父母的人格力以及社会的支持。

ZZ出生后被发现,他的第21条染色体上多了一条,这多出的一条染色体使ZZ成为概率只有0.2%的弱智儿。刚开始,这对ZZ的父母是一个沉重的打击。ZZ的母亲甚至为此买了两瓶安眠药准备和ZZ一起静静地离开,但看着眼前的ZZ,最终还是放弃了这一打算。ZZ的父母相信弱智不等于无智,哪怕只有万分之一的希望,他们也决不放弃。他们努力让ZZ融入社会和大自然,一点一滴地培养他最基本的生活技能,培养他的自尊自信。

ZZ的父亲是某交响乐团的大提琴手,从ZZ三岁起,就常带他一起去排练场。父亲发现,ZZ表现出了对音乐和指挥非同寻常的关注,他时而抱着双臂斜靠在椅子上倾听音乐的变化起伏,时而又把双脚搁在茶几上,随着旋律晃动。六岁那年,他开始拿起指挥棒,模仿指挥的习惯性动作:用左手往鼻梁上推眼镜架,一边一本正经地看乐谱,一边用右手拿着指挥棒时而轻柔时而果断地画起了弧线。他迷上了指挥棒,不仅在排练场上模仿和练习,而且回到家中对着穿衣镜,放着录音带也照样练习。

心态极佳的父亲开始发掘ZZ的音乐指挥潜能。通过培养,ZZ的潜能被开发出来,他对音乐表现出了独到的理解能力。

在音乐会上，ZZ 对《北京喜讯到边塞》《卡门序曲》《歌唱祖国》等六首曲子的指挥进行了展示。在舞台上，ZZ 指挥若定、手势到位、表情投入，其潇洒风度可以和任何一个真正的乐队指挥相媲美。他的动作时而舒缓时而激昂，身体随着音乐起伏，神采飞扬……

任何有创造性的东西都是人格力整体发挥的结果，偏执并不意味着不需要其他人格力作为辅导人格力发挥作用。偏执只不过是畸形地、长久地以一种人格力为主导人格力而已。

为什么畸形发展不利于潜能的发挥？这是因为，畸形发展只发展了身心的一部分。

通心辅导的理解：ZZ 的父母懂得如何与自己的"弱智儿"通心，用他们的人格力，弥补了 ZZ 人格力的不足。

## 六、人格力发挥的一些原则

### （一）人格力的发挥必须落实在通心之上

如何发挥人格力？树立人格力发挥的意识很重要。所谓人格力发挥意识，就是树立"人格三要素的发挥必须落实在通心之上"的观念，即了解自己，了解他人以及环境。

例如，对于大多数的人，都愿意做一些具有积极意义的事情。中学毕业生参加高考，大学毕业生找到一个满意的工作，在单位、公司里工作时希望顺利晋升。在所有这些事情中，都需要发挥我们的智慧力、情感力、意志力。但发挥的过程，都不是盲目的，可以以"通心三要件"，即清晰自己、换位体验、有效影响来对"人格三要素"的发挥做一个大概的理解。

1. 中学毕业生参加高考

A. 清晰自己：在这个环节，最需要发挥的是智慧力，因为需要清晰地了解自己的兴趣、优势和目标，以制定学习计划和考试策略。

B. 换位体验：虽然在准备高考时理解考试的要求和评价标准也很重要，但在这个阶段，情感力是关键，因为需要调整好自己的情绪，更好地应对压力和焦虑，并且尽量去体会考试出题者可能的考试命题。

C. 有效影响：对于有效影响，意志力很重要，但它是建立在清晰自己和换位体验的基础上，通过深入学习和准备来影响考试成绩，这需要每天都有实实在在的行动力。

2. 大学毕业生寻找理想工作

A. 清晰自己：在这个情境下，情感力和智慧力都至关重要。智慧力有助于明确职业目标，而情感力有助于了解个人的价值观和兴趣，以确定他们希望从事的工作类型。

B. 换位体验：情感力和智慧力都能够用于换位体验，以便更好地理解雇主的需求、期望以及不同公司和行业的文化，从而更好地适应职场。

C. 有效影响：在求职过程中，意志力也发挥着至关重要的作用，因为它需要我们用意志力去克服恐惧心理，坚持不懈，果断抓住机会，积极准备面试。

3. 工作中的晋升

A. 清晰自己：在晋升情境下，首先需要用智慧力对自己和公司的形势做全面的评估。智慧力和情感力、意志力都扮演着至关重要的角色。情感力有助于了解自身的优势和不足，智慧力帮助明确职业发展目标，而意志力则有助于保持专注，以实现这些目标。

B. 换位体验：情感力在理解公司战略、领导层期望以及同事的状况方面至关重要，从而更好地适应晋升过程。

C. 有效影响：在晋升阶段，有效影响至关重要，包括提供卓越的工作表现、积极贡献和与同事协作，以及以积极方式影响领导决策。

在众多的职业中，心理咨询是一种很特殊的职业。在心理咨询的工作中，人格力的发挥非常明显。

## （二）发现人格力三角形的"短边"

在生活中，如果我们做一件事情很成功，一般来说，这是由于我们做到了通心，我们的人格力发挥适当。如果不成功，不管客观原因有多少，都是没有做到通心，人格力也肯定出了问题。如果检查原因，我们肯定能够在"通心三要件"以及自己的人格力的运用和发挥上找到不足。

如何才能够提高自己做事情的成功率？如何才能够改善自己与现实的关系？

孔子说："吾日三省吾身。"所谓"省"就是反省，就是要找出自己存在的问题。在我们说来，就是要找寻自己与他人、环境不通心的地方，以及欠缺的人格力，找寻自己人格三角形的"短边"。

如果你在现实中碰了壁，没有达到自己的目的，应该怎样来找原因呢？

成都有一句俗话："会怪的人怪自己，不会怪的人怪别人。"

但是，我们很多人恰恰相反，当他们在现实中遇到挫折之后，常常把自己的失败归咎于客观原因。

如果常常遭遇挫折，说明我们经常不通心，我们的人格力也出了问题，这就说明，我们的心理素质的结构有问题。在我们的人格力三角形中，我们的某种人格力是短边。我们的某一人格力较弱，最好通过培训和锻炼来加强。

人格力有问题，有各种各样的情况：有时候表现为其中一种有问题，有时候表现为其中两种有问题，有时候表现为三种人格力都有问题。即使是三种人格力都有问题，但问题也是有大有小。

人格力是协同发挥作用的。协同发挥作用的水平决定成就。如何才能够使我们人格力的发挥再上一个台阶？

首先，要找出我们人格三要素存在的问题。这个道理实际上很简单。

有的记者曾问杨澜："您认为一个人成功的关键是什么？"

她的回答是：

> 我觉得每个人成功的关键都不一样，关键看你的基础是什么样的。如果你是一个胆怯的人，成功的关键是勇气；如果你是爱冒险的人，成功的关键可能是多听听别人的意见。这是没有秘诀可言的。但是我想，你要想成功的话，可能有一个最重要的基础，是你要明白自己到底要干什么，然后才可能成功，即使失败也知道自己为什么失败。

杨澜在这里所说的"关键看你的基础",实际上就是要找出人格三要素存在的问题,你的薄弱环节在哪里。从三角形理论来说,就是找寻自己的"短边"。

以学生的学习问题为例:为什么有的学生学习不好?提起学习,有的人往往只想到智慧力。其实,它是与三种人格力都有关系的问题。如果一个学生学习成绩不好,我们如何来找原因呢?有这样一些情况:

学生A学习很用功,上课认真,回家做作业。但是成绩却一直不好。她的意志力看来没有问题,情感力似乎也没有问题。她的问题在智慧力上。她的智慧力是人格三角形的短边:也许是她的学习方法有问题;也许是她在素质上缺乏思维的灵活性,也许是她的记忆力不好。

表面上看,对于她的问题的解决,重点不应该着眼于意志力和情感力,而应该着眼于智慧力训练,解决她的学习方法等问题。

> 通心辅导的解决办法:首先还是从情感力入手。A只是看起来似乎情感力没有问题,她的问题在智慧力上。其实经过与她通心,发现她的情感力大有问题。她出生于一个多子女家庭,从小她就被送到外婆那里抚养,10岁才回到父母身边。这使她一直有"外来人"一样的自卑,怕被嫌弃,长期处于焦虑状态,到读书时,越焦虑就越学不好,越学不好就越焦虑。经过情感力的处理,再建议她进行一些扩散性思维的训练,之后,她发生了巨大的变化。

某高中学生B很聪明,理解力很强,只要认真听课,没有听不懂的。他做一件事情,常常也能够坚持。但是由于贪玩,并且受一些品德不好的坏孩子影响,习惯小偷小摸,学习成绩一直不好,他的问题是在情感力方面,情感力是其人格三角形的短边,他的学习目的不明确。

对于他,重点不应该着眼于意志力和智慧力,而应该着眼于情感力,解决他的学习目的问题。如果一个学生有自卑、骄傲、恐惧、焦虑、委屈等负面情绪时,都说明他的情感力有问题,会影响他的学习,需要及时解决。

> 通心辅导的解决办法:B的问题可以追溯他的原生家庭,需先处

理他原生家庭的问题。小孩偷东西往往是由于没有得到足够的关爱，有心理不平衡的报复心理。当处理他背后的被通心的爱的缺失问题后，他的问题就能够得到解决。

学生C很聪明，学习目的也很清楚，但是做事情却没有耐心，注意力容易分散，他害怕困难，做事情不能够坚持，他总是上不了新的台阶。这是他的意志力有问题，他的意志力是人格三角形的短边。

对于他，重点不应该着眼于智慧力和情感力，而应该着眼于意志力，解决他学习的自信和毅力问题。

通心辅导的解决办法：C的问题可以追溯他的原生家庭的问题。经了解和追溯，发现他是独生子女，从小就受到溺爱。后来，通心辅导扩展到家庭辅导，他的父母也认识到了这一点。他们一家人的关系都发生了深刻变化。后来，他开始努力学习和复习。一年之后回访，他已经考上了大学。

发挥人格三要素要发现短边的原理，与著名的木桶理论是相通的。木桶理论指出，一个木桶的容量，取决于它最低的那块板，如果水超过了最低那块板，水就会溢出。

木桶溢水

迄今为止，我们一直没有谈到身体素质的问题。我们仍然可以借用木桶的比喻。想象一个由三块木板（三种人格力）构成的水桶。那么"桶底"是什么呢？桶底就是"身体素质"。如果桶底（身体素质）不好，或多或少会漏水，三种人格力再强大，水桶的功能仍然会受影响。

### （三）人格三要素与身体素质

人本心理学的两位大师马斯洛与罗杰斯，毫无疑问都是思想极为丰富、非常富有创造力的心理学家。他们的智慧力、情感力、意志力三种力都很强大，而且均衡。对于我来说，他们都是难得的伟人。那么他们之间有什么差异吗？当然有。首先就是身体素质。从寿命来看，马斯洛只活了62岁（1908—1970），罗杰斯却活了85岁（1902—1987），整整多活了23年！这23年，罗杰斯使自己的治疗方法进一步完善，出版了更多的著作。就思想家来说，马斯洛或许略胜一筹，而做心理治疗，马斯洛虽然偶尔也涉及，但与罗杰斯相比，差距较大。

马斯洛

最近我在读马斯洛的大女儿安·马斯洛送我的两厚本著作《马斯洛日记》。安·马斯洛的女儿珍妮出生在1968年9月18日，这给马斯洛带来极大的欢乐，也使他关于心理学的思想变得更加活跃。他为外孙女记下了大量的日记。

"1970年4月21日：我这次看到的珍妮，除了存在价值之外，我还看到了她全然的开放和天真，当她坐在我腿上时，她转过身来，完全信任地盯着我。她透明地表达着，没有任何防备，毫无保留。这种表达、快乐或生气的总和，或注视的总和，突然给了我一种彻底'完成'的感觉，一种终极体验，一种毫无保留的、100%的给予。存在价值需要更多的研究，但这肯定是其中的一部分。她完全被释放了，没有束缚，没有阻碍，没有设置，没有控制或抑制。她完全是真实的自己。不分裂到一个角色，到应该或不应该，到一个病态的自我和健康的自我。她就是一个整体……"①

马斯洛每天都有丰富的感受，有各种各样新的思想，以至于他在1970年4月29日的日记中，记下来自己在创作方面的内心冲突："继续在冲突之中：(1)继续为未来写作——搞纯理论的基础研究——超越报纸和当前的麻烦，抵制陷入知识新闻、辩论、反驳的诱惑，抵制寻求更多的读者的诱惑；或者：(2)抽出一些时间，用我的作品来反击绝望、无望、气馁。归根结底是这样的：我认为自己是严阵以待、陷入重围地与邪恶的力量作斗争。但哪一种方法是最好的，长期的还是短期的？还是两者结合？"②

可是，所有这一切，都在这一天戛然而止："1970年6月8日，星期一，马斯洛像往常一样从房间出来，到游泳池边缓慢散步，贝莎跟随在离他几英尺远的后面。后来，他小心翼翼地按照心脏病大夫对他的嘱咐，看着秒表开始跑步。突然，在加利福尼亚的阳光下，他倒下去了，没有一点儿声音。当贝莎急忙冲到他身边时，马斯洛已经死于心脏衰竭……"③

——仿佛是命运之神提着一只装满水的木桶，去浇灌许多有待开放的花朵，却因桶底的忽然塌陷，水全部漏出……

我们永远也无法知道，马斯洛还有多少思想、多少感悟，都没有机会写成文章、著作。至少记入日记，留给后人……

我们的三种人格力，即人格三要素，就是我们最基础的三种心理素质，三种人格力就像是三角形的三条边。在周长一定的情况下，等边三角形的面积最大。面积象征你的整体人生的成功以及生存质量的高低，还有对社会贡献的多少。如果我们的三种人格力都强大，而且均匀，我们的整体人生将会比较成功，生活质量较高，社会贡献也更大。但是，这一切都还有一个我们的身体素质为前提。

随着我们年纪的增大，我们的身体素质、身体健康状况都会逐渐下

---

① 《马斯洛日记》英文版，下卷，第1277页。
② 《马斯洛日记》英文版，下卷，第1286页。
③ 爱德华·霍夫曼：《马斯洛传》，许金声译，中国人民大学出版社，2014年版，第268页。

降，那么我们的心理素质乃至人格三要素是否也会跟着下降呢？不一定。具有心理健康、灵性健康的人，随着身体素质、身体健康状况的逐渐下降，其心理素质、人格三要素的效能反而有可能提高和增加。这种提高和增加的表现，包括而不限于，一是更加有效地根据自己的身体状况，创造性地生活与工作，保持自己的生存质量。二是发挥自己的心理素质，延缓衰老和身体素质的下降。

有没有一个身体素质、身体健康状况的逐渐下降的临界点，从那个时候起心理素质会下降呢？对此问题，我还没有明确的答案。

人格三要素的关系除了用三角形来表达，著名的木桶理论同样适用。在桶底没有问题的情况下，木桶的容量取决于构成木桶的最低的那一块木板。

木桶理论的好处是可以把身体的重要性显示出来。如果人格三要素是构成木桶的三块木板，那么桶底就是身体素质。如果身体素质有问题，那么说明该水桶会漏水。水桶的桶底的漏洞越多、越大，我们的人格三要素的发挥越是受到限制，甚至完全无能为力。

我们活在世界上，需要先把自己的身体照料好，也就是要与我们的身体通心。

身体不好，心理素质再强大也没有用。严格地说，身体不好者的心理质素是值得推敲的。我们是自己身体素质好坏的唯一的责任者，除掉一些影响我们身体素质的先天因素以及后天不可控的因素，我们的身体素质的好坏还有极大的可塑性。这种可塑性，与我们的身体的通心密切相关。

人格三要素强大而且均匀的人，应该给自己的身体足够的关注。我们必须高度重视发挥我们的人格三要素，提升我们的身体素质。任何一种人格力的欠缺，都会影响我们的身体素质。

如果我们欠缺智慧力，我们至少难以充分了解身体健康所必需的知识，选取更加适合我们的生活方式。

如果我们欠缺情感力，我们常常可能由于受我们自身心理情结的影响，有较多的负面情绪，或者经常有较大的情绪波动，进而直接影响我们的身体。

如果我们欠缺意志力，我们至少难以坚持必要的身体锻炼，坚持摒弃不好的生活习惯与饮食习惯等。

### （四）情感力的特殊情况和意义

智慧力、情感力、意志力，这三种基础心理素质是不可分割的，但在重视的程度上，不同文化与价值观，可能有不同取向。

中国文化是情感力本位文化。所谓本位是指行为的出发点以及回归的位置都是情感力。

西方文化，尤其受古希腊文化影响的西方文化，是智慧力本位文化。

情感力对于当今人类具有特殊意义。情感力有什么特殊意义？为什么应该重视情感力？

人是社会的动物。人活在世界上，就要与人交往，并且与万事万物都可以发生或亲或疏的关联。

情感力的基本作用在于它是我们与人交往，以及与外界建立关联性的基础。

以情感力为基础，加上智慧力和意志力，以情感力为主导人格力，智慧力、意志力为辅助人格力，我们就可以形成"通心力"。

坚持不懈地追求，我们容易最终产生终极体验和一体意识，获得最大限度的"意义意志"。

对关联性的感受就是意义感，它不仅能够使人际关系发生变化，而且能够使人格发生变化。它改变的不仅是自己与他人的关联感，也改变他人与自己的关联感。

情感力的特殊意义在于，它是形成我们信念价值系统的重要基础。情感力也是"灵商"的基础。灵商在某种意义上是人类的终极智力。

迄今为止，对于整个人类来说，情感力的发展落后于智慧力、意志力的发展。或者说，从人类普遍人格的人格力三角形来看，情感力是"短边"。

为什么世界上的主流宗教都有关于"爱人"的教导，也就是强调人们要"与人为善"？这正是出于人类情感力的这种状况。主流宗教的积极功能之一，正在于弥补这条短边。

情感是建立真正的、基本的人际关系的基础。以保险员为例，情感力明显地对他们具有特殊意义。他们需要首先表达的，就是自己的情感力。保险员在表现自己真实的爱心的时候，就是自己与客户的关系在静悄悄地发生变化的时候。客户对保险员的态度从不信任到信任，从感到陌生到感到温暖。

情感力的发挥，本身也具有终极目的性，也能够使我们产生愉悦的体验。

罗杰斯长期做心理辅导工作，他表达了自己与人沟通、聆听、共情时的高峰体验："当我在听某人对自己倾诉衷肠时，我好像是在欣赏天堂的音乐，因为在任何人的直接语言信息中，无论他谈的是什么内容，都包含有一种最普遍最一般的东西。在我进行的所有交谈背后，似乎都隐藏着井然有序的心理规律，它构成了我们在整个宇宙中所看到的使人敬畏的宇宙秩序的组成部分。因此，我既对倾听人谈话感到高兴，也对自己能够接触到某种宇宙真理而感到满意。"[1]

罗杰斯在长期的心理辅导工作中，体会到了发挥情感力在与人沟通时产生的效应。他认为，聆听、共情本身就具有很重要的治疗作用：

> 我认为一个最为普遍的现象就是，当一个人意识到别人已经充分透彻地倾听并理解了自己时，他的双眼就会闪现出泪花。这实际上是快乐的眼泪。他好像在喃喃自语："感谢上帝，终于有人听懂了我的话，终于有人明白了我究竟是什么样的人。"这时，我就像看到了一个被关在地牢里的囚犯，日复一日地用摩尔斯密码轻轻地敲着墙壁，不断送出信号，"有人听得见我吗？有人吗？有人能听见我吗"？终于有一天，他突然听见一阵微弱的敲壁声，这是回答信号，"是的，我听见了你"。就是这一简单的回答，他立刻感到因摆脱了可怕的孤独而轻松起来。他又变成了人。今天，有无以数计的人生活在这种与世隔绝的地牢里。从外面无法看见他们的踪影，只能细心倾听他们从地牢里发出的微弱信息。[2]

---

[1] 马斯洛等著，林方主编：《人的潜能和价值》，华夏出版社，1987年版，第131页。

[2] 马斯洛等著，林方主编：《人的潜能和价值》，华夏出版社，1987年版，第132页。

在日常生活中，情感力强的人不会被他人带走。著名作家雨果和一位朋友在报摊上买报纸，报贩没有零钱找他，雨果仍然礼貌地对报贩说了声"谢谢"，但报贩却冷口冷脸，一声不吭。他们继续前行时，朋友问雨果："这家伙态度很差，是不是？"雨果答："他每天晚上差不多都是这样。"朋友又问他："那么你为什么还是对他那么客气？"雨果反问："为什么我要让他来决定我的行为呢？"

也许有人质疑：雨果是否在这里浪费了感情？他是否应该转身就走，免得浪费能量呢？

这里涉及"通心的成本"问题。在与他人互动时，我们通常需要考虑与对方的关系、互动的重要性以及投入的时间和精力。雨果似乎没有将与报贩的互动视为与重要人际关系相关的重要通心，而更多的是基于内在价值观和礼貌来行事。他没有必要思考是否应该说"谢谢"，因为这种小的社交互动通常不会耗费太多的时间和精力。雨果的回应可以被视为一种简单的社交礼仪，不需要太多的成本，而且符合他的价值观。

雨果没有花时间专门去与报贩通心，反而是一种通心。设想雨果多次与该报贩打交道，已经了解报贩，他是否不用多话了呢？

我认为，他仍然会按照他的没有分别心的习惯做事，好习惯不用改。改习惯本身是需要时间的。

当然，对于更复杂的人际关系或涉及更多时间和精力投入的互动，确实需要更多的权衡和考虑"通心的成本"。在这些情况下，人们可能会更仔细地思考如何与他人互动，以最大程度地维护自己的精力和时间，并确保与重要人际关系的互动获得更多的关注。

## 七、如何用人格三要素改变命运

### （一）"存在深度层次图"的运用

"存在深度层次图"来源于 NLP（Neuro-Linguistic Programming）的"逻辑层次图"。NLP 一般译为"神经语言程式学"。它是曾经一度在我国很流行的一种成功学、心理学方法。"它是关于人类行为与沟通程序的一套详细可行的模式,它的重要原则可以运用来了解人类的经验和行为,并且使之有所改变。NLP 被运用于治疗,发展出一套强大、快速和微妙的技巧,能够在人类的行为和能力方面造成广泛和长久的改变。NLP 专注于修正和重新设计思想模式,以求更大的灵活和能力。"①

NLP 虽然自称不同于传统的心理治疗方法,但是它所关注的却仍然是人的行为的改善和改进。不同的是,它特别强调"快速"。

正是由于如此,有的学者批评 NLP 过分讲究实用,缺乏理论深度,缺乏灵魂。我认为,罗伯特·迪尔茨(Robert Dilts)提出的"逻辑层次"(Logical Levels)理论对这个挑战做出了回应。这一理论无论是在提升 NLP 的境界,还是在实际应用方面,都有很大的意义。

"逻辑层次理论"认为,人们在生活中,"身、心、灵"在与万事万物发生关系的时候,实际上是有不同的层次的,这些层次可以划分为六个,从上到下,它们分别是:

1. 灵性、精神性、终极关切(Spirituality）

这一层次是指个人与"道""大精神"的关系。这种与"道""大精神"的关系,也决定了个人与所有的人,与世界、宇宙以及所有事物的关系,当一个人谈到他的终极关切以及人生的意义的时候,谈到他在天地人中的地位的时候,这就涉及灵性、精神性和信仰的层次了。这是人与世界发生关系的最深或者说最高的层次。

2. 自我同一性(Identity)

一个人怎样看自己,如何回答"我是谁?"的问题,如何给自己定位,如何描述自己在社会中的位置,便是涉及自我同一性的问题了。承接上面"精神性"的意思,便是"自己准备以怎样的角色或者身份去实现人生的意义"。

3. 信念、价值观(Beliefs and Values)

与上述的身份相应,一个人必然有一套信念和价值。每一个人活

---

① 李中莹:《NLP——帮助人更快乐和成功的学问》,香港专业效能管理出版社,2001 年版,第 5 页。

在这个世界里，必然都有一定自觉或者不自觉的身份和角色，也有一套相关的信念与价值观。它们决定我们做每一件事的态度，但它们平时是在潜意识里，并不会经常地浮现在意识的层面。

一般只有在反省整个人生或者学习NLP的时候，人们才会想到自己的身份和信念——价值的问题。我们在每天的生活里，持着一套信念和价值去处理每一件事，常常会出现下面一些在信念—价值观层次上的问题：我为什么要做（或不做）这件事情？我做这件事情有什么重要的意义？我应该怎样去做？做这件事情对我有什么好处？

4. 能力、接受力（Capability）

这个层次涉及一个人怎样认识自己所能作出的选择。人能够做的每一个选择都意味着他所具有的一份能力，他能够做出的选择越多，他的能力也就越多。我们一般所说的能力，在表面上指的是技能，例如，会说英文、会使用电脑、能用某种技巧做某事等。但仔细想想，它们其实也都是能够做出的选择。

5. 行为（Behavior）

这个层次所指的是一个人在现实生活中的实际表现，也就是一个人到底在做什么，在怎样做。

6. 环境（Environment）

所谓"环境"，是指除个体以外，其他所有的因素，包括时间和地点。我们常常听一些人说，他们在做某事情时具有"天时地利"，这就是把成功归于环境。

（根据李中莹《NLP——帮助人更快乐和成功的学问》整理，个别术语的译法有改动。）

人的心理活动与外界的关系之所以可以分为这些层次，是因为在现实中同一个人在不同时候、不同的情况下，是具有不同的人格状况的。人永远既具有物质性，也具有灵性、精神性。这六个层次，实际上表现了我们生活在现实中，在不同的情况下物质性和精神性所占的不同的比例，表现了人的意识状态所处的不同的层次。之所以会有这些层次，是因为复杂的生活需要我们具有不同的意识层次。

李中莹先生认为，也可以简单地把这六个层次理解为以下问题：

1. 精神：Who else?（还有谁？）
2. 身份、自我认同：Who am I?（我是谁？）
3. 信念、价值观：Why?（为什么？）
4. 能力：How?（怎样做？）
5. 行为：What?（做什么？）
6. 环境：Where and When?（何时？何地？）

（李中莹：《NLP——帮助人更快乐和成功的学问》，香港专业效能出版社，2000年版）

原来的、流行的"逻辑层次图"：

我所理解的"逻辑层次图"如下：

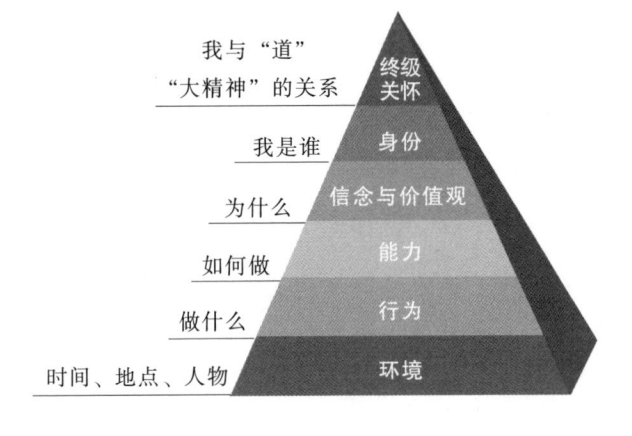

在以上新的"逻辑层次图"里，我把第一层次的名称和含义做了一定改动。由原来的不够清晰的含义，变成体现一个人的"终极关切"的状态，以及他与"道""大精神"的关系。在此基础上，我提出"存在深度层次图"（见下图）。

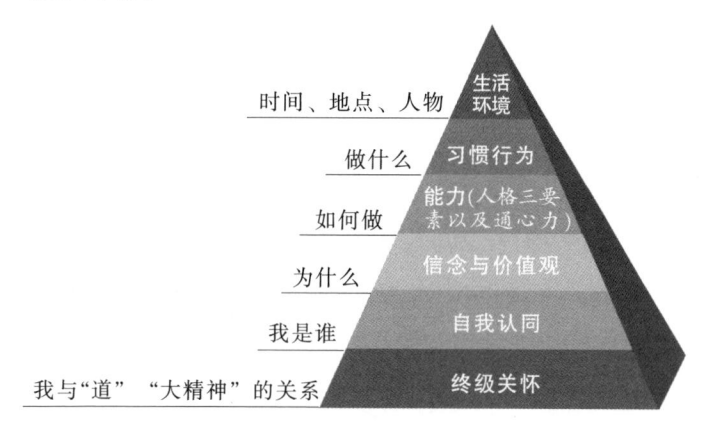

```
                        生活
时间、地点、人物         环境
              做什么    习惯行为
              如何做    能力（人格三要
                       素以及通心力）
              为什么    信念与价值观
              我是谁    自我认同
我与"道""大精神"的关系   终极关怀
```

**存在深度层次图**

所谓"存在深度层次图"，是建立在"存在的深度"这一概念之上的。生活在大千世界里，人们的存在各有不同。人们的潜能的发挥有大有小，潜能的挖掘有深有浅。可以把潜能发挥更大、潜能挖掘更深的情况，称之为具有更深的存在的深度，深度越深，其精神性也就越强。[①]

据此，我们对"逻辑层次图"进行了一个大变动，把其中的各个层次，依照原来的顺序做了一个颠倒。把原来最上面的"终极关切"（我与"道""大精神"的关系），移动到了最下面，原来最下面的生活环境（时间、地点、人物）移动到了最上面。

存在深度层次图，也正好与心理学界流行的关于意识与无意识关系的"冰山理论"对应，如下图：

---

[①] 参阅肯·威尔伯：《万物简史》，许金声译，中国人民大学出版社，2006年版，第20—23页。

第二部分　人格三要素理论的运用（个人）｜171

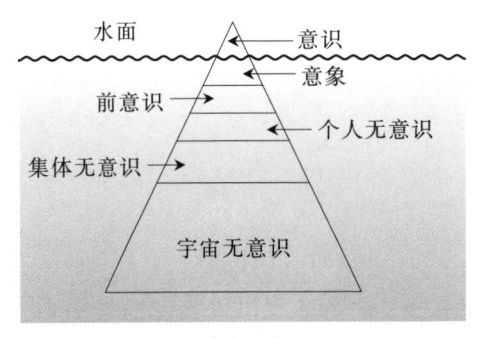

```
水面 ─── 意识
       ─── 意象
前意识 ───→
       ←─── 个人无意识
集体无意识 ───→
       宇宙无意识
```

意识图

经过这样变动的"存在深度层次图",能够更加清晰地显示我们的存在所涉及的潜能发挥的程度,以及"精神性"的深度。从该图可以看出,层次越往下,我们的潜能挖掘更深,发挥更大,我们的生命也更具有"精神性"。其中,如果达到了"终极关切"的层次,显示我们与"道""大精神"等具有最密切的关系。我们生命的存在的深度,一共可以分为六个层次。由"生活环境"到"能力",也就是从第一层到第三层,是精神性的深度最浅的状态,在这三个层次,它们很容易被意识到,就像在冰山理论图中,露出水面的那一部分。由"信念、价值观""自我认同"到"终极关切"的下面三层,是精神性程度深的状态,也是潜意识的状态。它们在日常中很少被意识到,就像在冰山理论图中,在水面以下的那些部分一样。其实,我们在生活中的任何行为,都不可避免受低三层的影响,它们往往通过潜意识的方式控制我们。可以说,从环境、习惯行为到能力的浅层次,只不过是有深度的低三层精神性的反映或者在现实生活中的显现而已。

肯·威尔伯对进化的看法,可以帮助我们深入理解存在深层次问题。他认为,宇宙的存在物的进化是一个从物质到生命,再从生命到心智,再从心智到精神的过程。进化有一个深度和广度的问题。深度是指进化者所具有的精神性程度,广度是指进化者的数量。一种存在物越是进化,其深度越深,广度就越小。也就是说,在现实生活中,具有存在深度的人是不多的,大多数的人是不够清晰的,甚至是混沌的。[1]

---

[1] 参阅肯·威尔伯:《万物简史》,许金声译,中国人民大学出版社,2006年版,第20—23页。

一个人是否具有清晰的低三层（终极关切、自我认同、价值观）？他的行为能不能贯穿他的低三层次的精神性？或者说，他的行为是否具有整合性？说明了他的个体的进化程度、意识的发展层次以及人之为人的成熟的水平。从逻辑层次的"1"到"6"，表明了意识状态的逐渐深化，表现了在人的状态中灵性、精神性的不断增加。一般来说，存在深度层次图中的层次越往上的、精神性越浅的问题，越容易解决。我们在日常生活中所遇见的问题大多都是在"环境"以及"行为"层次上的问题，当问题在信念或者身份的层次上时，解决起来就会更困难一些。一个浅层次的问题，在更深的层次里容易找到解决方法。反过来说，一个深层次的问题，从较为浅的层次来找解决方法，就不会有效果。

**案例：**

某先生甲，35岁。他做的是一份枯燥、单调的工作，家中有一个妻子、一个七岁的儿子，贷款买了一个两居室房子，贷款还有几年才能够还清，日子过得紧巴巴。他的具体习惯行为是每天消极地"做一天和尚撞一天钟"，回到家里常常由于心情不好，与妻子吵架，动不动就打儿子。表面上看似乎他的能力只有这么大，实际上他的能力还能够做更多的事情。他可以做工资更高的工作，但他没有动力也没有勇气跳槽。而他之所以这样，是因为他有着"有老婆有孩子，有吃有穿就不错了"的价值观。再往下追溯，他的自我认同是"我就是一个普通人"，而在最深的灵性的层次，他完全还是混沌的，根本谈不上什么终极关切。他要提升自己的生存质量，就必须改变工作状态。要改变工作状态，就必须改变"做一天和尚撞一天钟"的习惯行为。要改变他的习惯行为，就必须让他清晰自己有更多的能力，更强、更协调的"人格三要素"以及通心力。他要能够发挥自己的这些能力，需要有更积极、进取的价值观。他的价值观，取决于他对"我是谁？"这个问题的回答，也就是明确自己的身份和自我认同。而明确自己的身份自我认同，必须要有终极关切。

通心辅导：如果甲要发生改变，最快的方式就是做个案。

应该注意的是，尽管层次越深，越能够表现人的灵性、精神性，但一个人不能够脱离上面的层次。这也就是马斯洛所说的"存在性世界"与"匮乏性世界"之间的关系。马斯洛认为，尽管存在性世界很有价值，但是任何人也不能够脱离匮乏性世界，即日常生活中熙熙攘攘的浮躁的世界。他在《存在心理学探索》中，用了整整一章来讨论"存在认知的危险"。

全人心理学认为人具有四性：物质性、动物性、人性、灵性。人的四性是同时存在的。当人的灵性的潜能被开发出来的时候，他的人性、动物性、物质性并没有消失。（参阅《全人心理学丛书》之《大我实现之路——全人需要层次理论》）

一个人与整个世界发生关系的和谐度，取决于他的通心力的大小和人格力的强弱与平衡，一个人的通心力越大，人格力越强，他就越可能进入更深的存在深度层次，他的生命越具有精神性和灵性。反过来，一个人与世界发生关系的层次越深，说明他自己的存在也就越具有灵性、精神性，他也就越能够从自己与世界的互动中补充能量，形成良性循环。

人在成长的时候，在遇到挑战的时候，常常需要进入存在深度的深三层进行探索，从深三层来获得动力。

一个人进入灵性、精神性层次的过程，也就是他寻求意义、表达自己终极关切、发现目标、产生使命感的过程。从人格三要素理论看，也就是他的三种人格力的发挥过程。这个过程往往是一种以情感力为主导人格力，智慧力和意志力为辅助人格力的人格三要素发挥的过程。

人格三要素的发挥是在受"意识"的支配，还是"潜意识"（无意识）的支配？

人格三要素的表现可以分为四个层次：

1. 无意识的无能力状态

一个人在生活中混混沌沌、稀里糊涂，生存质量很低，活得很不自在，但又缺乏力量来改变，甚至连改变的动力和意识都没有。打破这一状态的过程的关键是突破他的阻抗，扰动他的舒适区，让他觉察自己的不舒服，唤起他改变的欲望，这是在激活他的意志力。从通心辅导看，可以进一步地通过解放他的智慧力、情感力的发挥来进行。智慧力、情感力的解放可以使我们真诚地面对自己，与自己通心，看清楚自己的情况。

2. 有意识的无能力状态

一个人通过觉察自己的状态和环境，已经意识到自己应该如何去做，清楚了自己的通心对象，但是却无力去做。

3. 有意识的有能力状态

不仅意识到了自己需要怎样做，也有力量去那样做。但是常常需要不断地对自己的人格三要素的发挥进行自我觉察，对自己进行调整，弥补短板。

4. 无意识的有能力状态

三种人格力的发挥已经成为习惯，在生活中，心流不断，经常有高原体验，偶尔有高峰体验，达到了"从心所欲不逾矩"的境界，人格力的发挥进入运用自如的状态。在这种状态中，人格三要素所构成的图形已经由等边三角形变成圆。在周长一定的情况下，圆的面积最大。

人格三要素既可以在有意识的层面上发挥，又可以在潜意识的层面上发挥，它们是贯穿于意识的与潜意识的能力素质，我们可以有意识地对它们的发挥进行调整。

人格三要素与浅表的能力素质有区别。

人格三要素的相对固定的运作的模式是潜意识的，但是它们可以经常通过意识来进行调整。

人与世界的关系在通过人格三要素上升到价值观、自我认同、终极关切的层面后，又必须通过人格三要素向能力、行为、环境转化。

人格三要素在高三层和低三层之间处于一种调节作用。

当一个人能将六个层次都贯通的时候，他便可以身心整合、全力以赴地去生活，做到既愉快，又成功。反之，如果一个人做事情常常不成功、不开心，感到有压力或情绪，这说明他在逻辑层次中有不协调的地方。

存在深度层次图让我们注意问题或烦恼后面的原因，因而会更快地以"治本"的态度去处理它。如果我们只停留在行为或能力的层面上，就很难取得大的成就。

许多成功学家、心理学家都认为，改变信念是改变行为的基础。这没有错，但还没有深入到"终极关切"的层次。没有深入到这个层次，意味着潜能还没有充分挖掘。信念也不会太稳固，行为习惯的改变也不会彻底，在生活环境中的自由度也不可能足够。要完整地探讨这个问题，就可以采用"存在深度层次图"：

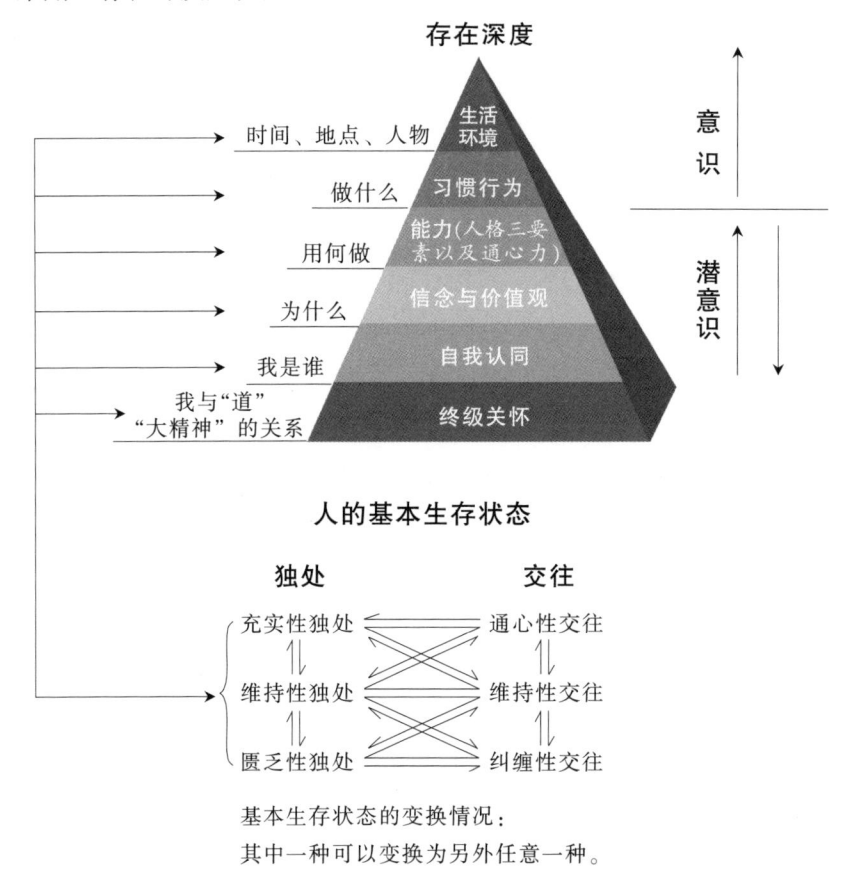

**存在深度**

- 时间、地点、人物 → 生活环境
- 做什么 → 习惯行为
- 用何做 → 能力（人格三要素以及通心力）
- 为什么 → 信念与价值观
- 我是谁 → 自我认同
- 我与"道""大精神"的关系 → 终极关怀

意识 / 潜意识

**人的基本生存状态**

独处　　　　　交往

充实性独处　⇅　通心性交往
维持性独处　⇅　维持性交往
匮乏性独处　⇅　纠缠性交往

基本生存状态的变换情况：
其中一种可以变换为另外任意一种。

从这个图我们可以看到，一般人是受环境制约的。一般人的环境都相对固定，相当狭小，至少比较有限。我们每天在这样的环境中工作与生活。我们都有一定的习惯行为，包括我们有一定的交往时间，有一定的独处时间。我们的习惯行为不一定是让我们满意的，我们在交往时，也许不外乎是通心、维持或者纠缠状态。其中通心能够占多少呢？我们在独处时，不外乎是充实、维持或者匮乏状态，我们的充实占多少呢？如果你对自己的生活不满意，觉得单调、乏味，甚至苦不堪言，没有幸福感，更谈不上意义感、丰富感，这就是迄今为止的你的命运。但命运是可以改变的。如果你想要改变，那么怎样才可以发生有效的、实在的改变呢？

根据上图，要改变你的命运，必须改变你的环境、习惯行为。要改变你的环境、习惯行为，必须改变你的能力，包括人格三要素、通心力等。如果我们的改变，能够最后落实在通心力之上，我们的习惯行为乃至生活环境都会发生变化。

但是，如果我们要改变能力，价值、信念不改变，能力即使改变了，也不稳固。要改变我们的价值、信念，必须改变我们的身份认同。要改变我们的身份认同，必须改变我们的终极关切。

人的命运的确是有好有坏的。要改变人的命运，除了机遇和缘分，最彻底的改变必须深入到终极关切。但深入终极关切，是比较难以达成的。所以，我们要改变自己的命运，最好还是要从改变我们的观念、价值、信念做起。

观念的醒悟常常是第一步。

新的观念带来新的生命。然而，摆脱旧观念，建立新观念谈何容易！"脱胎换骨"的痛苦使不少人对观念变革望而生畏。美国心理学家鲍威尔为此在《人性的充分发展》一书中不无深刻地指出："固守常规也不是一件容易的事。坚持陈旧、狭隘的观念要求一个人必须否认一切相反的体验和信息，必须随着格格不入的现象的增长，顽固地重申他（或她）的错误观念。这需要耗费很大的精力和体力，一段时期后便会导致相当大的内心压力和紧张。"[①]

坚持错误的观念也要付出巨大的代价，长痛不如短痛。在这里，我们可以进一步指出，人们尽管可以在新旧观念之间矛盾徘徊、举棋不定，但社会环境条件的改变往往可以打破这种僵局和平衡，促使人们走向观念的变革。

但是，观念的改变不是那么容易的，常常需要我们在能力层面不断积累，即不断强化和协调我们的人格三要素，提升我们的通心力。当我们的

---

① 鲍威尔：《人性的充分发展》，吴晓凤等译，北京大学出版社，1989年版，第4页。

人格三要素、通心力达到一定水平，我们向自我身份认同，乃至终极关切的深入也就更加容易了。

## 八、心理学工作坊与人格力的提升

目前各种各样的心理学工作坊正在流行。所有的心理学工作坊或者心理学培训的价值取向最终都应该落实在人的成长之上。好的工作坊，都能够帮助人们尽快提升、成长。所谓成长，从心理素质的角度看，可以理解为一个人的人格力的提高，以及有了新的更有效的应对现实的人格力结构。三种人格力，即"人格三要素"也可以看成是核心的、基础的心理素质。也就是说，如果一种心理学培训至少能够提升我们的心理素质，即智慧力、情感力、意志力中的任何一种，它就是有效的。从这个意义来看，我们可以通过明确自己人格力的问题，或者说人格力三角形的"短边"，来选择提升的方法。

大多数心理学工作坊和培训活动往往有偏重，并不是全面提升人格三要素，甚至只对三种人格力中的某一种有效。

例如，有不少心理学培训首先都强调觉察、觉醒、开拓思路、改变思想方法、改变思维模式等，其效果可以看成偏重智慧力的提升。

有一些心理学培训强调换位体验，强调"聆听""共情"的训练，其效果可以看成偏重情感力的提升。

现在的一些成功学培训课程，包括拓展训练、"魔鬼训练"，强调欲望与行动力的激发，其效果可以说是偏重意志力的提升。

我们的三种人格力就像三角形的三条边一样，弥补最短的那条边，三角形的面积增加最大，我们的心理素质可以得到更好的发挥。如果参加工作坊之后，我们发现自己在生活中的效能有所提升，那么该工作坊就被证明对自己是有效的。

全人心理学·通心工作坊经过实践验证，对于提升"人格三要素"，也是有效的。从"存在深度层次图"看，该工作坊的课程设置与结构，与我们存在深度的不同层次，有如下关系：

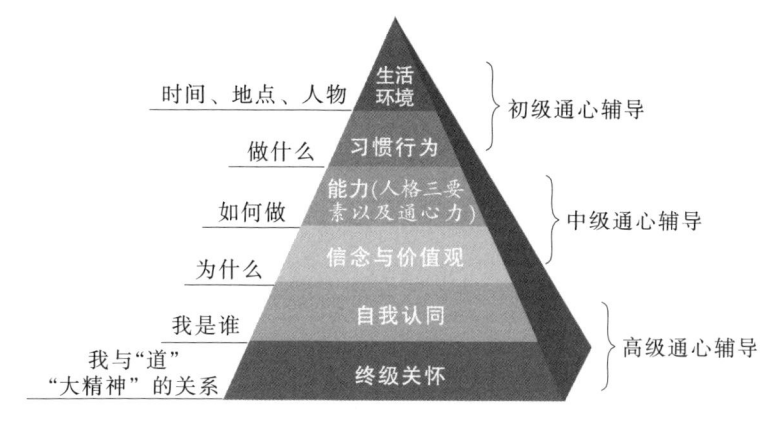

```
                    生活
时间、地点、人物    环境      ┐ 初级通心辅导
         做什么   习惯行为   ┘
                 能力(人格三要
         如何做  素以及通心力)  ┐
                              ├ 中级通心辅导
         为什么  信念与价值观   ┘
         我是谁   自我认同     ┐
    我与"道"                   ├ 高级通心辅导
  "大精神"的关系  终级关怀     ┘
```

**存在深度层次图**

所谓"通心辅导"是指以"通心"的理论和方法为指导的一种心理服务。"通心辅导"在遵守国家法律、职业伦理和道德方面与当今的其他心理服务没有区别，但它在理论、方法和技术方面，有诸多不同于现有的其他的心理服务（包括现有的心理咨询、心理治疗等）的地方。"通心辅导"在心理服务的诸多领域有所创新，值得受到当今中国心理服务业的关注。（详见《全人心理学丛书》之《通心的理论与方法》）

通心辅导分为"初级通心辅导""中级通心辅导""高级通心辅导"三种，它们分别对应层次图上的两个层次。它们既可以通过工作坊来实行，也可以通过个体咨询来实行。

1. 初级通心辅导主要对应的是"生活环境"和"习惯行为"两个层次。该辅导主要是通过找出学员在工作环境、家庭环境中的不舒服的体验、烦恼、不自在，追溯学员在人际关系中的不通心的行为习惯，通过调动学员的压力与动力，使其发生改变，由原来的不通心变得通心。如果学员原来就有较强的人格三要素甚至通心力，这个改变的幅度就比较大，而且稳定。如果学员的人格三要素以及通心力比较弱，要发生较大改变，就必须借助中级通心辅导。

2. 中级通心辅导主要对应的是"能力"和"信念、价值观"两个层次。该辅导主要通过追溯、处理学员的心理情结、心理障碍，首先解放当事人的情感力，进而增强学员的智慧力、意志力，最后提升他们的通心

力。由于心理情结、障碍的化解，学员的能量增强，信念、价值观往往也会发生变化。这种变化，将强有力地改变当事人的习惯行为，提升当事人在生活环境中的自由度。

3. 高级通心辅导主要对应的是"自我认同"和"终极关切"两个层次。该辅导主要通过挖掘更加深层次的心理情结、误区，实现自我超越，解放深层次的潜能。协助学员的需要满足层次走向自我超越。这种变化，将强有力地改变学员的信念、价值观，产生"大自信"，大幅度地提升学员的通心力，在独处中有尽量多的充实性独处，在交往中有更多的通心性交往，在生活环境中有相当的"大自在"。

一般来说，情感、情绪取向的心理辅导，如果有效果，最后都会提升学员的情感力。学员情感力的提升，又会带动其智慧力、意志力的变化。我在自己用通心辅导做的心理咨询、心理治疗的案例中发现，一般做长程个案的学员，随着一个又一个心理情结的处理和化解，他们的智慧力也在发生一定的、明显的变化，看来比以前更加聪慧，看问题，处理事情比以前更加周全而有步骤，由以前的"一根筋"，变得灵活多变……

# 第七章　超越"防御机制"的"应战机制"

## 一、人类成长的人格力表达水平

马斯洛早就发现："每一个人在他内部有两套力量。一套力量出于畏惧而坚持安全和防御，倾向于倒退，紧紧依附于过去，害怕成长会脱离与母亲子宫的原始联系，害怕承担机遇的风险，害怕伤害他已经有的东西，害怕独立，自由和分离。另外一套力量推动他向前，建立自我的完整性和独特性，充分发挥他的一切能力，建立面对外部世界的信心，同时也认可他最深邃的、真实的、无意识的自我。"[1]

---

[1] 马斯洛：《存在心理学探索》，李文恬译，云南人民出版社，1987年版，第42页。

马斯洛还指出："我们可以把健康成长的过程看成是永无止境的自由选择的情境……他必须不断在安全与成长、从属与独立、倒退与前进、不成熟与成熟等两类事情之间进行选择。"①

马斯洛提出的问题，体现了一种深刻的一种被世界大多数的主流文化所肯定的成长理念，或者说积极的人生观和价值观，即人类生命的意义在于不断发展、成长。他的这些思想，是他提出的需要层次理论思想的延续，其背后又隐含着这样的逻辑：对于个体来说，他的需要的满足，以及优势层次的上升，要"向内求"，取决于他的主观能动性以及心理素质的发挥。我所提出的人格三要素理论，正是在这一领域的一种尝试。

从"人格三要素"的角度来理解，人活在世界上，需要不断地和外界发生关系，发挥自己的人格力，满足自己的需要。人活在世界上，一切都在变动不居、满足需要的过程，也是多多少少不断面对各种各样的挑战、挫折和困难问题的过程。人们在生活中面对和处理所有挑战、挫折和困难的方式与其说有两套力量，不如说就只是一套力量，即作为一个整体和系统的"人格三要素"，只是"人格三要素"在同样的情境下，表现的水平是不同的。这些不同水平的表现，可以看成一个连续统一体，它可以简单分为三个层次，即："放弃""应付"和"应战"。

1. 放弃

所谓"放弃"，相当于弗洛伊德所说的"退行"，即个体在遭遇困难和挫折的时候，无所作为，倒退到婴儿的方式，任随困难、挫折主宰，不面对困难、挫折，不做任何努力，不在任何水平上表达出人格三要素。婴儿的人格三要素尚在形成之中，他没有能够应付外界困难与挫折的这样的心理素质，他的需要的满足，完全依靠父母的支持。现在流行的"躺平"的概念，近似于一种"放弃"机制。

2. 应付

所谓"应付"，是指个体在解决困难时虽然也要动用人格力，但只是

---

① 马斯洛：《存在心理学探索》，李文恬译，云南人民出版社，1987年版，第43页。

第二部分　人格三要素理论的运用（个人）| 181

在一般的水平上，或者说是在"挫折承受力"的水平上动用人格力，还没有必要达到"挫折超越力"的水平。当人们遭遇的困难只是在日常生活中遇到的困难，诸如稍微有难度的工作，生一次小病等的时候，也需要在一定程度上离开自己的舒适区。

一般人都有惰性，相当多的人都只愿意过平静的生活，不愿意离开自己的舒适区。在社会安定的前提下，他们也能够过平静的生活。对于一些人来说，他们甚至很难下决心去进行一次较远的旅行。因为这种旅行中可能会遇到一些意外的困难。

例如，某某单位暑期放假一个月。工会组织到某风景区去旅游。老王并没有去过这风景区。他为这次旅游考虑了很长时间。他已经有连续四年没有旅游了，而且这个暑期也没有什么事情。但是，一想到要长时间地坐车，还要住自己不习惯的旅馆，他就感到犹豫，最后，还是决定放弃。

3. 应战

所谓"应战"，是指主体面临危机、挑战、风险、重大的困难，调动自身的人格力，突破自己的舒适区，勇往直前，努力解决问题的过程。

这些困难、危机、挑战、风险是由两方面的原因造成的。一方面的原因来自外界，例如，天灾人祸、社会变化等。一方面的原因来自自身生活的某些变动，即由于自己的人生定位、生活计划、成就动机以及人生的不同发展阶段等造成的挑战。例如，考大学、提职称、找工作、找对象、结婚、离婚、生孩子、青春期、更年期、生大病等。在这些情况下，人们需要解决的困难的难度大于一般困难。人们所面对的这些困难一般都可能形成"挑战"，甚至"危机"。解决这些困难的过程，也就是应战的过程。在这一过程中，如果要表现出应战机制，需要有比日常生活更强的人格力水平，即"挫折超越力"的水平。——关于"挫折超越力"，本书后面还有详细的探讨。

学术界有所谓的"逆境商数"（Adversity Quotient）。"逆境商数"理论的提出者用攀登高山来比喻人生。在人生的道路上基本上有三种人：放弃者、半途而废者、不断攀登者。

"放弃者的典型特征是放弃攀登。他们拒绝山峰为他们提供的机会。

他们忽视、掩盖并且抛弃往上爬,这样他们就失去了这一力量的引导,同时也失去了生命向他们提供的许多东西。"①

所谓"放弃者"是人格力较弱的人,他们缺乏挫折承受力。

所谓"半途而废者"是人格力一般的人,他们具有足够的挫折承受力,但没有足够的挫折超越力。所谓"不断攀登者"的人格力较强,他们有足够的挫折超越力。

逆商理论用攀登高山来比喻人生,无疑相当贴切。对于"放弃者、半途而废者、不断攀登者"的说法,也与我的划分相对应。不过,该逆商理论有失于理论的概括水平和深度,我提出的人类成长的人格力表达水平,用人格三要素理论整合了弗洛伊德的防御机制和马斯洛的需要层次论,并且深入到心理素质的差异。

从全人需要层次理论看,这三种人的整体人生到达的需要满足的高度可以做这样的划分:

"放弃者"一般不超过"归属型人格";"应付者"(半途而废者)一般不超过"尊重型人格","应战者"(不断攀登者)一般可以达到"自我实现型人格""自我超越型人格",甚至"大我实现型人格"。

## 二、"防御机制"与"应战机制"

"防御机制"是弗洛伊德提出的概念,他的女儿安娜(Anna Freud)后来又有扩展和细化。在他们之后,这个概念仍然在不断地丰富。本书采用这样的理解:防御机制是指"自我"用来应付来自"本我"和"超我"的压力,以保持平衡的无意识的一些手段和心理活动过程。当自我受到本我和超我的威胁而引起强烈的焦虑、罪恶感等不舒服体验时,就会无意识地激活一些心理活动,以某种歪曲现实的方式来保护自我,缓和或消除不安、不舒服。常见的防御机制包括压抑、否认、投射,退化、隔离、抵消转化、合理化、补偿、升华、幽默、反向形成等各种形式。人类在正常和病态情况下都会不自觉地运用防御机制。运用得当,可减轻痛苦,帮助渡

---

① 参阅柏桦编著:《逆商指数》,远方出版社,1998年版,第25页。

过心理难关，防止精神崩溃，运用过度就会表现出焦虑、抑郁等各种新的病态心理症状。

从人格三要素看，防御机制常常表达为"应付"。防御机制并不意味着病态。只要能够运用这些防御机制来维持平衡，而没有表现出适应不良的行为，或者对正常行为有干扰，那就不能看作病态。只有在不适当的时机不适当地应用防御机制，以致不论在内心安宁方面还是与他人交往方面都和自己的生活不协调、不和谐时才可以称之为病态。如果一个人对任何有意识的或无意识的不愉快情感都不断做出刻板的、不加选择的、公式化的防御反应，便可认为他是有了某种心理病态。在心理咨询和心理治疗中，当事人的防御机制常常表现为"阻抗"，当事人以各种借口来应付甚至逃避问题的解决，例如他们常常以"没有感觉""感觉不到""不知道"等回答，抗拒心理师的面质，以维持原有的舒适区。心理咨询师、心理治疗师如果能够巧妙地、犀利地、妥帖地指出当事人的防御机制，说出当事人的阻抗心理，阻抗往往就有可能突破。心理师的功力，体现为突破这些阻抗的能力。这些能力可以理解为心理师发挥自己的"人格三要素"，形成的足够的通心力。

**常见的防御机制包括以下一些：**

(1) 否认（denial），是指对某种痛苦的现实无意识地加以否定。例如，有的人听到亲人突然去世的消息，他会对自己说："不！不！他没有死！"这样可以减轻和缓解突如其来的沉重打击。所谓"鸵鸟政策"就是这一防御机制的生动表现。

(2) 压抑（repression），是指把意识中不能被超我接受的观念、情感或冲动压抑到无意识中去，以使个体不再因此而产生焦虑、痛苦。这些观念、情感或冲动虽不能随意回忆，但可通过其他心理机制的作用以伪装的形式出现。例如，对痛苦体验或创伤性事件的选择性遗忘就是压抑的表现。人们遭遇车祸的概率比买彩票中头奖的概率大，但人们却往往愿意相信自己买彩票中奖。这就是一种压抑机制的不自觉运用，人们不可能在每次出行时都意识到车祸的危险，否则就只能在焦虑中生活了。

（3）合理化（rationalization），又称"文饰作用"，指为了掩盖失败，逃避挫折，保持内心的安宁，无意识地用一些似乎有理的解释来为难以被接受的情感、行为或动机辩护，以使其可以被接受。合理化有两种不同的表现：一是"酸葡萄心理"，即把得不到的东西说成是不好的；一是"甜柠檬心理"，即得不到葡萄而只有柠檬时，就说柠檬是甜的。有的父母虐待儿童，却说是"不打不成器""打是疼骂是爱"，这也是合理化。

（4）抵消（undoing），是指以象征性的行为来抵消已经发生的痛苦事件，以解除焦虑。人们常常说了不吉利的话就吐口水来抵消不吉利的感觉，做了不吉祥的事情就说句吉祥话来抵消。例如，在除夕打碎了碗，说句"岁岁（碎碎）平安！"。丢了钱，说句"舍财免灾"。强迫症病人固定的仪式动作常是为了抵消无意识中乱伦感情和其他痛苦体验。

（5）移置（Displacement），是指将情感或冲突从一个目标或对象转移到另一个目标或对象的心理过程。这种转移可以帮助个体在面对原始目标时感到不适或危险时，将情感或冲突转移到较为安全或合适的目标上，以减轻心理压力。

如果我们仔细观照自己的内心，观察他人的行为，就会发现人们在日常生活中，防御机制无所不在，这种情况，甚至在重大的活动中也可以观察到。

肖邦国际钢琴比赛是为纪念波兰伟大钢琴家肖邦而举行的著名音乐赛事。既然是关于"肖邦"的国际钢琴比赛，评论家以及评委们会不会多少无意识地把关于肖邦的印象、情绪、意图或幻想转移到他的身上呢？这与被称为"移置"的心理防御机制有没有关系呢？例如，如果有选手像肖邦一样是瘦长身材，长脸型，发型也一样，是否会使人容易一下就联想到肖邦呢？假设又有一位选手的水平与像肖邦的选手接近。评委们更倾向于给谁投票呢？

大多数的防御机制既可以在消极的意义上表现，也可以在积极的意义上表现。例如，就"自居"来看。既有消极的"自居"，也有积极的"自居"。从消极的意义看，在第二次世界大战期间的纳粹战俘营里，一些长期关押的战俘为减弱自己受到威胁、痛苦，开始模仿他们所害怕的纳粹的行为，和纳粹一样讲话、行动，甚至对难友进行虐待。从积极意义看，有的小学生做作业时遇到困难，常说："我要学习某某某克服困难！"从而有动力和信心把作业坚持下去。这实际上是把"自居"从积极的意义上表达了出来。

王阳明被罢免官职，发配贵州龙场，连住房都没有，不得已住山洞。一天，他在山东，看到自己睡的地方，说："圣人于此，该当何为？"——这堪称积极自居的典范。

尽管弗洛伊德心理学认为防御机制可以区分为"成熟性防御"和"不成熟性防御"、"积极防御"和"消极防御"等。但是"防御机制"（defence mechanism）这个概念本身就值得探讨和反思。"防御机制"的"机制"可以说是中性的。但"防御"（defence）的用词具有一定非接纳的倾向性，这似乎表现了对人性认识的一定的局限性。这可能是由弗洛伊德心理学范式本身的局限性引起的。弗洛伊德心理学主要是在研究心理病人的基础上建立起来的，带有一定固有的定势和消极的印记。弗洛伊德至少对人类行为积极方面的研究是不够的。人类的生活千变万化，人类的心理状态千差万别，能量状态有高有低，行为必然多种多样，心理机制也自然丰富多彩。心理机制并不只有防御性的，弗洛伊德心理学远远没有对心理机制做全面的研究。至少从人本心理学、后人本心理学、积极心理学等的语境中，我们还可以提出"应战机制"的概念。而借用人格三要素理论，可以对"防御机制""应战机制"从基础心理素质角度进行解读。

### 三、"应战机制"与"挫折超越力"

从人格三要素理论看，所谓"应战机制"，是指人在生活中遭遇挫折的情况下，高水平地发挥自己的三种人格力，即智慧力、情感力、意志力，战胜挫折的行为模式。反过来说，能够表达出这种水平的人格力，称为"挫折超越力"。

什么是挫折超越力？"挫折超越力"是在"挫折承受力"的基础上提出的概念。

什么是挫折承受力？什么是挫折超越力？挫折承受力与挫折超越力有

什么区别?

挫折承受力是指人在生活和工作中遭遇到挫折、能够忍受挫折的打击、免于心理失常、维持正常心理活动的能力。

挫折超越力是指个人遭遇挫折时，不仅能够忍受挫折的打击，免于心理失常，而且能够积极地面对挫折，迸发出超常的人格力，去战胜挫折的能力。

一般人都有一定的挫折承受力，但产生挫折超越力则比较困难，它不仅需要有足够的压力，更需要有动力的爆发。

从需要层次论看，越是具有自我实现、自我超越乃至大我实现倾向的人才越具有挫折超越力。

例如，销售员张某，已经快把某一项业务做成了，最后却遭到客户的拒绝。这种拒绝就是一种挫折。在这种情况下，如果他能够忍受这种拒绝，不至于太难受，也没有行为失常，我们就说他具有挫折承受力。但是张某被拒绝后，毫不气馁，他积极地分析原因，大幅度改善自己的服务态度，最后又力挽狂澜，改变了客户的拒绝态度，做成了这笔业务。这里的"力挽狂澜"就体现了他的挫折超越力。

毛泽东在青年时代对包尔生的伦理学特别感兴趣，特别是包尔生提出的世界一切事业"无不起于抵抗决胜"的观点，称包尔生关于"无抵抗则无动力"的论述，是"至真之理，至彻之言"。他曾经写下语言精辟、优美的感想：

河出潼关，因有太华抵抗，而水力益增其奔猛。

风回三峡，因有巫山为隔，而风力益增其怒号。

这堪称是对于挫折超越力的精彩表述。

在运动场上，有这样一些优秀的"兴奋型"运动员，他们越是遇到挫折和挑战，常常越战越勇，表现出好成绩。与不少运动员不同，他们不是在平时的练习中才能够出好成绩，一到了赛场上就大打折扣，而是比赛越是激烈，就越有超水平的发挥。

**占旭刚：我死在这里了！**

在 2000 年悉尼奥运会的举重决赛中，面对对手的成绩已经超过自己的危机，占旭刚一声惊心动魄的呐喊，举起了平时训练时从来没有举起过的重量，夺得了金牌。他就是在第四个层次上运用了自己的人格力。

当时的情况非常严峻。如果举不起那个重量，他就会败在对方的手下，屈居亚军。

占旭刚回忆，当时他走向杠铃时，他已经破釜沉舟。他对自己说："我就死在这里了！"当他的思想上升到这种境界的时候，他的三种人格力融会在一起了。在这里，意志力是明显的，而不怕死，同时也体现了一种面对死亡问心无愧的情感力和抓住瞬间即逝的机会的智慧力。在我们的人生遭遇挫折、巨大困难之际，大凡能够上升到不怕死的境界，有最大的概率爆发出挫折超越力。

占旭刚夺冠

斯蒂芬·霍金（Stephen Hawking）生于 1942 年 1 月 8 日，逝世于 2018 年 3 月 14 日。他的整个一生充满了科学成就和挫折超越力。

1. 肌肉萎缩侧索硬化症（ALS）的诊断：斯蒂芬·霍金在 21 岁时被诊断出患有 ALS，这是一种神经系统疾病，会导致肌肉逐渐衰退，最终完全瘫痪。这一诊断本身就是一个可怕的宣判，是一个巨大的挫折，因为 ALS 通常会导致病人生命质量急剧下降，寿命缩短。

2. 肌肉萎缩和语音丧失：随着疾病的发展，霍金逐渐失去了自己的肌肉控制能力，最终完全瘫痪，只能依靠轮椅移动。此外，他失去了言语能力，无法用声音说话，只能通过一台语音合成器进行交流。

3. 高强度的科研挑战：尽管身体状况恶化，霍金继续从事理论物理研究，特别是黑洞和宇宙学方面的研究。他的工作需要高度的思维抽象和数学复杂性，而且他的肌肉状况不断恶化，这不断增加他进行科研的难度。

4. 家庭婚姻的问题：霍金的个人生活也面临诸多困难，包括与妻子的离婚和与家庭成员之间的紧张关系。这些巨大的生活压力都需要强大的人格力才能够超越。

霍金与前妻合影

人们固定的应战机制形成，意味着挫折超越力的发挥进入自觉的能力状态，遇到挫折的时候，能够很快进入自动的积极反应状态。

应战机制按照主导人格力的不同，可以分为以下三类基本模式：以智慧力为主导力的应战机制，以情感力为主导力的应战机制，以意志力为主导力的应战机制。

在弗洛伊德心理学的防御机制中，性质有很大的差异。它们对于人的意义不能够一概而论。除了一部分防御机制既可以从消极的意义表达，也可以从积极的意义上表达，例如，前面所举的"自居"。从防御机制中，也可以分梳出主要是具有积极意义的部分。

模仿自己崇拜的英雄或者榜样常常是一种积极的自居行为。当一个人将自己崇拜的英雄或榜样作为行为和价值取向的标杆，以此激励自己成为更好的人，这种行为有助于积极地影响个人的发展和成长。模仿榜样可以激发个人的动力和创造力，促使其追求更高的目标和成就。

另外，"升华"（sublimation）、"幽默"（humor）等都可以认为主要是积极的。这一类的防御机制与其说是"防御机制",不如说是"应战机制"更加恰当。

升华,是指被压抑的原始冲动或欲望用符合社会要求的建设性方式表达出来的一种心理防御机制。

例如,性爱的冲动可升华为诗歌、绘画、音乐等艺术的创造,愤怒的冲动在体育中可升华为战胜对手的激情。人们常说"化悲痛为力量",这也属于升华。

"失恋"是一种经常发生的行为现象。不少人在经历失恋之后,都感觉受到重大打击,甚至引起生活失调。但著名德国作家歌德当年在失恋后,没有消极地失落、失望、自卑、抑郁,而是调动自己的灵感和创造力,写出名著《少年维特之烦恼》,这是把性冲动的能量成功地转移到一个有社会价值的对象或目标上去,并且予以实现。

司马迁曾经对历史上著名的战胜挫折的事例进行总结:"文王拘而演《周易》;仲尼厄而作《春秋》;屈原放逐,乃赋《离骚》;左丘失明,厥有《国语》;孙子膑脚,《兵法》修列;不韦迁蜀,世传《吕览》;韩非囚秦,《说难》、《孤愤》;《诗》三百篇,大抵贤圣发愤之所为作也。"(《报任安书》)

对于司马迁概括的这些闪光的事迹,包括他自己受宫刑之后写出数十万字的不朽的历史著作《史记》,如果说这些事例都体现了"升华",而"升华"是一种防御机制,未免有言不尽意,甚至词不达意,乃至混淆之感。不如我们换一种积极的说法,名之为"应战机制"和"挫折超越力",更有解释力。

幽默,是指以幽默的语言或行为来应付紧张的、尴尬的、悲哀的等情境或表达潜意识的欲望。通过幽默来表达攻击性或性欲望,可以不必担心自我或超我的抵制。在人类的幽默中关于性爱、死亡、淘汰、攻击等话题很受欢迎,它们包含着大量的受压抑的思想和感情。

**关于幽默的故事**

石延年(994—1041),字曼卿,北宋文学家。他喜欢喝酒、作诗,颇有李太白的潇洒。他也很幽默。有一次乘马车外出，他的马夫一个疏忽，使马受惊，跳了起来，把他从马上摔下来。随从以为他一定要大骂马夫了。不料，他不慌不忙地站了起来，拍拍身上的灰土，用马鞭指了指马夫说："亏我是石学士，要是瓦学士，一定摔得粉碎了！"

古希腊哲学家苏格拉底的妻子脾气很暴躁。一天苏格拉底正在客厅和客人谈话，她突然跑进来大骂苏格拉底。见苏格拉底不理睬，她又去提来一桶水，从楼上泼下去，把苏格拉底泼成了落汤鸡。苏格拉底却笑着说："我早知道，响雷之后必有大雨。"

后人本心理学、整合学大师肯·威尔伯和妻子崔雅一见钟情，感情十分美满。但后来崔雅被查出患有乳腺癌！为了治疗癌症，崔雅切除了一只乳房，配了一只义乳。在这种情况下，肯·威尔伯表现出了匪夷所思的幽默。他原来是光头，崔雅由于化疗，也成了光头。肯·威尔伯提出一个设计，要崔雅把这只义乳给他带，然后和她一起合影一张上半身的裸照，这样他们都是光头，又各有一只乳房。肯·威尔伯戏称：我们都是双性阴阳人。

按照弗洛伊德的说法，防御机制是一种本能，是在潜意识中运作的，是在不自觉中发生的。但是"幽默"明显地与一个人的智慧和境界高度关联，与一个人活在当下、主动调动自己的潜力相关联。如果说幽默是一种防御机制，不如说是"应战机制"更加确切。幽默的能力是可以发展的，很大程度上是后天习得的，它是个体对自身人格力有意识的调整与调动、调整和发挥。应战机制是回应挑战时发挥人格力的固定的行为模式，它们往往能够进一步体现出人类的行为理想。或者说，凡是能够体现出行为理想的人格力的发挥，都达到了挫折超越力的水平。

### 四、"应战机制"的分类

应战机制与挫折超越力有什么联系和区别？

应战机制和挫折超越力很大程度上指的是同样的东西，它们的功能都是为了战胜和超越挫折。挫折超越力是一种战胜挫折的能力素质，应战机制是挫折超越力的表达形式，是固定的行为模式。挫折超越力是应战机制的实质内容,是应战机制得以运作的基础。

应战机制如何分类?按照主导人格力的不同,应战机制可以分为以下三类(这种划分只是相对的)。当然,这种划分也并不意味着除了主导人格力,其他人格力没有发挥作用。恰恰相反,其他人格力是作为辅助人格力发挥着不可缺少的作用。

**(一) 以智慧力为主导人格力的应战机制**

以智慧力为主导人格力的应战机制,可以通过以下常见的形式表现出来:

积极想象

观念更新

行为创新

升华

幽默

自嘲

顿悟

洞若观火

**积极想象——拿破仑·希尔的应战机制**

拿破仑·希尔说:"有次我在写稿时,突然想起自己这种习惯,便立刻选出最令我崇拜的9个人物,开始实验,不断模仿那些人,看看能否转换自己的性格。这9个伟大人物即是爱默生、佩思、爱迪生、达尔文、林肯、伯班克、拿破仑、福特以及卡内基。我每晚都和这些无形顾问群举行想象的会议,如此持续了一年以上。

"我的做法是:每晚临睡前,静静闭上眼睛,想象自己和那些人围坐在会议桌旁。这时,我不仅和伟人们同席,也是会议的主席,有支配这些人的权力。

"我每晚举行想象中的会议,都有明确目的。我想合成这些无形顾问群的个性,重新建立自己的性格。从年轻时我就知道,必须尽力克服自己因无知与迷信所造成的缺点,为此,我才决心改头换面,而想出上述重建自己性格的方法。"

这种心理方法,荣格称为"积极想象"(Active Imagination),是发掘潜意识力的一种做法。有一样更重要的:这些伟人,其实都代表了潜意识里的"主体典型"。当他们浮现出来之后,他们都会有自己的"生命"。①

### "棋圣"范西屏摆脱困境

遇到挫折时,沉下心来,动一动脑筋,我们也许就能够找到战胜挫折的办法。

历史上有很多以智慧力为主导人格力,形成突破、战胜挫折的故事。

清代"棋圣"范西屏,一次向朋友借了一头小毛驴去扬州探亲,长途跋涉来到江边,船老板却不让毛驴上船,因为船小只能载人不能载牲口。范西屏不能上船,又不能把朋友的毛驴给丢了,便牵着毛驴一筹莫展地在街上乱逛。走到一个布店前面,老板正和一个年轻人在下围棋,年轻人的棋子全被老板给封住了,正在寻思怎么杀出重围。范西屏将毛驴拴在旁边的柱子上,挤入观棋人群。过了一会儿,他忍不住为年轻人出主意,说的却是外行话,让围观者嘘了回去。他接着又批评店主下得不对,这下把店主惹火了,大声说:"你认为你很行?很行就来下一盘,不要在旁边穷嚷嚷!"范西屏说:"好啊!咱们下一盘,如果我赢了,你就给我一块布,如果你赢了,我就给你毛驴。"

一局下来,范西屏输得极惨,店主开怀大笑。范西屏显得很不甘心地将毛驴让店主牵了去,并且说:"我因为有事在身,没尽全力,所以输得不服气,一个月后我带些钱来找你,再赢回这头驴;店主心想你这三脚猫的功夫,下多少盘棋我也能赢。于是满口答应,相约一个月后再见。

一个月后,范西屏又来了,他下赢了棋,牵走了驴。他运用自己的智慧力,表现了挫折超越力,摆脱了困境。

---

① 参阅顾修全:《自我创富法》,国际文化出版公司,1999年版,第369页。

## （二）以情感力为主导人格力的应战机制

以情感力为主导人格力的应战机制，可以通过以下常见的形式表现出来：

积极心态
开放性
真诚面对
虚怀若谷
宽容
平常心
顺其自然
反省
博爱
热爱生命
超凡脱俗

**王金涛被踢了两脚以后**

王金涛是某保险公司优秀保险员。一次去一大楼做陌生拜访，为了顺利进门，他对一位保安人员声称自己就在这大楼住。不料这惹来了麻烦。当他去敲一住户的门时，那住户大声叫保安，指责保安没有看好门，把搞推销的人放进来了。结果这保安很生气，踢了他两下，还把他带到保安室关了几个小时，后来是保险公司来了电话，才放了人。一般人遇到这种难堪的事情往往就罢休了。但是王金涛虚怀若谷，他敏感地感觉到此保安很实在，可以交往，第二天反而买了礼物去看他。后来，这个保安和他成了朋友，不仅自己买了保险，还动员其他同事买了保险。

一般人遇到像王金涛那样的情况，会感觉到自尊心受到了极大损伤，他们因此可能退缩，甚至陷在挫败感中郁郁不乐。但是，王金涛的情感力帮助他超越了尊重需要，在尊重需要没有满足的时候，他也发挥了自己的潜能。在这里，"同理心"和宽容显示了它的魅力。如果王金涛没有善良的一面，他很难敏锐地发现那位保安的善良。

**博爱战胜危机**

1877年，柴科夫斯基经历了一次失败婚姻的打击，感情受到极大的创伤，以致曾两次试图自杀。但靠着自己的一颗博爱的心，他终于战胜了这次危机。1876年，在巴尔干半岛发生了保加利亚人民反对土耳其统治的起义，这次起义导致1877年俄土战争的爆发。柴科夫斯基十分关注这一事件的发展。他在1877年8月12日给梅克夫人写信说："您知道是什么使我有勇气和有决心去战胜恶劣的命运吗？这是因为我想到，在今天，当整个国家的未来显得十分渺茫，而每一天都有人变成孤儿、许多家庭变成贫困的时候，你就会为完全沉埋在自己私人的小事情上而感到羞耻。当国内由于共同的事业而血流成河的时候，你就会耻于为自己垂泪。"

之后，柴科夫斯基把自己从悲观绝望中振奋起来，谱写了动人心魄的第四交响曲。这是他从事音乐创作以来的又一高峰。他在给塔涅耶夫的信中指出："在这部交响曲中，没有一个乐句……不是经过我深切感受的，没有一个乐句不是心灵的真诚吐露的反响。"

柴科夫斯基首先是靠自己的情感力战胜自己的危机的。

罗素说得好："我们细想人类的生活连同其中含有的全部祸害和苦难，不过是宇宙生活里沧海一粟，让人感到安慰。这种思想可能还不足以构成宗教信仰，但是在这痛苦的世界上，倒是促使人神志清醒的一个助力，是救治完全绝望下的麻木不仁的解毒剂。"[①]

**皮尔斯超越弗洛伊德的羞辱**

1936年，43岁的皮尔斯去拜见弗洛伊德，他对此抱有很大希望，但弗洛伊德却对他没有兴趣。当皮尔斯告诉弗洛伊德，他是从南非远道而来的时候，弗洛伊德却回答："好，那么你什么时候回去呢？"皮尔斯觉得受到了轻蔑和嘲笑，他带着沉重而羞愧的情绪离开了。但是，皮尔斯并没有被权威的评价击倒，他真诚地接纳了自己。他下定决心，不再指望自身以外的任何支持。之后，皮尔斯开始发奋工作，创造了完形疗法（Gestalt Ther-

---

[①] 罗素：《西方哲学史》下卷，马元德译，商务印书馆，1982年版，第106页。

apy）。皮尔斯在受到弗洛伊德的羞辱后，如果他仅仅能够忍受这种不愉快，那么他可能只是一个平庸的心理分析医师，但是他却激发出了巨大的潜力，成长为一种新的、影响极大的治疗方法的创始人。皮尔斯充分地发挥了他的挫折超越力。

**（三）以意志力为主导人格力的应战机制**

以意志力为主导人格力的应战机制，可以通过以下常见的形式表现出来：

百折不挠

力挽狂澜

坚忍不拔

超然独立

破釜沉舟

大无畏

豁出去

隐忍

**置之死地而后生**

《史记·项羽本记》："项羽乃悉引兵渡河，皆沉船，破釜甑，烧庐舍，持三日粮，以示士卒必死，无一还心。"这就是历史上著名的"破釜沉舟"的典故，这也是典型的以意志力为主导的对于挫折超越力的激发。梁启超在《新民说·论尚武》中说："……项羽破釜沉舟以击秦，韩侯背水结阵以败楚，彼其众寡悬殊，岂无兵力不敌之危境哉，然奋其胆力，卒以成功。"破釜沉舟之所以能够激发挫折超越力，是因为它把人置之死地而后生，强化了动机的强度。

"破釜沉舟"绝不只是中国的一个成语故事。在中外曾经有诸多优秀的指挥员都善于利用它来鼓舞士气。当年带领军队横渡多佛海峡的英国上尉辛查杰利亚士，他在横越海峡后，放火烧船，然后把军队集合在多佛海峡的岸边，要士兵们从崖上眺望正在燃烧的船只。他对军队说："现在我们没有船了，只有正视我们的敌人，待会儿我们就要去征服这个国家。"

**扼住命运的喉咙——贝多芬**

贝多芬是意志力的光辉典范和象征。他是一位音乐家，但他却在28岁的时候听力开始下降。他渴望着爱情，爱情却一直远离着他。他是一位天才，却一生都在与贫困打交道。贝多芬的一生都在和命运搏斗，他的处境也就决定了他的人格力发挥的特点、他的应战机制的特点。"百折不挠""力挽狂澜""坚忍不拔""超然独立"……这些应战机制他应有尽有。

贝多芬是三种人格力都很强大的人，但他的意志力却是艺术家中最突出的一个。他的生命的光辉常常是以意志力为主导人格力、以情感力和智慧力为辅助人格力表现出来的。可以说，没有意志力为主导的应战机制就没有贝多芬。正因为如此，他把自己的应战机制凝固在了他的音乐作品中。这样，使我们能够从他的作品中，汲取对命运应战的力量。

贝多芬说："力是那般与寻常人不同的道德，也是我的道德。"罗曼·罗兰说："力，是的，体格的力，道德的力，是贝多芬的口头禅。"[①] 这些都体现了贝多芬的情感力作为辅助人格力发挥作用的特点。贝多芬在战胜挫折的过程中，在走投无路的绝境中，成功地从自己对上帝的信仰中获得了力和"意义意志"。

贝多芬说："最美的事情，莫过于接近神明而把它的光芒撒播于人间。"

"你相信吗？当神明和我说话时，我是想着一架神圣的提琴，而它写下它所告诉我的一切！"

"威武不能屈，富贵不能淫，贫贱不能移。"这也是对贝多芬的人格力的写照。贝多芬在离开亲王李希诺夫斯基时，曾经留下这样一张字条："亲王，您之为您，是靠了偶然的出身；我之为我，是靠了我自己。亲王们现在有的是，将来也有的是。至于贝多芬，却只有一个。"贝多芬的人格力使贝多芬具有清醒的自我价值感。

**铁人张健**

凡取得一次大的成功，都有挫折超越力的酣畅淋漓的发挥。张健成功

---

[①] 傅雷译：《贝多芬传》，四川人民出版社，2017年版，第159页。

横渡渤海海峡就是这样。

张健是北京人，1964年生，1983年考入北京体育大学运动系，后又读了研究生，曾任北京体育大学副校长，北京市铁人三项运动协会秘书长、中国铁人三项运动协会主席。

2001年8月10日上午10时20分左右，张健在渤海海峡经过50多个小时的徒手泅渡，登上了山东省蓬莱市东部海滩。

张健在现场一万多双眼睛的注视下，奇迹般从大海中站立了起来。他目光炯炯、步履矫健，高举双手向拥来的人群致意。一位渔民模样的老人惊叹："这人的体格简直神了！"张健的母亲和两位姨妈手捧鲜花一直跟随着他，张健的妻子、游泳教练李小娜迎上前去，喜极而泣。张健的双眼也湿润了。这时，公开水域游泳国际裁判朱玉成大声宣布："张健8月8日从旅顺下水，今天上午10：22在蓬莱上岸，直线距离为109公里，实际距离为123.58公里，时间为50小时22分钟，符合预定要求，张健横渡渤海海峡宣告成功。"这时，海滩上轰然响起了掌声和欢呼声，张健在大家的簇拥下登上了救护车。

据此次活动总指挥曾繁新介绍，张健克服了逆向海流、海浪，以及海蜇等海洋生物的干扰，靠牛奶、运动饮料、能量棒补充体力，较顺利地游完了全程。今天凌晨5时多，张健身上多处被擦伤，他索性脱掉了那件进口泳衣……

渤海拥抱了张健50个小时，它现在也轻轻地喘息着，似乎也在抚慰、赞叹着张健，认可张健是大海的骄子。

张健横渡渤海海峡，是人类挑战自身极限的又一壮举，一次高风险的活动，是人主动去超越挫折。张健的妻子、游泳教练李小娜对记者说，从体能、技术来讲，张健只有40%成功的把握，而那60%是大海善待张健的。

关于张健的这次壮举，时任北京体育大学副校长田麦久博士在接受记者采访时说的一段话非常精彩。他说，我非常不赞成"征服自然"这种说法，更不赞成称张健这一举动是征服渤海，这是一种与大自然的亲近、亲和的举动，张健这一举动是以一种更好的形式与大自然融合在一起，是与大海的一种深层次的交流，是对人类潜能的挖掘和再认识，是人类与自然关系的新的探索，其意义远远超出了体育运动本身，这是一种蕴含着丰富文化内涵的行为，体现出一种发展、健康的现代意识。

他的话含义深刻。张健的意志力是无可非议的，但他如果同时没有强大的情感力和智慧力，是难以完成这一壮举的。他的胜利，是他的三种人格力的胜利。张健横渡渤海海峡，显示了人类发挥自身潜能的巨大空间。

面临命运的险恶挑战时，许多人也能够表现出挫折承受力，但他们往往在此停止，没有充分发挥自己的人格力时就退缩了，他们误以为自己已经尽力了，其实他们根本没达到自己的极限。如果一个人不退缩，他就可以进一步表现出挫折超越力。

### 五、关于"挫折超越力"的警句

"没有失败，只有反馈。"我们永远可以对挫折抱积极的态度，人的挫折超越力可以是无限的。

在香港著名企业家黄经国先生的著作《价值转乾坤》中有一段话，我非常喜欢，堪称警句：

> 天若薄我以福，我则厚我德以迎之；
> 天若劳我以形，我则逸我心以补之；
> 天若厄我以遇，我则亨我道以通之；
> 天若择我以命，我则以价值转乾坤。
> ……

后来，我发现这段话来自中国明朝学者陈继儒（1558—1639），黄经国先生用现代汉语做了表述，并且有一定补充、发挥。陈继儒的原文如下：

> 天薄我福，吾厚吾德以迎之；
> 天劳我形，吾逸吾心以补之；
> 天厄我遇，吾亨吾道以通之。[1]

---

[1] 陈继儒：《小窗幽记》，长江文艺出版社，2015年版，第7页。

这段话典雅地充分地表现了什么是挫折超越力。在这段话中，"薄"与"厚"、"劳"与"逸"、"厄"与"亨"分别相对应，十分有趣和妥帖，体现了一种理想的"儒道互补"状态，一种"太极功能态"。这也是一种人格三要素的综合应用，是对一种无往不胜的挫折超越力的概括，是一种自我实现和自我超越的境界。

反过来说，只要我们树立了自我实现、自我超越的观念，我们就能在需要时迸发无往不胜的挫折超越力。

人总能够解决他能够解决的问题。

正如有格言道："驼负千斤，蚁驮一粒。"实际上，在具有挫折超越力的人那里，最终是没有挫折的，因为任何挫折都可以通过自身的协调来超越。

挫折超越力也可以不仅是指完成一件事情，也可以指重大事业的成功。

大学生考研与其说是知识的竞争，不如说是全部人格力的竞争。

考研是一场"持久战"，需要连续坚持至少四个月的艰苦准备，包括精神上的、物质上的、体力上的。每年的大学考研大军都有这样一个递减的规律：暑假时最多，到考研报名时就已经有好多人放弃；考试前又有一批人放弃；考试期间，一般每考完一门都有一定数量的放弃者。

## 六、如何激发挫折超越力

一个人面临挫折、困难，能不能表现出应战机制，激发挫折超越力，是衡量他能否满足高级需要，以及能够满足到什么程度的一个标准。

如何激发挫折超越力？方法可以是各种各样的。

挫折超越力是人格力的高水平发挥，前面已经谈到，关于挫折超越力的发挥，可以有三种主要形式：以智慧力为主导；以情感力为主导；以意志力为主导。激发挫折超越力也是一样。应该注意，所谓"主导"，顾名思义，是在战胜挫折中起主要的、关键的作用，并不只是一种人格力发挥作用，而是三种人格力协同发挥作用。

2000年年初，我接受美国友邦保险公司香港公司的邀请，做关于人格三要素理论的报告。我在讲到挫折超越力的时候，列举了许多保险业务员的例子。报告得到了他们公司的好评，一些业务员听完后马上向我表示，说他们感觉我的理论很有用处。郑国成总经理也颇有感慨，他说："看来你对保险工作非常熟悉。"——其实，在此之前，我几乎没有接触过保险员，也没有买过保险，只是这个理论具有普适性而已。

由于保险员的工作具有难度很大的特殊性，因此，在优秀的保险业务员身上，很容易观察到战胜挫折的挫折超越力。我在为挫折超越力寻找证明时，很容易从保险业务员那里找到实例。

### （一）情感力是基础

在战胜挫折的过程中，尽管三种人格力都重要，但是情感力的发挥往往是更基础的。

如果你是一位保险员，你在进行陌生拜访时，有可能会遇到这样的客户，他会说："什么人寿保险？你咒我死啊？"在这种情况下，你会有什么反应呢？一般人往往都会很不舒服。

对此，我们至少应该有以下的反思：

在听到这句话时，我们的第一反应或者说本能反应往往是自己的自尊心受到损伤。为此，我们必须首先运用情感力来调整自己，我们感到自己的自尊心受到损伤，这是我们以自我为中心发生的情况。如果我们超越以自我为中心，我们就能够处于一种开放性状态。

1. 他这样说，并不是他先天地对我以及保险反感，而是他今天的心情很不好，这也许与他这段时间的经历有关。（当我们做这样的反思的时候，我们仍然是在运用自己的情感力和同理心，我们在尽量理解他。）

2. 看来今天不适合与他谈保险，今天他正在气头上，每个人都有一定的脾气，这不能怪他，只能怪我没有事先选择好时间。（反思到此，"没有事先选择好时间"，我们至少已经发现一个应该怪自己的地方了，我们的智慧力没有发挥好。）

3. 他有投保的需要，也有投保的经济条件，我应该选择好时机，再次去拜访他。（反思到此，我们已经在运用自己的意志力了。）

4. 究竟什么时候去合适？我应该如何与他谈话？我需要先与他的亲戚或者朋友谈谈，了解他的情况。我还需要锻炼出一种察言观色的能力，使我在开始与他谈话的时候，就知道他的心情如何。（到此，我们开始弥补上次智慧力发挥之不足了。）

5. 我为什么老是犯类似错误，这不是我做事情没有恒心，也不是我对人没有爱心，我应该加强我在了解人方面、为人处世方面的智慧力。

如果我们能够不断地反思自己人格力的发挥情况，并且根据实际需要进行调整，我们的人格力的发挥就会越来越接近一个"临界点"。当我们的三种人格力的发挥达到一定程度的时候，我们的人格力就会产生协同作用，我们行为的总体效果就会产生一种飞跃。对于保险员来说，就会真正打动客户，使他决定买保险，这也是我们的一次潜能发挥，一次挫折超越力的体现，一次自我实现。

**（二）用"开放性"开路**

开放性相当于人的"精神免疫能力"。开放性也可以看成以情感力为主导人格力的一种应战机制。有了开放性，人们就可以避免犯更多的错误。而缺乏开放性，则往往导致人愿意钻牛角尖。一个智商很高的人有可能开放性很低，甚至心胸狭窄。这种情况往往是由他的情感力低造成的。

**心胸狭窄的悲剧**

1991年11月1日下午3点半左右，在美国的爱荷华大学发生了一件惨案。中国博士生卢某用枪打死了他的导师、47岁的戈尔咨教授，以及他嫉恨已久的"竞争对手"等六人。事情的起因不过是一些小事，心胸狭窄是卢某犯罪的一个重要原因。

一个人表现出开放性意味着他对自身、他人、社会，以及整个世界的态度的真诚。

开放性的重要性是由人的特点决定的。人是容易犯错误的动物，开放性使人留有余地，随时修正自己的错误。如果说人只能有一个心理优点，那么，这个优点就应该是开放性。开放性是最起码的一个优点。没有它，人的成长就不可能。

开放性这一素质,与人格三要素的发挥关系密切。开放性,也是激发挫折超越力的基础。开放,首先是对自己的人格力开放。人在走向自我实现的过程中,三种人格力必须平衡、全面地发挥和发展,否则,人会变成片面力人格。为此,人必须进行自我调节。具有开放性,才有调节的可能性。例如,单纯的理想主义者的错误就是这种情况。他们常常只是从智慧力角度单方面地考虑实现目的的美好,而没有从意志力和情感力的角度充分考虑实现的可能性。

尽管开放性的主导人格力是情感力,但是它并不是单独的某一种人格力的发挥,它也融合了智慧力和意志力,表现了人的一种综合素质。人格三要素中,无论哪一种缺乏,都会引起开放性的降低。

缺乏情感力,态度不真诚,对信息的吸收完全以自我为转移,自然变得封闭。

缺乏意志力,没有毅力继续探索,不能吸收新的信息,自然变得封闭。

缺乏智慧力,判断不好主次、真伪,自然变得封闭。

在面对挫折时,我们必须经常提醒自己,自己的开放性如何?如果我们能够做到"虚怀若谷",即使是在走投无路的情况下,我们也能够找到战胜挫折的办法。

NLP有一种方法叫"换框法"。它具有开拓思路、扭转不利处境等功能。换框法能否用好,与我们心理状态的开放程度有关。

北京航空航天大学的一位学生曾向我讲过这样一件事:

> 去年寒假后我从家乡返校,上车后,我坐在中科院某研究所一位研究生的旁边。途中,走来一个学生模样的乘客,他突然对我说,他乘错了车,而身上的钱已经不够,现在无法回家了。他向我借钱,并出示了自己的学生证,说到家后就寄还给我。现在骗子太多,而且技法拙劣,但人们却往往上当,我也曾受过骗。由于他也是一副学生模样,出于学生自身以及学生与学生的同情心,我借给他80元。在那个人下车后,同座研究生告诉我,那人也向他借过钱,但他没借,他还

说我傻之类的话。开学一周后，我一直没有收到那人寄给我的钱，我已经自认倒霉，没打算要回这个钱。然而，又过了几天，在我最需要钱的时候，我收到了那个同学的100元汇款。我感到很高兴，发自内心的高兴。

## （三）爱的力量

在面临罕见的、甚至是令人走投无路的逆境时，我们仍然可以战胜挫折。这时候，激发挫折超越力的关键常常是情感力。有这样一个故事给我的印象很深：

> 1996年5月10日，有一些登山者从不同的路线攀登上珠穆朗玛峰。突然，风暴袭击来了。在之后的几个小时时间内，一位名叫韩森的人就死去了。因为当风暴一来时，他就趴下了，在这个时候趴下是极为危险的，他几次都没有站起来。在那样寒冷的夜晚，只要一会儿，人就会死去。韩森屈服了，也就很快死去了。
>
> 其实，在通向顶峰的某个地方，另一个登山者威勒斯也失去了知觉，并倒在了雪中。
>
> 但几个小时后，威勒斯仍被他内在的某种东西刺激醒了，这种刺激把他从冰的坟墓中救了出来，他又意识到他所在的恶劣的环境。他后来回忆："我正躺在冰上，它比你们能想象的任何东西都冷，我的右手套已经不见了，我的手看起来像一个塑料模型。"
>
> 威勒斯有充分的理由放弃。他迷路了，没有了食品，失去了他的队伍以及任何可能生存的条件。但是，面对他的恶劣处境，威勒斯却决心要活下来，这是个比登上这座山顶更大的决心。
>
> 他回忆说，当他躺在雪中时，"我看见了我的妻子和可爱的孩子的脸，我想，我还有三四个小时可活，所以我又开始走了"。对威斯勒来说，接下来的几个小时好似过了几个世纪。他知道在那时趴下就意味着必死无疑，所以他就不停地走。
>
> 走着，走着，他渐渐能看见什么了，但他被一块像石头的东西绊

倒了，幸运的是，绊倒他的是营地的帐篷。队友把他拖进了帐篷，他的衣服由于结冰而变得僵硬了。队友们不得不用刀划开衣服，把一个热水袋放在他的胸上并给他输氧气。他们没有想到威勒斯还会活下来。由于风暴带来的难以预测的恶劣环境，一些拥有很高登山技术的好手都死去了。①

这个故事是由逆商理论的提出者讲述的。是什么内在的东西使威斯勒能够在其他人无法生存的情形下活了下来？

这就是他的挫折超越力，是他表现出的以情感力为主导人格力，以意志力和智慧力为辅助人格力的应战机制。

他的意志力无疑是十分坚强的。但他的这种意志力得到了他的情感力和智慧力的支撑。

他说："我看见了我的妻子和可爱的孩子的脸"，这句话很关键。他与亲人的关系使他产生了强烈的意义感，经由强烈的意义，点燃了强大的意志力。如果他没有对于自己妻儿的深厚的通心的爱，感受到妻儿离不开他，他就不可能产生具有如此超越力的"意义意志"。如果他没有关于登山的智慧，他的意志力也不可能表现得如此出色。

爱的力量非常神奇。著名心理学家弗兰克在第二次世界大战中被关进纳粹集中营。正是爱的力量，使他度过了生命中最艰难的时期。在集中营，吃不饱，也穿不暖，每天还要干繁重的体力劳动。有一次冬天去修铁路，弗兰克已经快支撑不住了。忽然，他看见了自己恩爱的妻子，于是他在想象中与她对话，回味与她在一起的最愉快的时刻，他感到自己又有了活下去的力量。之后，他经常在想象中和她在一起。爱的力使他渡过了生命中的难关。

### （四）用音乐激发挫折超越力

挫折超越力也可以通过音乐来激发。例如，贝多芬的《月光奏鸣曲》

---

① 柏桦编著：《AQ 商数》，远方出版社，1998 年版，第 10 页。

表现了一种完整的挫折超越力的激发过程。当面对挫折时，我们通过对这首钢琴奏鸣曲欣赏，有利于开发我们的挫折超越力。

贝多芬的月光奏鸣曲包括三个乐章：

第一乐章是慢板（三部曲式），升C小调，二二拍子，表现的情感极其丰富，有冥想的柔情、悲伤的吟诵、细腻的沉思，也有克制着的冲动和阴暗的预感。

第二乐章是小快板（复三部曲式），降B大调，四三拍子，采用小步舞曲的体裁、优雅轻盈的曲调，富有生气地穿插在第一、三乐章中间，形成了一种过渡，既缓和了第一乐章的忧郁气氛，也为暴风雨般的第三乐章做了准备。

第三乐章是激动的快板（奏鸣曲式），升C小调，四四拍子，乐章的主部是暴风雨般热情的迸发，音乐极富动势，不断地向上冲击，从低音区一直冲到高音区，形成一股不可阻挡的激流，表现了贝多芬特有的意志力和英雄主义；其副部则运用附点音符显得十分刚健有力，第一乐章中那忍耐和压抑着的痛苦，在这里不顾一切地冲出躯体，挣脱锁链，在奔跑和呐喊，显示了与命运搏斗的大无畏精神。在尾声中，当沸腾的热情达到顶点时，突然沉寂下来，但澎湃的心潮并没有就此平静，而是做最后的冲击……

乐曲的三个乐章作为一个整体，有着内在的联系：从平静的思索，到力的酝酿，再到力的爆发。

我在全人心理学工作坊上，不时会遇见需要强化学员意志力的情况，这时候我常常会放《月光曲》的第三乐章。

# 第三部分　人格三要素理论的运用（社会、文化）

## 第八章　从"人格三要素"看中国传统文化与人格

### 一、"理想人格设计"与"实际普遍人格"

#### （一）区分"狭义文化"与"广义文化"

当今世界，进入"全球化"时代，随着交往的增加与冲突的加剧，对话、沟通的重要性陡然增加，尤其跨文化的沟通问题。文化与人格，是涉及跨文化沟通的深层次问题。我关于"人格三要素""文化与人格"的研究，可以在这方面提供一个新的视角。

人类的人格力的表现是受文化制约的。每个时代的人格都要受自己所在文化的影响。

讨论文化与人格的关系，首先应分清关于文化的概念。文化有多种理解方法。我采用这样一种理解，即首先把文化区分为"狭义文化"与"广义文化"。这样区分的目的，是为了更方便地考虑文化与人格的关系。在后面我们将看到，文化与人格的关系，也可以从"狭义文化"与"广义文化"两个不同层次来考察。

什么是"狭义文化"？所谓狭义文化，是指人生哲学、伦理学等构成的价值系统。狭义文化按照实际影响和信奉的人来分类，还可以划分为"精英文化"与"大众文化"。

对应于"狭义文化"，我们主要考察其中精英文化的"理想人格设计"。所谓理想人格设计，是我为了进行文化与人格的研究提出的一个概念，它是指一种文化的人生哲学、伦理学、价值观对于最健康的人格，或最值得追求和向往的人格的看法和主张。一种文化的理想人格设计体现了这种文化的文化精神，它往往只能部分地体现在极少数的精英身上。在中国传统文化里，有不止一种关于理想人格的设计，在这里重点考察主流文化，也就是儒家文化的理想人格设计。（关于"理想人格设计"这一概念，下面还将深入讨论。）

什么是"广义文化"？所谓广义文化泛指所有的物质文明和精神文明。广义文化包括社会结构、生产方式、政治制度、经济制度、生活方式、科学技术、文学艺术等，其中当然也包括价值系统及其理想人格设计。对应于广义的文化，我们可以主要考察生活在这种文化之中的"实际普遍人格"。所谓实际普遍人格，是指一种广义文化中大多数人的实际的人格，它是这种文化的各种因素对个人生存或个人发展造成的效应。

在这里要注意，对于实际普遍人格来说，尽管支配他们行为的价值系统不是精英文化而是大众文化，甚至是大众文化中不好的部分，在表面上却会往往声称自己信奉精英文化。例如，中国封建社会的一个读书人，他会宣称自己信奉孔孟之道，但实际上只是趋炎附势、投机取巧的"乡愿"。所谓乡愿，是孔子所概括的一种虚伪、堕落、油滑的人格。《论语·阳货》："乡愿，德之贼也。"所谓"贼"在这里作名词用，"德之贼"的称呼尖锐地指出了其欺骗性，以及对道德败坏的影响。《论语·子路》："子贡问曰：'乡人皆好之，何如？'子曰：'未可也。''乡人皆恶之，何如？'子曰：'未可也。不如乡人之善者好之，其不善者恶之。'""乡愿"在这里应该指的是那种趋炎附势，讨好众人的假好人、假君子。孟子也说："言不顾行，行不顾言……阉然媚于世也者，是乡愿也。""非之无举也，刺之无刺也。同乎流俗，合乎污也。居之似忠信，行之似廉洁。众谐悦之，自以为是，而不可与入尧舜之道，故曰：德之贼也。"（《孟子·尽心下》）这里的"阉",是指掌管宫门关闭的人,古代一般由宦官担任。"阉然",在这里引申为欺软怕硬、曲意奉承、刻意迎合等含义。

需要清楚的是,少数君子人格与"乡愿"人格,他们所信仰的精英文化是不一样的。尽管君子也生活在社会中,不可避免地也要受所在社会的社会结构、生产方式、政治制度、经济制度等的影响,但他们都有一种抵御这种庞大影响的独立性,抵御随大流的倾向。他们的人格也是真正的独立人格。马斯洛在描述自我实现的人的时候,将这种特质称之为"抵御文化适应的抵抗"。他的描述具有跨越时代的意义。

当然,受理想人格设计指导行动的少数精英以及君子,尽管他们主要关注的是精英文化,但并不一定完全排斥大众文化,大众文化一方面也可能具有健康的成分,可以雅俗共赏,一方面也是了解大众、接地气所不可缺少的。

例如,宋代大儒程颢（1032—1085）有一首诗《秋日偶成》,形象地描写了一个具有君子人格者的生活和心理状态：

**秋日偶成**

闲来无事不从容,睡觉东窗日已红。
万物静观皆自得,四时佳兴与人同。
道通天地有形外,思入风云变态中。
富贵不淫贫贱乐,男儿到此是豪雄。

对于程颢来说,一方面强调"万物静观皆自得""道通天地有形外""富贵不淫贫贱乐",一方面又宣称"四时佳兴与人同"。他的这首诗,展现了中国古代君子人格的典型特点之一。

当然,对于大众人格,在适当的机缘和条件下,如果接触到好的老师和环境,也可以成长为君子人格。

## （二）区分"理想人格设计"与"实际普遍人格"的意义

文化与人格的关系,有"理想人格设计"与"实际普遍人格"两个完全不同的层次。只有分清楚文化与人格的这两个层次,在讨论中国传统文化与人格的关系时，才可以避免一些不必要的混乱。

20世纪以来，国内外学术界关于中国传统文化与中国人人格之间的关系一直存在着极大的争论，撇开这些争论的历史背景、政治背景，以及其他背景暂时不论，这些争论存在着一种逻辑上、概念上的含混，就是没有分清楚文化与人格关系的这两个层次。

在五四运动以后，中国学术界有"全盘西化"派与"复古"派之争。"全盘西化"派在谈中国传统文化与中国人人格的关系时，多着眼于广义的文化所造成的实际的普遍人格；"复古"派在谈中国传统文化与中国人人格的关系时，多着眼于狭义的文化所设计的理想人格。

例如，主张"全盘西化"的胡适（1891—1962）曾经鼓吹一种"健全的个人主义真精神"，他用犀利的语气抨击了中国人人格中消极的一面："天旱了，只会求雨；河决了，只会拜金龙大王；风浪大了，只会祷告观音菩萨或天后娘娘；荒年来了，只会去逃荒去；瘟疫来了，只好闭门等死；病上身了，只好求神许愿；树砍完了，只好烧茅草；山都精光了，只好对着叹气。这样又愚又懒的民族，不能征服物质，便完全被压死在物质之下，成了一分像人九分像鬼的不长进的民族。"（胡适：《介绍我自己的思想》）

在这里，胡适所谈的中国人的状态显然不是指中国传统文化所设计的"理想人格"，而是指广义文化形成的"实际普遍人格"。我们应当承认，胡适所言，的确切中了当时被称为"东亚病夫"的中国的一些实际情况。这是广义的文化，包括腐败的政治制度、经济制度和意识形态造成的综合后果。然而，就在同一篇文章里，胡适在形容刚正不阿的斯铎曼医生（被称为"现代戏剧之父"的亨利克·约翰·易卜生的戏剧《国民公敌》中的人物，是独立人格的典型。易卜生，挪威戏剧大师，1828—1906）的人格时，恰好又引用了孟子的名言："贫贱不能移，富贵不能淫，威武不能屈。"而这句话所表达的含义又是属于儒家的理想人格设计。

曾经被称为"复古"派的梁漱溟（1893—1988）认为：未来世界文明，就是中国文化的复兴。他在谈到中国的民族精神时说："这种精神，分析言之，约有两点：一为向上之心强；一为相与之情厚。"（梁漱溟：

《中国文化要义》）

关于"向上之心",梁漱溟解释说:"向上心,即不甘错误底心,即是非之心,好善服善底心,要求公平合理底心,拥护正义底心,知耻要强底心,嫌恶懒散而喜振作底心,……总之,于人生利害得失之外,更有向上一念者是;我们总称之曰'人生向上'。"(梁漱溟:《中国文化要义》)他又说:"儒家盖认为人生的意义价值,在不断自觉地向上实践他们所看到的理。"(梁漱溟:《中国文化要义》第七章《理性——人类的特征》)

关于"相与之情",梁漱溟解释说:"一个人的生命,不自一个人而止,是有伦理关系,伦理关系,即是情谊关系,亦即是其相互底一种义务关系。"(梁漱溟:《中国文化要义》)

梁漱溟的"向上之心"相当于全人心理学所倡导的"成长意识"。而"相与之情",则相当于"通心意识"。

梁漱溟认为,与西方人不同,中国古人认为人自身是和谐的,人与人是和谐的,以人为中心的整个宇宙是和谐的。"儒家对于宇宙人生,总不胜赞叹;对于人总看得十分可贵;特别是他实际上对于人总是信赖,而从来不把人当成什么问题,要寻找什么方法。"(梁漱溟:《中国文化要义》)很明显,梁漱溟在这里谈的主要是中国传统文化(作为主流文化的中国儒家文化)对于理想人格的设计。

当梁漱溟谈到中国人的社会生活时,他说:"父慈,子孝,兄友,弟恭,总使两方面调和而相济。并不是专压迫一方面,若偏敧一方就与他从形而上学来的根本道理不合,却是结果不能如孔子之意,全成了一方面的压迫。他又说:"数千年以来使吾人不能从种种在上的权威解放出来而得自由;个性不得伸展,社会性亦不得发达,这是我们人生上一个最大的不及西洋之处。"(梁漱溟:《中国文化要义》)在这里,梁漱溟谈的显然是广义的中国传统文化对于中国人人格的影响。

著名新儒家熊十力先生倡导对中国传统文化进行严肃的历史反思,要看清楚"两千年专制之毒",包括《儒林外史》中揭露的"一切人及我身之千丑百怪"。他呼吁:"吾国帝制久,奴性深,不可不知!"都需要大力清除。他尤其批判历代统治者标榜的所谓"以孝治天下",以及"移孝作忠"的宗法伦理政治信条。他也富有自我批评精神。据说，熊十力在看了《儒林外史》后，曾出了一身冷汗，感到在这本书中看到了很多自己身上的东西，这固然与他的自我批判精神有关，但也说明，中国普遍人格的一些特性，几乎人人难免。

在讨论中国传统文化与人格的关系时，区分"理想人格设计"与"实际普遍人格"这两个不同的概念，可以更清楚地暴露问题的关键。

熊十力（1885—1968）

## 二、关于中国传统文化的理想人格设计的争论

中国古代社会长期发展缓慢，对中国人的普遍人格有什么影响？

关于人格的发展问题，我采取了在马斯洛需要层次论基础上发展出来的"全人需要层次论"。（参阅《全人心理学丛书》之《大我实现之路——全人需要层次论》）

以全人需要层次论为参考构架，关于广义的中国传统文化对中国人人格的影响，其答案是比较清楚的：中国古代社会发展缓慢，最终对中国人人格发展造成影响，就是使中国人的"实际普遍人格"长期停留在"归属型人格"阶段。

所谓归属型人格，是指在一个人的一生中，其"优势需要"没有超过归属需要，进而向尊重需要、自我实现需要发展的人格。

所谓"优势需要"，是马斯洛需要层次论的一个概念。我认为，它是指人同时有七种基本需要，即生理需要、安全需要、归属需要、尊重需要、自我实现需要、自我超越需要、大我实现需要。但在不同时期内，每一种需要对人的行为的支配力是不一样的。有的需要对人的行为支配力大，有的需要对人的行为支配力小。在一个时期内对于人的行为支配力最大的需要就是"优势需要"。例如，对于刚出生的婴儿，他的"优势需要"就是生理需要。如果他饿了、冷了，以及身体有任何不适，他就会哭闹。这个时候，他的安全需要也是存在的，但还谈不上占优势。如果母亲及时满足他这些需要，他就会停止哭闹。当婴儿在哭闹的时候，也许他的母亲可能正抱着他，他是不存在安全问题的。但他吃饱了，身体没有任何不适，却忽然感觉母亲不见了，就会再次大声哭闹起来。在这个时候，就是安全需要的满足占优势了，或者安全需要是优势需要。

反过来说，中国古代社会发展缓慢，长期停留在封建社会，中国人的普遍人格长期是归属型人格，这也是原因之一。所谓"三十亩地一头牛，老婆孩子热炕头"，这生动地表达了中国封建社会广大农民的理想。"老婆孩子热炕头"也是典型的归属型人格的特征。

归属型人格的需要满足，最高就是其归属需要占优势，有时候还可能降低到安全需要，甚至生理需要占优势。例如，碰见灾荒，连饭都吃不饱就是这样。中国传统文化中饮食文化特别发达的情况，与中国传统的社会结构有密切关系，同时也是中国人普遍人格的一种反映。中国饮食文化的发达的情况，并不是说中国人一直吃得很好，而是表现了归属型人格的一种价值取向：人们需要满足的发展主要取决于外在的环境和内部的人格力。个体所处的环境越是良好，或人格力越是强大，其需要的优势就越能经由生理、安全、归属、尊重等需要的顺序，向自我实现等高层次发展。当外在的环境阻碍人们需要的满足向高层次发展，不利于人们的自我实现等高层次发展，而个体又没有足够的人格力可以冲破这些阻碍时，个体剩余的能量就往往不得已用于提高低层次需要的满足水平，让需要的满足作横向的发展。对于食物的需要，从马斯洛需要层次看，是属于最基本的，也是最低的生理需要或者生存需要之一。而享用食物的目的，是相对容易达到的。

性的需要，也是最基本的需要之一，处于马斯洛需要层次理论的底层。我国学者包遵信在比较《金瓶梅》和《十日谈》时认为："《金瓶梅》产生的明代，理学对社会禁锢得最紧。但恰恰是明代，淫荡纵欲成了社会的风气，从最高封建帝王到一般文人学士，都有不少风流逸事。因此，《金瓶梅》色情狂的性欲描写，只是受了时代风气的影响。"[①] 禁欲主义是色情纵欲的温床，性爱自由才是爱情的土壤。我们知道，性爱本身可以在生理需要、归属需要、尊重需要、自我实现需要等不同层次上得到满足。

---

① 包遵信：《色情的温床和爱情的土壤》，《读书》1985 年第 10 期。

在生理需要的层次上，性爱只是性欲。在安全需要的层次上，性爱还可以满足安全感。在归属需要层次上，又多了一层婚姻关系。在尊重需要层次上，性爱又多一个自尊心的满足。在自我实现层次上，才具有最美好的爱情。对一种本来可以升华为更高层次的东西的追求，由于种种原因，只停留在低层次上，称之为"低俗化"（desacmzing）。

所谓"低俗化"，这是一般的心理学著作都没有论述的防御机制，是马斯洛所创造的一个概念。马斯洛强调它是阻碍人自我实现的一大障碍。采用"低俗化"防御机制的人不相信有神圣的东西，甚至连有美好的东西也不相信，他们自以为把一切都看穿了，只讲求眼下的、实惠的东西。

除了"低俗化"，马斯洛还强调了另一种防御机制，这就是"约拿情结"（Jonah complex）。

约拿是《圣经》中的一个人物，上帝派他去传达旨意，可是他却逃避了这一神圣的使命。（《圣经·旧约·约拿篇》）马斯洛借用了圣经里的这个典故，他在此处指那种畏惧美好的、神圣的东西的心理障碍。人们不仅会惧怕自身的丑恶之处，也会惧怕自身的伟大之处。人们不仅可能把自己估计过高，也可能把自己估计过低。人类似乎还不够强健，能够承受更多的兴奋和高潮。这种"约拿情结"对中国人的人格同样适用。相当一部分中国人的成就动机仍然很低，甚至未老先衰，成为"自我压抑型人格"。

中国传统社会的普遍人格之所以是自我压抑型人格，原因固然有很多，首先在于社会结构方面的问题。但向价值系统方面追溯，在于其理想人格设计本身就有不足。

关于中国传统文化的评价问题，主要针对儒家文化，国内外学术界一直存在着较大的分歧，分歧的焦点可以这样来理解：中国传统文化（主要指儒家文化）所设计的理想人格，在实际社会生活中能不能产生一种有进取精神的人格？这种理想人格设计是否有利于经济和社会的发展？它是否有利于现代化？它是否重视了人的完整的需要层次，以及走向自我实现等高级需要的满足？

关于这些问题，国外持否定态度的最著名的代表是社会学家、政治学家韦伯（Max Weber，1864—1920）。韦伯认为，中国儒家文化过分注重和谐，注重人与社会、自然界的统一，在精神上采取人我不分、物我不分、天人不分的态度，这样，导致个人与社会、个人与自然界之间缺少一种紧张状态，个人也就没有机会培养一种克服外在障碍的精神，没有机会形成一种人格的独立性。韦伯的这种看法，在国外影响极大。国外学术界长期以来曾经普遍认为，中国儒家文化对于中国社会发展以及现代化是一种障碍。

20世纪70年代以来，国外对儒家文化的评价开始逐渐升高。例如，美国社会学家梅兹格（Thomas A. Metzger）认为，儒家虽然提倡性善，但同时又认定人欲的存在，善性的存养与发扬，需要有一种相当的道德上的功夫。这在宋明理学中讲的天理与人欲的交战中描述得最清楚。梅兹格认为，韦伯关于儒家缺乏紧张之感的说法，完全是外行之见。儒家是主张必须通过一番紧张的修养功夫，才能充分发挥真善性。

在重新评价中国儒学的这股思潮之中，一些华人学者显得最活跃。我国台湾学者方东美（1899—1977）写道："……中国哲学认为人应善体广大和谐之道，充分实现自我，所以他自己必须殚精竭智地发挥所有潜能，以促使天赋之生命得以充分完成。"[1]

美国哈佛大学美籍华裔教授杜维明，是最著名的儒学研究者之一。杜维明认为，在研究儒学时必须分清"伦理化的儒学"和"政治化的儒学"。他说的伦理化的儒学，近似于从狭义的文化与人格的角度来看的儒学，他说的政治化的儒学，近似于从广义的文化与人格的角度来看的儒学。

杜维明认为，伦理化儒学的中心课题是人格的完成。它是以身、心、灵、神的不同层次的修养，以及正己、齐家、治国、平天下的不同层次实现为环节的。儒家的自我实现开始于家庭环境，它要一个人不断超越家庭结构和裙带关系，把影响扩大到更大的群体。[2]

那么，究竟应该如何来看中国传统文化中的理想人格设计呢？中国传统社会的普遍人格是否与中国传统文化中的理想人格设计有某种关联呢？

---

[1] 转引自方克立主编：《方东美新儒学辑要：生命理想与文化类型》，中国广播电视出版社，1993年版，第84页。

[2] 杜维明：《二十一世纪的儒学》，中华书局，2015年版，第105页。

关于中国传统文化的"理想人格设计"与现实社会生活的关系的上述两种不同评价，同样存在着概念不统一的情况。

为了更好、更清楚地分析关于中国传统文化的争论，有必要再提出两个概念——"终极描述"与"过程描述"。

### 三、"理想人格设计"的"终极描述"与"过程描述"

什么是"终极描述"？所谓"终极描述"，是理想人格设计对个体所能够达到的最高境界的描述。

什么是"过程描述"？所谓"过程描述"，是理想人格设计对于个体达到的最高境界的具体的建议。

前者偏重于心理体验、精神体验，后者偏重于实际的对人处世。

在研究理想人格设计时，如果不做这种"终极描述"与"过程描述"的区分，同样会引起一些混乱。

从"终极描述"与"过程描述"这两个概念来看，对中国传统文化的理想人格设计持否定意见者，或多或少具有用现实社会生活对变化和发展的要求，来衡量相对平衡的理想人格的终极描述境界的倾向；持肯定意见者，则往往把过程描述中的一些因素理想化，用来对照现实社会生活的要求。

我认为，不同文化的人生哲学、伦理学的理想人格设计相比较，其终极描述的差异往往小于过程描述的差异，或者说，其过程描述的差异大于终极描述的差异。例如，中国传统儒家和传统道家所设计的理想人格都具有"天人合一"的终极体验，但他们对于实际生活的主张却有"入世"和"出世"的截然对立。大乘佛教的"涅槃"的境界和人本心理学的"超越性动机阶段"都有"无动机"这一特点，但如何达到这一境界？前者强调要"破执着"，后者却强调让基本需要充分满足。对不同理想人格设计进行比较，我们应当区分终极描述与过程描述，这样才可避免不必要的混乱。关于不同文化的人生哲学、伦理学的理想人格设计相比较的情景，我的头脑中出现两个意象，可以来比喻为"终极描述的差异往往小于过程描述的差异"。

其一，就像是群峰耸立，我们很难说哪一座更高，但山顶上的风景各异，这就是终极描述。而每一座山峰的路径各不相同，攀登的方法和方式有很大差异，这是过程描述。

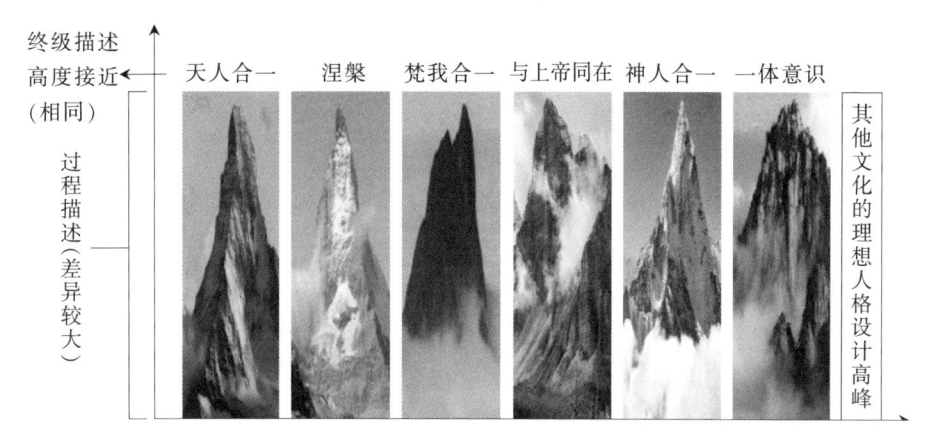

注：示意图由全人心理学学员李洪江制作

其二，就像是同一座高山，登上山顶所看到的景象是终极描述。这座高山有各种各样的路径，可以从不同的侧面，用不同的方式去攀登，尽管是在攀登同一座高山，但不同的文化，对于其过程有不同的描述，即过程描述。

注：示意图由全人心理学学员李洪江制作

对于不同文化终极描述相比较，正好借用马斯洛创造的术语"高峰体验"（peak experience）来予以说明。马斯洛说："'高峰体验'一词是对人的最美好的时刻，生活中最幸福的时刻，是对心醉神迷、销魂、狂喜以及极乐的体验的概括。"马斯洛认为，高峰体验是人类的一种"终极体验"（end experience）和"终极价值"（end value）。在高峰体验中，个体超越自我与社会、主观与客观、理智与感情、利己与利他、男性化与女性化等对立，达到一种相对平衡的整合状态。从高峰体验的角度看，好些表面上似乎风马牛不相及的理想人格设计在终极描述上都在一定程度上有可沟通之处。例如，中国传统哲学的"天人合一"的境界，尼采哲学中酒神的"迷狂"等，都是如此。著名英国作家、哲学家阿尔道斯·赫胥黎曾指出，从高峰体验中概括出来的价值结构可以构成一种普遍的人生哲学。他的看法是值得进一步研究的。肯·威尔伯创造的"一体意识"的概念，也可以用来说明和支持不同文化的人生哲学、伦理学的理想人格设计相比较的较小情况。他认为，"一体意识"是指我们的意识所能够达到的最深的深度，世界上诸多宗教修炼的终极目标。

在全球化趋势加强，跨文化沟通越来越重要的时期，以上关于"理想人格设计"的"终极描述"与"过程描述"的理论有助于不同文化的人们彼此通心，应该具有"求同存异"的现实意义。

不同文化的理想人格设计有共同的山顶，又有攀登山峰的不同路径，这里强调了文化共通性与差异之间的微妙平衡。这种比喻有以下益处：

比喻通常使抽象的概念可视化和一定的具身性，更容易为人们所理解。比喻中的共通山顶和山峰强调了不同文化之间的某种普遍性，即不同文化可能追求相似的终极体验或价值观。这有助于强调文化之间的共通性，有助于跨文化理解和沟通。

将文化差异比作攀登不同山峰的路径，有助于读者更容易理解不同文化的终极目标和实践方式。

比喻还传达了尊重文化多样性的信息。不同文化的不同路径被看作对各自文化传统和价值观的尊重，而不是评价哪个路径更好的尝试。

该比喻鼓励了开放和包容的跨文化对话。它暗示着人们可以学习和借鉴其他文化的实践方式，同时尊重自己文化的独特性。这种方式可以帮助人们更好地欣赏和尊重多元文化社会中的不同观点和实践方式。

回到中国传统文化与人格，通过对终极描述与过程描述的区分，我们可以把讨论中国传统文化理想人格设计的重点，进一步集中在其过程描述上。不同文化的理想人格设计的过程描述，各自有自己的一定特质，存在一定问题，乃至片面性。中国传统文化的理想人格设计也是一样。中国传统文化的理想人格设计的主要问题不在于境界不高，而在于过程的描述有一定片面性。主要不在于终极描述，而在于过程描述。

例如，孟子说："万物皆备于我矣，反身而诚，乐莫大焉。"（《孟子·尽心上》）《中庸》说："唯天下至诚，为能尽其性；能尽其性，则能尽人之性；能尽人之性，则能尽物之性；能尽物之性，则可以赞天地之化育；可以赞天地之化育，则可以与天地参矣……"在这里，"万物皆备于我""与天地参"，其实都类似马斯洛所说的高峰体验，都是一种境界很高的"终极描述"。

那么，中国传统文化理想人格设计的过程描述具有什么特点呢？这些特点与中国封建社会里的社会生活有什么关系？中国传统文化理想人格设计的主要不足在什么地方？下面就以"人格三要素论"为参考构架来进行分析。

## 四、从"人格三要素论"看中国传统文化的理想人格设计

### （一）从"人格三要素论"看中国儒家传统文化的理想人格设计

我提出的"人格三要素论"认为，智慧力、情感力、意志力是自我实现以及达到和保持健康人格状态必须具备的人格三要素。这三种人格力互相影响、互相制约，其中任何两种的强大或弱小都会影响另一种。在需要的满足过程中和人格发展的过程中，一个人的三种人格力越强，就越有可能克服外在和内在的各种障碍，达到更高的层次。

从"人格三要素论"的角度来看，与西方近现代相比，中国儒家传统文化的理想人格设计的不足不是不重视自我，而在于它所突出的人格力不同，不是智慧力、意志力，而是情感力。中国传统文化的理想人格设计不是不提倡自我实现，而在于它所建议的途径具有一定的片面性，在特定条件下难以达到真正的自我实现乃至更高的需要。简言之，它所设计的理想人格可以称为"突出情感力人格"。

所谓"突出情感力人格"，是指从过程描述来看，对于人格力的强调

是情感力的更加突出，甚至远远超过了对智慧力和意志力的强调，乃至人格三要素在一定情况下有所失去平衡的一种理想人格设计。也就是说，这种理想人格设计对于智慧力和意志力的强调，远远没有满足在现实生活中能够实现通心，逐步走向自我实现等高级需要的程度。

这种理想人格设计容易被政治化，进而与中国封建社会的政治、经济等因素放到一起，有一种整合作用，起着一种维护和稳定既定的制度和秩序的社会功能，它是中国封建社会之所以能长期延续的一个重要的意识形态因素。

我国学者曾经运用控制论、系统论方法来研究中国封建社会长期停滞的问题。例如，金观涛认为，中国封建社会是一个超稳定系统，它包括三种子系统：经济结构、政治结构和意识形态结构。中国封建社会内的经济结构是地主经济，政治结构为大一统官僚政治，意识形态为儒家正统（或称"儒道互补"的文化体系）。这三种子系统之间是相互适应的，因而表现为统一的君主专制主义的封建大国形态。

金观涛认为，中国封建社会内部三种系统调节的特点是"一体化调节方式"，一体化概念是从社会组织方式角度提出的。一体化意味着把意识形态结构的组织能力和政治结构中的组织能力耦合起来，互相沟通从而引成一种超级组织力。我们知道：统一的信仰和国家学说是意识形态结构中的组织力，而官僚机构是政治结构中的组织力。由于中国封建社会是通过儒生来组织官僚机构，便使政治和文化这两种组织能力结合起来，实现了一体化结构。金观涛的这种看法很有道理，他在解释为什么一体化的调节方式能够使小农经济的封建社会组织成为超稳定大国时写道："中国幅员辽阔，对于一些边远地区，公文一来一回就得好几个月，为了克服通讯联系的困难，不得不靠官员的自觉性。"（参阅金观涛：《在历史的表象背后》，《走向未来丛书》）

小农经济的汪洋大海要组织有效的跨地域的机构，除了一体化，别无他法。这一点早在一体化结构实现之前，孔子就有所认识，他说："德之流行，速于置邮而传命。"（《孟子·公孙丑上》）意思是说，他所提倡的道德学说，会比邮递传送命令传播得更快。孔子还讲过："通乎德之情，则孟门、太行不为险矣。故曰德之速，疾乎以邮传命。"（《吕氏春秋·离俗览》）意谓通晓了道德的实质，那么连孟门、太行山都算不上险阻了。所以说，德教产生的效果之快，超过了用驿马传递命令。

然而，应注意的是，中国传统儒家学说之所以能起那种稳定作用，并非因为先秦儒学精神的"流行"，而是因为通过先秦儒学的被政治化，对创造型或开拓型人格在精神上造成了遏制。一种优秀的精英文化，一旦进入社会，就不可避免地受到各种各样因素的影响，并且招致各种各样的诠释。

但这里我们仍然需要追溯儒家学说本身存在的可能的问题。它之所以能够起这种作用，与它的理想人格设计对于意志力和智慧力的强调不足是分不开的。在一个急需变革的社会中，这两种人格力尤其重要，它们是创造型和开拓型人格应特别具有的素质，也是达到并保持健康人格应特别具有的素质。

中国传统儒家文化所设计的"突出情感力人格"的不足，除了对于意志力和智慧力的强调相对不够，从意志力和智慧力的内部结构来看也是有一定欠缺的。表面上，中国传统儒家哲学讲"知、仁、勇"，的确三种人格力都涉及了，例如，"知、仁、勇三者，天下之达德也"。"君子道者三，我无能焉：仁者不忧，识者不惑，勇者不惧。"但实际上三者的地位是有很大差别的。从数量来看，以《论语》来剖析，据杨百峻统计，《论语》谈"仁"，其中作为道德和道德标准含义的，共有100次；《论语》谈"知"，作为智慧、聪明含义的，共有25次；《论语》谈"勇"，作为有胆量、勇敢含义的，只有16次。

从《论语》中论及"知、仁、勇"的数量来看，我们可以明显地看到三者的差异。这三者的差异，根本上是由先秦儒学产生的历史背景所决定的。正如许多研究者指出，先秦儒学产生的历史背景，是中国奴隶制社会开始崩溃，封建制社会开始建立的动荡时期，孔子的整个思想的中心是"克己复礼"，孔子的理想人格的代表是历史上的尧、舜、禹，孔子的整个思想的契机，是企图通过人们"情感力"为主导人格力的发扬，而造成一个"天下归仁"的理想社会。孔子的儒学又称"仁学"，它是一种以强调继承传统、协调、平衡等为价值取向的政治伦理学说，这种性质，使它在人格三要素的发挥上自觉或不自觉地强调最多的是情感力。

孔子的儒学的这一特点，后来被封建社会的帝王利用，这种情况，被诸多学者称为"儒学的政治化"。例如，前面曾经提到的杜维明、朱维铮的看法相当具体，他认为孔子的形象，在历史上是变化不定的。尤其自汉以来，挂在孔子名下的经典，就被国家权力不断直接干预。而这些干预，又是受帝王维护统治需要的影响。以初唐为例，"从唐高祖、唐太宗到唐高宗初期，不到半个世纪，孔子形象大变至少三次：武德二年（619），唐高祖下令在国子学立周公庙和孔子庙，以周公为'先圣'，孔子为'先师'而以孔子配享周公。就是说只承认他是教育家的鼻祖……但父亲的这一规定，却被儿子取消。贞观六年（632），唐高祖尚在，唐太宗便下令废除周公庙，以孔子为'先圣'，颜渊为'先师'……唐太宗的儿子唐高宗即位不久，大约在永徽六年（655），便下令取消父亲的规定……"①

孔子形象的这些变化，出自帝王们对中国儒家思想的关注和利用。"唐太宗刚登基，即于正殿之左，设置弘文馆，精选全国文儒之士，除让他们担任现有职务外还兼任学士，以精美的饭食款待他们，让他们在皇宫里轮流值班。唐太宗在朝会的间隙，还令太监将文儒之士引进内殿，与他们讨论古代典籍，商讨国家大事，有时直到深夜。唐太宗还诏令功勋贤能达三品以上官吏的子孙为弘文馆的学生。"②

在唐太宗的亲自过问下，《五经正义》应时而出，以求结束儒学内部宗派的纷争，为古代经学发展史的重要环节。《五经正义》于贞观十六年（642）编成。以后，凡涉及儒家思想、义理全据《五经正义》，否则就被视为异端邪说。《五经正义》突出了儒家重礼的观念，提倡尊卑贵贱的等

---

① 深圳大学国学研究所主编：《历史的孔子和孔子的历史·中国文化与中国哲学》，东方出版社，1986年版，第323页。

② 吴兢等著：《帝王学》，中国社会出版社，1999年版，第169页。

级差别，影响颇大。

帝王们对中国儒家思想的关注和利用，造成了中国儒学政治化，促使大量中国知识分子成为维护封建统治的驯服工具。对于士大夫阶层，中国封建统治者把儒家的理想人格设计具体化为"忠君保民"的人格理想。在儒家思想被政治化的背景下，中国普遍人格的智慧力、意志力受到钳制，情感力也只能够在低水平上表现出来。

在儒学政治化的情况下，对于普遍人格来说，他们的人格具有一定二重性。他们内心信奉的、遵守的是大众文化，甚至是大众文化中不好的部分，但在表面上却会往往声称自己信奉精英文化，这是普遍的人格面具。人格面具是由于主流文化所决定的，戴这个面具是一种可以免去不安全感的文化适应。

理想人格设计的"人格三角形图"：

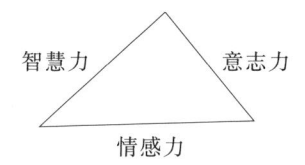

```
        智慧力        意志力
             /\
            /  \
           /    \
          /_____\
           情感力
```

不错，在人格三要素中，情感力具有非常重要的，甚至是首先应该强调的作用，尽管如此，也不能够对情感力强调过分突出，相对忽视了其他人格力的作用，乃至失去平衡。

人格三要素理论认为，人格三要素之间是相互影响的，任何一种人格力都不可能单独发挥作用，必须伴随另外两种人格力。三种人格力必须均衡而强大，在周长一定的情况下，"等边三角形人格"的潜能发挥最充分。——对于人的成长，如果片面地、过多地强调某一人格力，就会使另外两种人格力得不到足够发挥，使它们的内部结构造成不平衡，最后使人格产生扭曲，潜能受到压抑，所强调的那种人格力也处于低水平，从人格力三角形看，反而是短板。传统儒学的理想人格设计，也许正是具有这样的不足。如图：

实际上普遍人格的"人格三角形图"：

```
        智慧力  意志力
           △
         情感力
```

尽管中国传统的实际普遍人格的"人格三角形"的智慧力边较长，但是其表达的成分是不完整的。前面已经谈到，所谓智慧力品质一般可分为"工具性智慧力"和"艺术性智慧力"，实际普遍人格的工具性智慧力中，缺乏科学实验精神。中国实际普遍人格的形象思维和直觉思维相对要更加突出。

尽管中国传统的实际普遍人格的"人格三角形"的意志力边较长，但是其表达的成分是不完整的。前面已经谈到，所谓意志力品质一般可分为"独立性""果断性""坚持性""自制性"和"竞争性"，其中"独立性"和"果断性"主要表现在意志过程的采取决定阶段，"坚持性"和"自制性"主要表现在执行决定阶级，"竞争性"在两个阶段皆有表现。中国传统儒家文化在谈到意志品质时，主要强调的是有毅力坚持和维护一种既定的东西，即主要强调"坚持性"和"自制性"，而对意志品质中那种对抗权威、反对传统的"独立性"和"果断性"强调不够，至于要保持积极进取的人生态度所必需的"竞争性"，甚至就更少了。例如，在过程描述上，最为典型的可举孟子这段话，"故天将降大任于是人也，必先苦其心志，劳其筋骨，饿其体肤，空乏其身，行拂乱其所为，所以动心忍性，增益其所不能"。（《孟子·告子下》）无可非议，这是一句至理名言。但是，在这句话中，它所强调的意志品质主要是坚持性与自制性。

中国传统儒家文化的理想人格设计在过程描述上所表现的这种缺陷，归根到底是由于意志这一品质与人的动机、个体的自由有密切关系。如果全面倡导意志品质，无异于增强反传统、反权威的意识和精神。

**（二）王阳明：中国传统文化的一道独特的风景线**

到了明朝，王阳明的心学与先前中国传统文化相比，又有了新的巨大的变化。王阳明的心学之所以具有解放思想的作用，影响了不少进步思想家，其原因之一，就在于王阳明强调"知行合一"，在理想人格设计之中增强了意志力、行动力的要素。这种强调，使得我们在现实层面的通心力达到了通透的程度。王阳明对于人格"独立性"的强调也是罕见的。他的"学贵得心""求之于心"的信念，强调了不能以孔子之是非为是非，不能以朱子之是非为是非。

也许有人会认为，尽管王阳明自称"我的灵明，便是天地鬼神的主宰"，他的气魄，似乎比起系统论述"强力意志"，敢于杀死上帝的尼采似乎略嫌不够充分，或者说在强度上有一定差异。

从人格三要素看，在王阳明的精神中，智慧力、情感力、意志力都是强大而均衡的。如果说庄子是以"出世"的方式做到了"内圣外王"，王阳明则是以"入世"的方式做到了"内圣外王"。

在这里，"内圣外王"应该如何理解？"内圣"是强调个体内在的道德、精神修养和人格力量，即个人的内在发展要达到通透、至诚、大道至简的程度。"外王"有面对外在世界，自己的行为能够自由、畅通的含义，并且自己的行为可以推而广之的，己所欲而欲人，一个人无愧于成为他人的榜样。这一点，正如康德的"绝对的道德律令"所说："行使你的行动，可以使你的行动所基于的原则成为普遍法则的原则。"这意味着个体应该问自己，如果每个人都按照他们的行动原则行事，是否社会将变得可行、无自相矛盾乃至更加美好？

康德的"绝对的道德律令"强调了道德行为应该基于普遍性、纯粹性和自律性的原则，而不受情感、欲望或外部影响的干扰。

我认为，康德的"绝对的道德律令"是可以用来印证"内圣外王"的。关于王阳明这方面的思想，在王阳明的《答罗整庵少宰书》中有被称为"五句箴言"的五句话："以其理之凝聚而言则谓之性，以其凝聚之主宰而言则谓之心，以其主宰之发动而言则谓之意，以其发动之明觉而言则谓之知，以其明觉之感应而言则谓之物。"

我认为，这五句可以精练简化为："天理之凝聚谓之性，凝聚之主宰谓之心，主宰之发动谓之意，发动之明觉谓之知，明觉之感应谓之物。"

下面一句一句地从"人格三要素"和"通心三要件"的角度来谈谈我的理解：

1. 天理之凝聚谓之性。人的本性善，是不通过学习就知道天理的，能够分别善恶，只是我们的私欲遮蔽了天理。在人的身上之所以有天理的凝聚，是由于人本身就是通过天的漫长的演化而产生的。人与人之间，乃至人与万物之间，之所以能够至少有一定程度的通心，也正是因为有"天理"这个共同的基础。这反过来也证明了万物的一体性。天理之凝聚谓之性，这里的"性"，我以为主要是指智慧力、情感力、意志力的全部潜能。

2. 凝聚之主宰谓之心。这个"心"是指我们的真诚的本心或者"良知"。我们对自己是真诚的，即可以主宰自己。无论在何种情况下，都应该依照天理行事。如果我们对这个"凝聚"不能够主宰，那就还没有"独立人格"，还做不到通心。与他人乃至万事万物通心，首先需要我们有独立的人格。

通心如何做到？有"通心的黄金三要件"：（1）清晰自己。（2）换位体验。（3）有效影响。连清晰自己都做不到，就是对这个凝聚没有主宰。只有清晰自己还不够，活在世界中，与他人乃至万事万物打交道，还需要我们去换位体验，即真正理解他人与万事万物。

3. 主宰之发动谓之意。即将善良的愿望转化为实际的行动。这就是我们的意志力量在起作用。这个"意"不是指意思、含义，而是指"意志力量"。如果我们只有善良意愿而没有实际行动，我们就不能够算真诚，还没有做到"知行合一"。做到了真诚以及知行合一，也就是能够做到对他人乃至万事万物的"有效影响"。反之亦然，做到了对他人，乃至万事万物的"有效影响"，我们才算是有真正的真诚以及知行合一。

4. 发动之明觉谓之知。真人知道自己在做什么，而浑浑噩噩之人并不知道。这里讲的是我们在发挥意志力，按照善良意愿行动时，还需要保持智慧力进行观照和觉察，随时随地进行反馈调节，这才算是"致良知""知行合一"。

5. 明觉之感应谓之物，这是五句中最精彩的一句。"感应"一词，来自《易经·咸卦》。所谓"物"，来源于庄子的"物化"。其含义是消除我与事物之间的差别，与我同化的精神、心理境界。这一境界的高峰，则是"天人合一"。这个物化与中文所翻译的马克思经济学中的"物化""异化"的概念是不一样的，不是指人类劳动凝聚在产品上的对象化。

清华大学国学院院长陈来先生认为：这是王阳明晚年对"物"的定义的具有基础意义的变化。他对"物"的界定，不再以"意之所在"定义物，而以"明觉之感应"来界定物，宣称"物"就是与心发生感应关系的对象，表明王阳明晚年学问功夫向肯定物的实在性方面发生的变化。

我认为，这一句是对他以前"意之所在便是物"的思想的大发展。这一点通过我提出的"通心理论"能够得到很好的理解。在我们的日常生活中，我们与人交往，与万事万物打交道，我们必须做通心者，分清楚哪些重要，哪些不重要。哪一个是主要通心对象，哪一个是次要通心对象，哪一个是不需要去通心的对象。那些不需要通心的对象，可以暂时考虑为"不存在"的对象。那些确定为通心对象的对象或者说"物"，必须以"明觉"对待他们（它们），这样他们（它们）才算真正的存在。

关于"意之所在便是物"，有一个广为流传的故事：王阳明和他的一个朋友去山中游玩，当二人走到一朵花面前时，朋友就指着花说："你常说心外无物，这朵花在山间自开自落，和我们的心有什么关系吗？"王阳明回答："你未看此花时，此花与你心是同归于寂的；你来看此花时，则此花颜色一时鲜艳起来，便可知，此花不在你的心外。"而"明觉之感应谓之物"则更进了一步，不仅要看到、嗅到花，还要去与花"通心"，感受其美丽，这样花才算真正的存在。

尽管我们常说"万物一体"，但大千世界，物物之个性各有不同，我们所能够感受到的，永远都只是一个"副本"，而不是"正本"，或者说"本尊"。我们必须以其本来的面目（本尊）对待之，其物才算是真正的"物"，即被通心了的"通心对象"。这里的"正本""本尊"，或者王阳明所言"物"，可以理解为大哲学家康德所说的"物自体"。所谓"物自体"（thing-in-itself），与现象相对的本源或者本质，是独立于我们的感官之外的，我们只能够认识其现象。我理解"物自体"是可以不断接近，但永远不可能达到的。

### (三) 从"人格三要素论"看中国道家传统文化的理想人格设计

中国传统道家所设计的理想人格与中国传统儒家设计的相比，有极大差异。从人格三要素看，它仍然是强调通过"情感力"为主导人格力，"智慧力""意志力"为辅助人格力的高扬达到一种超越境界，即庄子说的"内圣外王""逍遥游"。

在中国封建社会里，社会的黑暗和仕途的坎坷，无论对准备出仕，还是已经出仕的知识分子，都会带来心理上的困扰和苦痛，他们不可避免地需要通过精神上的自我调节来稀释这种痛苦，这种调节更多的是依靠情感力、智慧力的发挥，变换自己的基本生存状态，摆脱物欲、功利的限制，而达到"逍遥游"的境界。

从人格三要素看，尽管道家的理想人格设计的三种人格力更加均衡，在长期的封建社会里相对更容易践行，但其理想人格设计在意志力品质上同样也是不完整的，它虽然表现了强大的意志力的独立性和果断性，也不缺少坚持性、自制性，但至少对于意志力的竞争性品质是回避，甚至排斥的。

老子说："不尚贤，使民不争；不贵难得之货，使民不为盗；不见可欲，使民不乱。是以圣人之治也，虚其心，实其腹，弱其志，强其骨，恒使民无知、无欲也。使夫知不敢弗为而已，则无不治矣。"（《道德经·第三章》）关于这一章所谈到的"不尚贤，使民不争"，学术界有较大争论。批评意见最大者，认为是愚民政策。为其辩解者，认为"不尚贤，使民不争""使民无知无欲"，与愚民政策还不是一回事，"他只是要人们回到一种'无为'的境界。但是人类社会注定都要不断发展提高，所以老子的这种思想方法实际上只能与历史背道而驰，是消极的"[1]。

老子所谈的"不争"是他一个重要的思想，要结合《道德经》的其他章节来理解。例如，"圣人之道，为而不争"。（《道德经·第八十一章》）"我有三宝，持而保之：一曰慈，二曰俭，三曰不敢为天下先。"（《道德

---

[1] 金涛主编：《老子、庄子全注全译典藏本》，外文出版社，2013年版，第7页。

经·第六十七章）"以其不争，故天下莫能与之争。"（《道德经·第六十六章》）

我认为，老子"不争"的思想，有其更加深远的根源，是与中国传统的"贵生"的理念相呼应的。"贵生"早在《周易》中就已经有体现。例如："安而不忘危；存而不忘亡；治而不忘乱；是以身安而国家可保也。"（《周易·系辞下》）《周易》在表面上是在讲事物变化的规律，深层的含义却是"贵生"，提倡在社会生活中应该具有忧患意识，居安思危，防微杜渐，趋吉避凶。这里的"不争"，并非是指没有界限，而是指顺其自身的自然，不被外在的事物转移，带走。老子说"以其不争，故天下莫能与之争"，这是一种完全顺应大道、活在道中的境界。谁能够与"大道"相争呢？

《周易》中有关"贵生"这一思想，发展到《黄帝内经》时，明确地提出了"治未病"的思想："圣人不治已病治未病，不治已乱治未乱。夫病已成而后药之，乱已成而后治之，譬如渴而穿井，斗而铸锥，不亦晚乎？"（《黄帝内经·素问·四气调神大论》）所谓治未病的"治"的含义有两个，一是指治病、医疗等，二是指管理、调整、治理、预测等。

老子的"不争"以及"贵生"的思想，既是指社会生活之道，又是指养生之道。在道家产生的春秋战国时期，争斗激烈，战乱不断，道家的这些思想，是有识之士在恶劣环境中仍然能够保证生存质量的指导思想。

另外，老子还说："祸兮，福之所倚；福兮，祸之所伏。"（《道德经·第五十八章》）庄子说："是亦彼也，彼亦是也。彼亦一是非，此亦一是非。"（《庄子·齐物论》）这些理念，尽管都有高屋建瓴的大智慧，但同时却都避开了意志力的竞争性品质的表达，只是给意志力的其他品质留下了空间和悬念。从我国春秋、战国时期的历史社会背景看，道家无可非议具有深邃的生存智慧，但它也相对忽略了人性在人际关系方面的开拓，发展自身挑战性、冒险性方面的意义。当然，这种"忽略"，历史地看，也是当时必须的，是大智慧。

从"人的基本生存状态理论"看，道家更适合强调独处，减少人际交往的生活方式。道家的生活方式，是在减少人际交往，远离纠缠，尤其在减少甚至回避政治参与的生活方式的同时，增加在大自然中独处的情趣，过着简朴、恬淡的生活，修炼内丹，延年益寿，乃至完全可以达到庄子所说的"逍遥游"的境界。但道家的思想一旦变换环境，面对不可避免的利益相争的人际关系，甚至敌对的人际相争关系时，多多少少显得有一些无力，或者过于理想化、简单化，缺乏操作性。

时间已经过了2000多年，在当今世界，法治思想正在深入人心，国际秩序已有所建立，老子的这些思想是否在新形势下得到彰显，以及如何彰显，本书的后面还将进行讨论。

一般认为，"儒道互补"是中国古代知识分子的一个重要人格特征，正是这种"互补"，使他们在严酷的社会条件下能够适应外在形势，保持较好的状态。所谓"穷则独善其身，达则兼济天下"，"以无为治己，以有为应世"，正是对当时不少优秀人物的写照。

这种"互补"，给"意志力"的表达留下一个进退自如的空间，同时也显示了即使对中国的精英人格而言，他们的"意志力"的表达也是不充分的。这根本上是由环境的严酷所决定的。五四运动前后，在对传统文化批判的潮流之中，鲁迅、郭沫若、茅盾等当时的文化战士，都不约而同地翻译和赞赏尼采哲学，这绝非偶然。他们都看到了我们国民性中缺少意志力的弊病。我们在后面还将论述，尼采的理想人格设计，从过程描述看，是一种"突出意志力人格"。

从"知"的内涵看，它也不能完全等同于现今的"智慧力"的概念，它主要强调的是对于人以及人与人之间伦理关系的一种认识。樊迟向孔子问"知"，孔子的回答是"知人"，而知人的目的又在于处理好人与人之间的关系。在孔子的"知"中，没有对于创造性地思考问题、解决问题的强调，更谈不上现代心理学所研究的与创造力有密切关系的"发散性思维能力"。孔子"述而好古"，其视野是放在过去的。理想主义行为理想的精髓是人性的发展，是智慧力的发扬和创造，孔子的"知"没有达到这样的高度。孔子说："仁者安仁，知者利仁。"（《论语·里仁篇》）这实际上表明了"仁"与"知"的不同地位，"仁"是处在本体的地位。

如果把智慧力分为两种：逻辑思维能力和形象思维能力；或者分为三

种：逻辑思维能力、形象思维能力和直觉思维能力。中国传统文化在总体上偏重于强调形象思维能力和直觉思维能力，而相对忽视了逻辑思维能力。

中国古代的墨家在逻辑思维方面曾有过良好的开端，在形式逻辑方面有丰富的思想，甚至可以同亚里士多德相媲美，但在后来却没有得到发展。而在西方，亚里士多德的形式逻辑经由培根、康德等人的发展，形成了完整的体系，对西方文化产生了重大影响。

**五、中国传统文化的三大重要特点**

我国著名学者张岱年先生认为，中国传统哲学有如下三大重要特点（还有一些学者也有类似看法）：第一，"合知行"；第二，"一天人"；第三，"同真善"。

1. 关于"合知行"

中国传统哲学的这三种主要特点都与中国传统文化设计的"突出情感力人格"相对应。

关于"合知行"这一特点，张岱年认为，"中国哲学在本质上是知行合一的，思想学说与生活实践融成一片。中国哲人研究宇宙人生的大问题，常从生活实践出发，以反省自己身心实践为入手处，最后又归于实践，将理论在实践上加以验证"[①]。

李泽厚把传统儒家思想的特点归纳为"实践理性"。他认为，"实践理性"是儒家甚至中国整个文化心理的一个重要民族特征。"所谓'实践理性'，是说把理性引导和贯彻在日常现实世间生活、伦常感情和政治观念中，不作抽象的玄思。"[②]

中国传统哲学的这一特点，虽然一方面强调了认识与生活实践的密切关系，但另一方面，却在一定意义上和一定程度上限制和降低了认识以及智慧力的地位。既然理性只能在日常生活、伦常感情和政治观念中发挥作用，那么纯科学、纯思辨的哲学的地位就难免不会受到忽略，好奇心、求

---

① 张岱年：《中国哲学大纲》，中国社会科学出版社，1982年版，第5页。
② 李泽厚：《美的历程》，文物出版社，1981年版，第50页。

知欲、幻想、探索精神等的发扬也会有一定限制。

我国科学家，首都医科大学校长、生物学家饶毅对于中国传统文化的缺陷问题，颇有思考。他认为：缺乏科学传统，缺乏科学精神，是我们文化中的一个重大缺陷。所谓"中国古代科学先进，明清才衰弱"的说法，最初由英国学者李约瑟广为传播，一些国人出于良好的愿望，把它引进国内，但它并不符合历史实情。技术的先进和科学的先进是两回事。

比如，2000多年前，古希腊数学家欧几里得就写了《几何原本》，这样严密的系统科学在200多年前的中国也还不存在。《几何原本》的译者之一徐光启，在比较了中国古代数学经典《九章算术》和《几何原本》之后指出："其法略同，其义全阙，学者不能识其由。"意思是，我们的运算方法与《几何原本》略同，但完全没有《几何原本》所阐述的那些原理，让学习的人只会这么算，却不晓得为什么要这么算。

实际上，中国古代领先于西方的大部分都是技术层面的东西，而不属于科学。而极具创造力的中国人，明显在诗词歌赋方面创造力更高。科学是对未知的领域进行探索，而科学突破的前提则是在一定的理论基础之上。很显然，中国古代并没有完整的科学理论体系，而古代先进的技术更是不能直接与科学画上等号。

中国古代对于风雨雷电的解释大多从神话的角度出发，而不是科学分析出现该现象的自然规律，虽然有张衡发明地动仪，但其也仅是做了地震发生时的反应，并未从深层次探讨出现该现象的原因。古代的算术类书籍大多都是告诉学子，应该如何计算，却没有讲出这样算背后的原理。即使是在两百年前的中国，这样系统的科学在华夏大地也还未出现。所以中国的科学所历经的不是由盛转衰的过程，而是一个从无到有建立的过程。

科学精神缺失，反映出国人的好奇心不足。"科学"这个词本身是从西方国家流传过来的，也就是说近代社会"科学"才真正被中国人重视。中国古代社会向来推崇的是儒家文化，也就是推崇读书的最高境界应该是为官，因此在中国的土壤下，生长的都是一些大文豪而不是科学家。毕竟当官是学习的最终目的，而不是做科研。曾经中国的整个文化氛围并没有提供适合科学探索精神生长的土壤，儒家文化更多地教给学子的是为人处世的道理，是与人交往的准则，是为官的要求。而中国古代对于发生的一些自然现象通常都赋予其一定的神话色彩，民众遇事更多的不是思考为什么，而是习惯考虑怎么办。中国古代的社会决定了中国人的好奇心不强，土地肥沃的中国土地上一大半的人口从事农业，他们的生活用品可以靠自给自足，跟外界之间产生的联系不多，所以他们更能够顺从自然，而不是想着挑战自然。这种生活模式也造成了中国人普遍对外界的好奇心不强，而科学需要好奇心支撑。不同的土壤培养出了不同的文化，所以中国跟西方国家从一开始发展的道路就不同。

他认为，必须解决中国人科学精神的缺失，才能使中国的科学更好地发展。保持对未知世界的好奇心，普及科学精神从小开始。一个国家民族如果缺失了探索未知世界的热情，这个民族的下一代是无力的。中国传统文化本就缺少对科学的培养，人情社会乡土文化让中国人喜欢的是与人相处，而不是与物对话。中国人更喜欢研究君臣父子之间的关系，而不是人与世界、生物的进化等自然科学范畴的东西。（参阅 2015 年 12 月 18 日《解放日报》。）

固然，孔子说，"子不语怪力乱神"（《论语·述而篇》），"未能事人，焉能事鬼"（《论语·先进篇》），"未知生，焉知死"（《论语·先进篇》）等，暗示了认知的有限性，强调了现实生活和世俗生活。但这种生活，却至少是一种相对忽视了高级认知需要的生活。好奇心、求知欲是自我实现需要的表现之一，如果忽视了好奇心、求知欲乃至探索精神、冒险精神的满足，实际上也就限制了对于未知世界的追求、限制了智慧力发展。

与儒家相比，尽管道家更加汪洋恣肆、无拘无束，但说到对知识的追求方面，也有一定值得质疑和深究的地方。

例如，庄子说："六合之外，圣人存而不论；六合之外，圣人论而不议；春秋经世先王之事，圣人议而不辩。"（《庄子·齐物论》）应该如何理解？关于这段话，一般是这样解释的：六合之外，本来就在我们的眼耳鼻舌身意之外，超过了我们的感知。它本来就是没法说的，所以只有"存而不论"，即知道这个问题，但不必公开地去探索、研讨。因为这样做是没有结果的。对于六合之内的事情，可以自己有自己的探索和看法，但不过多地去议论、讨论，否则就会使自己陷入是非之中。关于先王治理社会的事情，可以有看法、评论，但不去与他人辩论，因为容易树敌。庄子的这段话，可以理解为道家也有"合知行"的特点。我理解，所谓"存而不论""论而不议""议而不辩"读起来非常有层次感。我认为，它们并不是在表达一种绝对的界限感，而是一种分清楚主次、有轻重缓急、充分考虑了通心成本的行为策略。庄子的这些思想，是在当时的恶劣的社会历史条件下，为了"贵生"，尽可能地保持"逍遥游"状态提出的指导思想。这些思想是不是在一定意义上，也对求知欲、好奇心以及探索精神之前划了一个界限呢？按照通心理论，如果社会环境条件允许"论""议""辩"之时，而没有伤害，而我们又精力足够，又何乐而不为呢？我认为，任何思想都离不开其社会环境，在当时的历史条件下，庄子当时的表述具有最大概率的合理性。在社会环境发生巨大变化，并且有所改善的今天，庄子的论述并没有失去意义，而可以有新的发挥了。

而在当时历史条件下，庄子的"六合之外，圣人存而不论"容易被解读为好奇心、求知欲以及探索精神方面应该有所收敛。这一实际效果，也从另一角度补充了儒家，强化了中国哲学"合知行"的特点。

由于在理想人格设计方面的问题，中国传统文化忽视了分析性智力、创造性智力，造成了在实践性智力方面也有一定不足。

著名的诺贝尔奖获得者丁肇中曾经指出，中国文化在智慧力的发挥上与西方文化是有区别的，其重要区别之一就是在中国传统文化中缺乏实验精神。

他说：中国哲学的格物致知精神很好，但是，传统的中国教育并不重视真正的格物和致知。"这可能是因为传统教育的目的并不是寻求新知识，而是适应一个固定的社会制度。《大学》本身就说，格物致知的目的，是使人能达到诚意、正心、修身、齐家、治国，从而追求儒家的最高理想——平天下。因为这样，格物致知的真正意义被埋没了。"

他以明朝的王阳明为例，认为他的思想可以代表传统儒家对实验的态度。

有一天王阳明要依照《大学》的指示，先从"格物"做起。他决定要"格"院子里的竹子。于是他搬了一条凳子坐在院子里，面对竹子硬想了七天，结果因为头痛而宣告失败。这位先生明明是把探察外界误认为探讨自己。

王阳明的观点，在当时的社会环境下是可以理解的。因为儒家传统的看法认为天下有不变的真理，而真理是"圣人"从内心领悟到的。圣人知道真理以后，就传给一般人。所以经书上的道理是可"推之于四海，传之于万世"的。这种观点、经验告诉我们，这是不能适用于现在的世界的。

我是研究科学的人，所以先让我谈谈实验精神在科学上的重要性。科学进展的历史告诉我们，新的知识只能通过实地实验而得到，不是由自我检讨或哲理的清谈就可求到的。

实验的过程不是消极地观察，而是积极地、有计划地探测。比如，我们要知道竹子的性质，就要特别栽种竹子，以研究它生长的过程，要把叶子切下来拿到显微镜下去观察，绝不是袖手旁观就可以得到知识的。

实验的过程不是毫无选择地测量，它需要有小心具体的计划。特别重要的，是要有一个适当的目标，作为整个探索过程的向导。至于这目标是怎样选定，就要靠实验者的判断力和灵感。一个成功的实验需要的是眼光、勇气和毅力。

由此我们可以了解，为什么基本知识上的突破是不常有的事情。我们也可以了解，为什么历史上学术的进展只靠很少数的人的关键性发现。

在今天，王阳明的思想还在继续支配着一些中国读书人的头脑。因为这个文化背景，中国学生大都偏向于理论而轻视实验，偏向于抽象的思维而不愿动手。[1]

---

[1] 宋建林主编：《智慧的灵光》，改革出版社，1999年版，第97页。

在这里，丁肇中所谈的王阳明，只是早期，并非成熟时期的王阳明。成熟时期的王阳明对中国传统文化有所突破和创新。他所主张"知行合一"，他对"格物致知"的践行已经不缺乏"积极的、有计划的探测"。他的"格物致知"的概念，很接近当今我所论述的"通心"。但在漫长的历史进程中，能够达到王阳明高度的并不是多数。至少就普遍化的意义上看，应该可以说中国文化缺乏科学的实验精神，而这与中国传统文化的理想人格设计不无关系。

2. 关于"一天人"

从"一天人"这一特点来看，中国传统哲学认为："天人本来合一，而人生最高理想，是自觉地达到天人合一之境界。物我本属一体，内外原无判隔。但为私欲所昏蔽，妄分彼此，应该去此昏蔽，而得到天人一体之自觉。中国大部分哲学家认为天是人体的根本，又是人的理想，自然的规律，亦即当然的准衡。"①

中国是著名的讲伦理、讲情感、讲道德的文明古国。中国人讲道德这一特点，与中国传统哲学的"一天人"这一特点是分不开的。在中国传统哲学里面，天地也具有人格化、伦理道德化的特点。例如，"天地之大德曰生""天地有化育之恩"等说法，都表现了中国传统哲学这一特点。《中庸》说："诚者，天之道也，诚之者，人之道也。"这实际上是通过"天"的道德化，推论人发扬道德之必要。

由于"天"本身是至诚的，"人"也能做到至诚，最后进入"天人合一"的最高境界，而达到这一最高境界的途径是道德修养，"以涵养为致知之道"。

3. 关于"同真善"

从"同真善"这一特点来看，"中国哲人都认为真理即是至善，求真乃求善。真善非二，至真的道理即是至善的准则。即真即善，即善即真。从不离开善而求真，并认为离开求善而专求真，结果只能妄，不能得真，为求知而求知的态度，在中国哲学家甚为少有。中国思想家总认为致知和

---

① 张岱年：《中国哲学大纲》，中国社会科学出版社，1982年版，第6页。

修养万不可分；宇宙真际的探求，与人生至善之达到，是一事之两面。穷理即是尽性，崇德亦即致知"①。

从中国传统哲学的这一特点来看，强调的是"真"与"善"、"知识"与"道德"之间的同一性，以及它们的相互转化。但是，在这个同一中，双方却处于不同的地位，"善"是目的，"真"是手段，道德是目的，求知是手段，不能离开善来求真。正如张载说："穷神知化，乃养盛自致，非思勉之能强；故崇德而外，君子未或致知也。"（《正蒙·神化篇》）

与中国传统哲学不同，在西方哲学中对"真"的追求一开始就有着相当重要的地位以及独立性。

陆九渊（1139—1193）说："不识一字也要堂堂做一个人。"与此形成鲜明对照，苏格拉底（前470—前399）说："知识就是道德。"这句话当然也谈到了知识与道德之间的同一性。但这种同一性强调的却是知识向道德的转化，有知识就有道德；是否有道德，取决于有无知识；道德的程度，取决于知识的程度。苏格拉底强调哲学就是爱智慧，这种对于智慧、知识的尊崇，表达了西方人强烈的好奇心，以及追求知识、探索真理的精神。亚里士多德说："人们是由于诧异才开始研究哲学"，既然人们研究哲学是为了摆脱无知，那就很明显，人们追求智慧是为了求知，并不是为了实用。

西方哲学重智慧、重知识的传统，具有强大的势力，即使是中世纪的神学家托马斯·阿奎那也有这样的看法："明智绝对为诸德之首，其余一切德行，只在自己本类中是首。"托马斯·阿奎那还说："每个罪恶都与明智相反，正如每个德行都与明智有关一样。"②

西方在文艺复兴以后，由于人类开发自然的行程加快，随着人的地位的提高，知识与智慧的地位也步步上升。培根说："知识就是力量。"在歌德的名著《浮士德》里，一个人甚至为了新的体验和知识的需要不惜向魔鬼出卖自己的灵魂。

---

① 张岱年：《中国哲学大纲》，中国社会科学出版社，1982年版，第7页。
② 转引自黄雯：《阅读教学新论》，贵州人民出版社，2006年版，第145页。

从科学史来看，西方科学远比中国发达；中国科学中，占很大比重的又是技术和应用科学。

在当代，西方产生了"拒斥形而上学"的分析哲学，在伦理学上，出现了所谓"感情主义"的看法，把"是什么"和"应该怎样"的问题绝对分开，这些情况不是偶然的，这与西方哲学重知识、重智慧的文化传统是有一定联系的。

### 六、打破中国传统文化与人格的恶性循环

我们已经从中国传统哲学角度追溯了中国传统文化的理想人格设计的根源。中国传统文化所设计的突出情感力人格，对于中国的文化结构、政治结构以及社会结构又起到一种稳定作用。它与中国传统文化中的政治、经济、家庭等因素相互作用，造成大量的归属型人格。

这种归属型人格的形成与中国传统文化的关系，可以从两个层次上来理解。从个人的层次来看，个人可以通过接触经典，直接理解其理想人格设计，乃至通过自身修炼，达到需要满足的高境界。但是，在旧中国腐朽而又稳定的社会结构中，要达到或接近所谓圣贤人格境界谈何容易，面对严峻而丑恶的现实，正直的人们往往或者以卵击石，粉身碎骨，或者隐居遁世，自视清高。然而，逆水行舟，不进则退，除了极少数人能真正做到"世混浊而莫余知兮，吾方高驰而不顾"（屈原《离骚》），成为罕见的"东方自我实现型人格"外，大多数人都只能经由压抑、麻木、牺牲潜能的发挥，变为自我压抑型人格，最高需求的满足不超过归属需要。

从行为科学的激励理论来看，有这样一个公式，可以帮助我们理解许多人格堕落、沉沦的一种发生机制：

动机强度＝目标价值×对于达到目标的估计

在漫长的封建社会，痛感中国社会之腐朽的人是不少的，然而又有几个改革家挺身而出？鲁迅说："可惜中国太难改变了，即使搬动一张桌子，改装一个火炉，几乎也要流血；而且即使有了血，也未必一定能搬动，能

改装。"（鲁迅：《娜拉走后怎样》）以一个简单的修铁路为例。早在 1875 年，在上海英国人就自建了一条吴淞铁路，但由此却开始了清末的铁路之争。1880—1881 年，台湾巡抚刘铭传倡导修京清铁路，遭到清廷多数官员群起攻之。1882 年，因恐唐胥铁路使用机车"震动龙脉"，朝廷禁驶机车数月之久。1888 年年末，围绕建设津通铁路再起纷争，最终导致计划流产。直到 1894 年中日甲午战争之后，修建铁路的共识才逐渐达成。

尽管改变中国现状的需要迫在眉睫，但达到这个目标的可能性却极小，于是才形成了一种"各人自扫门前雪，休管他人瓦上霜"的可悲局面。

从社会的层次看，中国传统儒家的理想人格设计，后来在封建社会中被统治阶级改造和利用，成为维护封建制度和统治人民的精神工具。中国封建统治阶级利用儒家理想人格设计本身的局限性，对其做出有利于自己统治的解释。例如，清康熙对各地学宫颁发的《圣谕十六条》，每一条都是一副枷锁，其中包括"敦孝弟以重人伦""笃宗族以昭穆雍""黜异端以崇正学"等。[1] 这种儒家思想的政治化，促使中国知识分子成为维护封建统治的驯服工具。对于士大夫阶层，中国封建统治者把儒家的理想人格设计具体化为"忠君保民"的人格理想。在儒家思想被政治化的情况下，中国普遍人格的智慧力、意志力受到钳制，情感力也只能够在低水平上表现出来。

可悲的是，就连一些中华民族的精英，也不能摆脱这种"忠君"的限制。例如，以"精忠报国"的岳飞，曾打得敌人闻风丧胆，岳家军成了抗金英雄的象征，金兵统帅也惊呼"撼山易，撼岳家军难"，岳飞可称得上"威武不能屈"了，可是，他却抵挡不住宋高宗的十二道金牌，最后只得班师回朝。

在中国封建社会里，中国传统文化与中国人的人格之间形成了一种恶性循环，这种循环可以用下图表示（图中箭头表示相互影响）：

---

[1] 参阅周谷城：《中国通史》下册，上海人民出版社，1957 年版，第 9 章。

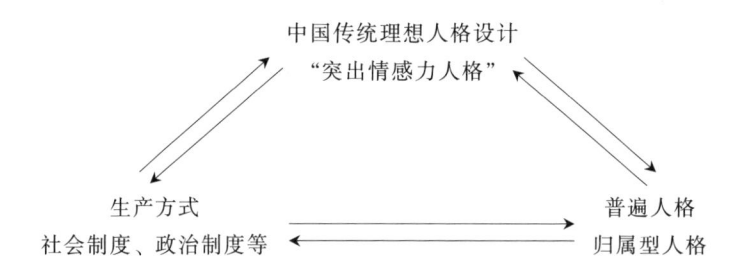

```
           中国传统理想人格设计
              "突出情感力人格"
           ↙              ↘
    生产方式          ←→         普遍人格
    社会制度、政治制度等           归属型人格
```

新中国成立后，中国传统文化与中国人人格之间的这种恶性循环关系，就被打破了。尤其改革开放以来，中国文化和人格已经发生了很大的变化。变化的根本原因在于我国的政治制度、社会制度、生产方式已经发生了翻天覆地的变化。改革开放以来，我国的文化也在迅速发展。落实在中国人的人格发展上，普遍人格正在从归属型转向尊重型，自我实现正在成为人格发展的新热点。以上三个系统的关系，已经出现一定良性互动的情况。

在全球化趋势的背景下，中国人的人格还将继续加速大规模地向"尊重型人格"转化。所谓"尊重型人格"是一种尊重需要占优势的人格，这种人格的意志力和智慧力都得到了极大的强化，它具有强烈的进取精神。这种普遍人格的变化又反过来促进了改革开放的深入。

但是，应当看到，当前中国人的普遍人格的变化仍然是跟不上改革的需要的，特别是在全球化趋势下，在中西文化激烈碰撞的情况下，如何发挥中国传统文化的优秀部分？如何使中国传统文化的作用发生创造性的转化？如何在中国传统文化的基础上，吸收外来文化的优点，构建新的人格设计？这些都是值得研究的新课题。

我认为，在吸收了西方文化优点的情况下，中国的传统文化的特点将进一步发生创造性转化，并且发扬光大。

事实上，西方文化也在吸收东方文化的优点，从而使自己得到发展。例如，马斯洛心理学的"自我实现"思想就是吸收了道家文化的精髓而发展出来的。

我所提出的"东方自我实现理论"是一种关于新的理想人格设计的尝试。在个体的人格结构上，我们则应倡导情感力、意志力、智慧力全面的发扬。关于这一理论，请详见本书最后一章《东方自我实现人格》。

# 第九章 从"人格三要素"看西方近现代文化与人格

## 一、欧洲中世纪的人格

从人格三要素理论,我们可以尽量中性地进行文化与人格比较。结合全人需要层次理论,我们可以宏观地来理解西方近现代文化与人格的关系,把握西方人人格发展的脉络、线索与趋势。与分析中国传统文化与人格一样,我们也使用"理想人格设计"以及"终极描述""过程描述"等概念。从人格三要素看,欧洲中世纪的人格与中国封建社会的人格在结构上有点类似,尽管在文化内涵上大有不同。

西方中世纪对理想人格设计的"人格三角形图":

```
        智慧力         意志力
           ╱╲
          ╱  ╲
         ╱    ╲
        ╱_____╲
          情感力
```

在欧洲中世纪,基督教神学的理想人格从过程描述看,可以看成一种"突出情感力人格",它主张通过灵魂的忏悔达到"与上帝同在"(终极描述)的最高境界。关于这一点,可以奥古斯丁为典型:"主,请你俯听我的祈祷,不要听凭我的灵魂受不住你的约束而堕落,也不要听凭我倦于歌颂你救我于迷途的慈力,请使我感受到你的甘饴胜过我沉醉于种种快乐时所感受的况味,使我坚决爱你,全心全意握住你的手,使我有生之余从一切诱惑中获得挽救。"[①]

对于达到"与上帝同在"的人格最高境界,基督教神学主张"爱、从、信"三主德。这三主德就是其理想人格设计的"过程描述"。我倾向

---

① 奥古斯丁:《忏悔录》,周士良译,商务印书馆,1994年,第18页。

于相信，在中世纪，也会有少数人通过这种途径至少达到一种人格的暂时解脱状态，甚至产生一种高峰体验。例如，奥古斯丁在描写他读《圣经》时的感觉时说："我抓到手中翻开来，默默地读着我最先看到的一章：'不可耽于酒食，不可溺于淫荡，不可趋于竞争嫉妒，应被服主耶稣基督，勿使纵姿于肉体的嗜欲。'我不想再读下去，也不需要再读下去了。我读完这一节，顿觉有一道恬静的光射到心中，溃散了阴霾笼罩的疑阵。"①

奥古斯丁的忏悔的虔诚、恳切达到这样的程度，他从自己的婴儿时期就开始了忏悔。

  谁能告诉我幼时的罪恶？因为在你面前没有一人是纯洁无罪的，即使是出世一天的婴孩亦然如此。谁能向我追述我的往事？不是任何一个小孩都能吗？在他们身上我可以看到记忆所不及的我。

  但这时我犯什么罪呢？是否因为我哭着要饮乳？如果我现在如此迫不及待地，不是饮乳而是取食合乎我年龄的食物，一定会被人嘲笑，理应受到斥责。于此可见我当时做了应受斥责的事了，但我那时既然不可能明了别人的斥责，准情酌理也不应受此苛责；况且我们长大以后便完全铲除了这些状态，我也从未看到一人不分良莠而一并芟除的。但如哭着要有害的东西，对行动自由的大人们、对我的父母以及一些审慎的人不顺从我有害的要求，我发怒，要打他们、损害他们、责罚他们不屈从我的意志这种种行动在当时能视为是好事情吗？

  可见婴儿的纯洁不过是肢体的稚弱，而不是本心的无辜。我见过也体验到孩子的妒忌：还不会说话，就面若死灰，眼光狠狠盯着一同吃奶的孩子。谁不知道这种情况？母亲和乳母自称能用什么方法来加以补救。不让一个极端需要生命粮食的弟兄靠近丰满的乳源，这是无罪的吗？但人们对此都迁就容忍，并非因为这是小事或不以为事，而是因为这一切将随年龄长大而消失。这是唯一的理由，因为如果在年龄较大的孩子身上发现同样的情况，人们决不会熟视无睹的。②

---

① 奥古斯丁：《忏悔录》，周士良译，商务印书馆，1994年版，第158页。
② 奥古斯丁：《忏悔录》，周士良译，商务印书馆，1994年版，第10页。

在这里，奥古斯丁的"突出情感力"人格状态袒露无遗。谁需要对自己婴儿时期进行忏悔？这不仅不符合迄今发展心理学以及有关婴儿的各种学科的知识，而且也与《圣经》中耶稣关于婴儿的教导背离："当时，门徒进前来，问耶稣说：'天国里谁是最大的？'耶稣便叫一个小孩子来，使他站在他们当中，说：'我实在告诉你们：你们若不回转，变成小孩子的样式，断不得进天国。所以，凡自己谦卑像这小孩子的，他在天国里就是最大的。凡为我的名接待一个像这小孩子的，就是接待我。'"①

但是对于广大教徒来说，在中世纪推行的愚昧主义和禁欲主义的情况下，他们关心的仍然是如何能生活得更好一些。在欧洲中世纪的广义文化的影响下，其实际普遍人格是归属型人格。13 世纪末叶的贝尔甚至描写了教堂里出现的这种情况：

> 要他们老老实实地在教堂里站一个钟头，他们可受不了。神甫在上头主持了弥撒礼，他们在底下谈笑风生，如同在市集上一样，他们在教堂里还隔着老远彼此打招呼。还有那些妇女，从不肯让自己的舌头休息一下，怨她家的佣女懒惰，最爱睡觉，不爱干活；另一个谈论她的丈夫；第三个诉说孩子淘气惹厌。②

伴随着资本主义生产方式的萌芽，西方一些国家的人格开始发生一种转化，即从归属型转向尊重型。这种尊重型人格与西方近现代文化有什么关系呢？西方近现代文化（指狭义的文化）在理想人格设计上有什么变化呢？从"人格三要素"的角度来看西方近现代文化的理想人格设计的变化，这种变化首先表现为在过程描述上对于智慧力、意志力（主要是智慧力）的强调。与欧洲中世纪的那种"突出情感力人格"相对抗，西方近现代出现了新的"突出智慧力人格"和"突出意志力人格"。

## 二、西方近现代的两种"突出智慧力人格"

西方文化的这种变化是从宗教改革开始的。加尔文教先定论主张教徒

---

① 《圣经·马太福音》第 18 章。
② 参阅杨真：《基督教史纲》，三联书店，1979 年版，第 212 页。

忠于自己的职业，以勤奋的工作证明自己是上帝的选民，它打击了那些原来人们迷信的获得拯救的巫术性方法，把人导向现实的积极的行动。加尔文教的这种主张也给科学的发展留下了地盘。一位移居到美国的新教神学家约翰·科顿在公元1654年写的文章中甚至直截了当地认为研究自然是一个真正的基督徒的责任："通过观察和参加会议去研究万物的性质，人们将会相互了解，扩大我们对上帝的爱戴，增长我们利己和利人的技能……"①

根据法国科学家阿尔万斯·德·堪多在1873年发表的《科学与科学家的历史》中的统计，巴黎科学院在公元1666年建立以来的两个世纪内，有92名外国人当选为该科学院成员，这些人中有71名信新教，16名信天主教，其余5名信犹太教或不确定。而法国之外相应的宗教人口，是1.07亿天主教徒和6800万新教徒。② 这种数据的对比，充分说明了宗教改革给科学发展带来的影响。宗教改革使智慧力这一人类的潜能得到了更多的发挥的机会。

由于新教伦理激活了人们的成就动机，知识的地位开始迅速上升。这一变化刚好又是与科学的兴起和发展同步的。西方文化在价值观念方面的变化，与科学的发展有着密切的关系。培根在《伟大的复兴》里写道：

  必须给人类的理智开辟一条与向来完全不同的道路，并且给它提供一些帮助，以便人们的心灵能够在事物的本性上行使它所固有的权威。③

启蒙运动的先进的思想家们响亮地喊出了"知识就是力量"的口号，冲击着传统的迷信和信仰，他们对知识的力和作用充满了乐观的信心。培根在谈到科学的发展给人类带来了成功的希望时写道："困难的发生并不在我们所不能控制的事物本身，而是在于人的理智，在于这种理智的使用

---

① 斯带芬·F. 梅森：《自然科学史》，上海译文出版社，1980年版，第162页。
② 斯带芬·F. 梅森：《自然科学史》，上海译文出版社，1980年版，第162页。
③ 北京大学哲学系编译：《16—18世纪西欧各国哲学》，商务印书馆，1975年版，第1页。

和应用。而这是可以补救和医治的。"①

宗教改革和科学的发展给资本主义商品经济的发展带来了积极的影响。而资本主义商品经济的发展又加速着普遍人格的转化。这一过程可以用韦伯的社会行为理论做出较好的说明。韦伯把社会行为分为四种理想类型：目标合理的行为，价值合理的行为，激情的行为，传统的行为。

社会活动也像任何行动一样可以确定为：（1）目标合理的行动，也就是通过期待外界对象和其他人的一定的行为，并把这种期待作为达到合理指望的目标和所规定的目标的"条件"或"手段"来使用而实现的行动（合理的标准是取得成效）；（2）价值合理的行动，也就是通过对一定的行为（直接是它本身而且不管有无效果）的伦理的、美学的、宗教的，或不论用什么方法理解都绝对是自己的价值（本身价值）的自觉信仰而进行的行动；（3）激情的行动，特别是感情的行动，也就是通过真实的激情和感觉而进行的行动；（4）传统的行动，也就是通过习惯而进行的行动。

韦伯认为，现实生活中个人的行为，一般会有两种或两种以上的理想类型的成分。在不同的社会形态中，行为的成分中占主要地位的理想类型有所不同，在传统社会中，占主要地位的是后两种理想类型，即激情的行动和传统的行动。在工业社会中，占主要地位的是前两种理想类型，即目标合理的行为和价值合理的行为，并具有目标合理的行为排斥价值合理的行为的倾向。韦伯在这里所说的目标合理的行为实际上是指为了达到既定的目标，要采用合理的手段。例如，一位商人为了在买卖中赚钱，应当精确地计算成本、利润，并对市场需求有正确的了解。这种行为所需要的能力，是一种典型的"工具性智慧力"。从韦伯所说的工业社会具有目标合理排斥价值合理的倾向来看，他似乎已经看到了资本主义发展的那种病态的过程，这也是被马克思主义经典作家所指出的资本主义的异化过程。

关于资本主义社会的弊病，有不少思想家已经做了深刻程度不同的分析，这里不再重复，在此我们只是分析随着资本主义的发展，西方的文化

---

① 北京大学哲学系编译：《16—18世纪西欧各国哲学》，商务印书馆，1975年版，第40页。

与人格发生的一些变化。

资本主义工业文明的发展,反映在哲学上就是大大地促成了经验主义、科学主义和唯理主义的发展。随着工业文明的发展和弊病的暴露,浪漫主义思潮也应运而生。浪漫主义思潮是对经验主义思潮、科学主义思潮的一种反抗。罗素写道:"……经济上、政治上和思想认识上的种种原因刺激了对教会的反抗,而浪漫主义运动把这种反抗带入了道德领域。"①

"浪漫主义运动从本质上讲目的在于把人的人格从社会习俗和社会道德的束缚中解放出来。"② 作为分析哲学先驱之一的罗素,是用极为冷峻的眼光来看待浪漫主义运动的,有时他的见解也不免过于苛刻,对浪漫主义的历史作用和意义估计不足,尽管如此,他至少还是捕捉到了浪漫主义的最本质的特征:"浪漫主义运动的特征总的来说是用审美的标准代替功利的标准。"③

卢梭是著名的浪漫主义思潮的鼻祖之一,他较早看到近代工业文明带来的弊病,主张返璞归真,呼吁拯救人的自然感情。抛开卢梭在当时历史上所起的进步作用暂且不谈,他在理想人格设计方面有什么特点呢?卢梭在理想人格设计方面的特点,在很大程度上就是他自己人格的表达。卢梭在晚年的回忆与遐想中,对自己有这样的总结:

> 我这个人是受感官控制的,不管做什么事情,从来就拗不过感官印象的支配,只要一个对象作用于我的感官,我的感情就受它的影响,但是这影响跟产生它的感觉一样,都是稍纵即逝的。④

> 我那感情外露的心灵向着别的事物,我总是被各种各样的爱好所吸引,各式各样的眷恋也不断地占据我的心,可说是使我忘记了自身的存在,使我整个地属于身外之物,同时使我在我心的不断激动中尝尽了人事的变迁,这动荡不安的生活既不能使我的心得到平静,也无

---

① 罗素:《西方哲学史》下卷,马元德译,商务印书馆,1976年版,第224页。
② 罗素:《西方哲学史》下卷,马元德译,商务印书馆,1976年版,第224页。
③ 罗素:《西方哲学史》下卷,马元德译,商务印书馆,1976年版,第216页。
④ 卢梭:《漫步遐想录》,徐继曾译,人民文学出版社,1987年版,第113页。

法使躯体得到休息,从表面看,我是幸福的,但我却没有哪一种感情可以经得起思考的考验,可以使我真正自得其乐。①

在这里,卢梭坦率地谈到了自己在人格上的特点,这就是在生活中听凭感官和感情的支配,以审美的态度"游戏"人生。卢梭在年轻时未必能觉察到自己人格上的问题,在晚年冷静的反省中,却认识了这种人格的片面性。根据这种特点,从"人格三要素"的角度来看,我们可以把卢梭的理想人格设计大致地看成"(艺术性)突出智慧力人格"。与强调工具性智慧力或逻辑思维能力的"突出智慧力人格"不同,它所张扬的是艺术性智慧力或形象思维能力。

卢梭的这种理想人格设计,由于它适应了当时历史条件下人们的精神状况,强烈而深刻地影响了后来的文学家、哲学家。连以刻板的生活著称的康德,也曾被卢梭的《爱弥尔》震撼。罗素写道:

> 从1660年到卢梭这段时期,充满了对法国、英国和德国的宗教战争和内战的追忆。大家深深意识到混乱扰攘的危险,意识到一切激烈热情的无政府倾向,意识到安全的重要性和为达到安全而必须作出的牺牲。谨慎被看成是最高美德;理智被尊为对付破坏性的疯狂之辈顶有力的武器;优雅的礼貌被歌颂成抵挡蛮风的一道屏障。牛顿的宇宙井然有序,各行星沿着合乎定则的轨道一成不变地绕日回转,这成了贤良政治的富于想象性的象征。表现热情有克制是教育的主要目的,是上流人最确实的标记。②

罗素的这段话,表达了资产阶级革命兴起之前的一种普遍的心态。这种心态如从需要层次论的角度来看,是一种对于安全需要和归属需要的回归和追求。然而,"到了卢梭时代,许多人对安全已经厌倦,开始想望刺激了"③。这种对于刺激的想望,是潜能要求发挥的表现,也是尊重需要被

---

① 卢梭:《漫步遐想录》,徐继曾译,人民文学出版社,1987年版,第103页。
② 罗素:《西方哲学史》下卷,马元德译,商务印书馆,1976年版,第215页。
③ 罗素:《西方哲学史》下卷,马元德译,商务印书馆,1976年版,第215页。

激活的表现。

如果说清教伦理人格所体现的尊重需要的特征，是要在外在的事业中取得成绩和成功，那么这种新兴的尊重型人格其尊重需要的特征则表现为对外部世界的一种逆反和对抗。这种人格在文化上的特征则是浪漫主义思潮。浪漫主义思潮共同的特点是强调对于感性以及自然感情的追求，它本身又可以分为两种类型：一种浪漫主义思潮除了对于感情以及自然感情的强调，还呼吁同情心、博爱等偏重于情感力方面的品质，从行为理想的角度来看，它更多地体现了理想主义和人道主义；另一种除了对于感性以及自然感情的强调，还主张独立、强悍等偏重于意志力方面的品质，从行为理想的角度看，它更多地体现了理想主义和英雄主义。前者可以以卢梭和雪莱等为典型，后者则可以以拜伦和尼采为典型。罗素曾对卢梭和拜伦做过这样的对比：

> 卢梭是感伤的，拜伦是狂热的；卢梭的怯懦暴露在外表，拜伦的怯懦隐藏在内里；卢梭赞赏美德，只要是淳朴的美德，而拜伦赞赏罪恶，只要是霹雳雷火般的罪恶。[1]

罗素的这一区分有一定道理。这两种倾向在德国浪漫派美学中都有丰富的发展。

刘小枫先生在《诗化哲学》一书中，考察了19世纪以来德国浪漫美学的传统。刘小枫认为，德国浪漫主义美学是一种诗化哲学，是伴随欧洲现代浪漫主义思潮的兴起在德国出现的一种新型美学，它把诗不只是看作两种艺术现象，而更多地看作解决人生的价值和意义问题的重要依据。刘小枫认为：

> 一百多年来，浪漫美学传统牢牢地把握着如下三种主题：一、人生与诗的合一论，人生应是诗意的人生，而不是庸俗的散文化。二、精神生活应以人的本真情感为出发点，智性是否能保证人的判断正确是大可怀疑的。人应以自己的灵性作为感受外界的根据；以直觉和信仰为判断的依据。三、追求人与整个大自然的神秘的契合交感，反对

---

[1] 罗素：《西方哲学史》下卷，马元德译，商务印书馆，1976年版，第215页。

技术文明带来的人与大自然的分离和对抗。在这些主题下面，深深地隐藏着一个根本的主题：有限的、夜露销残一般的个体生命如何寻得自身的生存价值和意义，如何超逾有限与无限的对立去把握着超时间的永恒的美的瞬间。①

刘小枫抓住解决人生的意义和价值这条线索来考察德国浪漫派美学，他指出，作为对文艺复兴以来理性主义、唯科学主义的一种反拨，德国浪漫派美学具有一种强烈的排斥理性、轻视逻辑的倾向。排开尼采等个别思想家暂且不论，德国浪漫派美学到了马尔库塞，对于资本主义社会的批判，在理想的人生的设计的方面达到了一个高峰。马尔库塞把工业社会的人称为"一维的人"，他提倡一种心理革命来医治现代人的畸形，这种心理革命就是让"审美之维"来补充和改变人的心理结构。值得注意的是，马尔库塞并不笼统地反对理性和科学技术，他所主张的只是让技术艺术化，或者说是把艺术的因素引入生产力。他认为，通过这番改造，"这样，技术就趋向于变为艺术了，而艺术也趋于现实的形式化，想象力与知性、高级的和低级的能力，诗意的思维与科学的思考之间的对立不复存在了。一种新的现实原则出发了，在这个原则下一种新的感性和非升华的科学智力统一成为一种审美伦理"②。

马尔库塞的主张，从理想人格设计的角度看，与以卢梭为代表的浪漫主义不同，它没有完全否定科学的进步，排斥理性和逻辑，而是强调了一种比较完整的智慧力，相对地避免了那种以卢梭为代表的浪漫主义的畸形性。他的主张，对于塑造一种新型的人格，是一种必要的思想准备。

### 三、尼采的"突出意志力人格"

在浪漫主义思潮中，还有叔本华、尼采这条线路。这条线路的特点在于对意志力的强调。

---

① 刘小枫：《诗化哲学》，山东文艺出版社，1986年版，第11页。
② 马尔库塞：《论解放》，转引自刘小枫《诗化哲学》，山东文艺出版社，1986年版，第263页。

著名哲学家海德格尔说："如果对于尼采来说意志规定着任何一个存在者的存在，那么，意志就不是某种心灵上的东西，相反地，心灵倒是某种从属于意志的东西了。而另外一方面，只要身体和精神'存在着'，那么连它们也是意志。"① 按照海德格尔的说法，尼采对于意志力的强调已经到了以意志力为本位无以复加的程度。

尽管有这个共同点，这条线路的思想家们论述"意志"问题时，其含义具有很大差异。叔本华和尼采就是这样。叔本华并没有给"意志"专门下一个定义，但根据他的论述，"意志"（Wille）的含义时而大体上相当于心理学意义上的"需要"，时而相当于"欲求"和"动机"。在德语"Wille"和英语"will"中，都有"意志""意图""意欲""愿望""目的"等含义。叔本华认为，意志是一种"盲目的冲动"和欲求。

> 一切欲求皆出于需要，所以也是出于缺乏，所以也就是出于痛苦。这一欲求一经满足也就完了；可是一方面有一个愿望得到满足，另一方面至少就有十个不满足。再说，欲望是经久不息的，需求可以至于无穷。而所得满足却是时间很短的，分量也扣得很紧。何况这种最后的满足本身甚至也是假的，事实上这个满足了的愿望立即又让位于一个新的愿望……②

由于欲求无限，而满足有限，"所以说，如果我们的意识还是为我们的意志所充满；如果我们还是听从愿望的摆布，加上愿望中不断地期待和恐惧；如果我们还是欲求的主体；那么，我们就永远得不到持久的幸福，也得不到安宁"③。

叔本华认为，对于人生的这种痛苦，可以通过禁欲来达到永久的解脱，也可以通过艺术来达到暂时的解脱。他认为，在艺术创作或艺术欣赏中，人可以达到一种"自失"的状态，这种状态也就是一种"忘我"的状态。

---

① 海德格尔：《尼采》上册，孙周兴译，商务印书馆，2004年版，第38页。
② 叔本华：《意志和表象的世界》，石冲白译，商务印书馆，1982年版，第273页。
③ 叔本华：《意志和表象的世界》，石冲白译，商务印书馆，1982年版，第273页。

在认识甩掉了为意志服务的枷锁时,在注意力不再集中于欲求的动机,而是离开事物对意志的关系而把握事物时,所以也即是不关利害,没有主观性,纯粹客观地观察事物,只就它们是赤裸裸的表象而不是就它们动机来看而完全委心于它们时,那么,在欲求的那一条通路上永远寻求而又永远不可得的安宁就会在转眼之间自动地光临,而我们也就得到十足的怡悦了。①

在这里我们可以看到,尽管"意志"问题在叔本华的哲学中非常重要,但从人格设计的角度来看,由于他强调的是通过艺术达到人生的最高境界,他的哲学从理想人格设计来看,仍然属于"艺术性突出智慧力人格"。

与叔本华不同,"意志"在尼采那里有了更加丰富的内涵。尼采一般被认为是一位反体系的哲学家,尽管如此,当尼采谈到"意志"问题时,却有一种鲜明的一贯性。

尼采哲学的中心是推崇酒神精神,尼采自己也把他的哲学称为"酒神哲学",酒神的迷狂和陶醉,可以看作尼采哲学的终极描述:

那种人们称之为醉的快乐状态,不折不扣是一种高度的强力感……时间感和空间感改变了,天涯海角一览无遗,简直像头一次得以尽收眼底,眼光伸展投向更纷繁更辽远的事物,器官变得精微,可以明察秋毫,明察瞬间,未卜先知,领悟力直到蛛丝马迹,一种"智力的"敏感,强健,犹如肌肉中的一种支配感,犹如运动的敏捷和快乐,犹如舞蹈,犹如轻松的快板,犹如强健得以证明之际的快乐,犹如绝技、冒险、无畏,置生死于度外……②

尼采在这里所说的"时间感和空间感""器官变得精微,可以明察秋毫"等,与马斯洛所描述的高峰体验如出一辙。

他陶然忘言,飘飘然乘风飞,他的神态表明他着了魔,就像此刻

---

① 叔本华:《意志和表象的世界》,石冲白译,商务印书馆,1982年版,第274页。
② 尼采:《悲剧的诞生》,周国平译,三联书店,1986年版,第350页。

野兽开口说话，大地流出牛奶和蜂蜜一样，超自然的奇迹也在人身上出现，此刻他觉得自己就是神，他如此欣喜若狂，居高临下的变幻，正如他梦见的众神的变幻一样，人不再是艺术家，而成了艺术品；整个大自然的艺术能力，以太一的极乐满足为鹄的，在这里透过醉的颤栗显示出来了。①

"觉得自己就是神""人不再是艺术家，而成了艺术品"这些也是高峰体验的极致。

如果说艺术对于叔本华来说只是消极逃避人生的途径的话，那么艺术对于尼采来说则具有更加积极的意义：

"艺术"，除了艺术别无他物！它是使生命成为可能的伟大手段，是求生的伟大诱因，是生命的伟大兴奋剂。②

无论抵抗何种否定生命的意志，艺术是唯一占优势的力，是卓越的反基督教、反佛教、反虚无主义的力。③

艺术是苦难者的救星，它通往那一境界，在那里，苦难成为心甘情愿的事情，闪放着光辉，被神圣化了，苦难是巨大喜悦的一种形式。④

如果只看到尼采这些对于艺术的赞美和鼓吹，似乎可以把他的理想人格设计划入强调艺术性智慧力的"突出智慧力人格"，然而，如果我们更全面地把握了他的哲学，就会发现把他的理想人格设计归入另外一种类型要更准确一些，这就是"突出意志力人格"，即对于达到人生的最高境界，对于意志力的强调远远超过其他人格力的理想人格设计。

周国平认为，尼采谈艺术，"是在借艺术谈人生，借悲剧艺术谈人生悲剧"。尼采把酒神精神以艺术小舞台推向人生大舞台，其实酒神精神仍

---

① 尼采：《悲剧的诞生》，周国平译，三联书店，1986年版，第6页。
② 尼采：《悲剧的诞生》，周国平译，三联书店，1986年版，第385页。
③ 尼采：《悲剧的诞生》，周国平译，三联书店，1986年版，第386页。
④ 尼采：《悲剧的诞生》，周国平译，三联书店，1986年版，第386页。

然是一种广义的审美的人生态度。而且，尼采自己倾向于认为，"在艺术中能够最圆满地达到酒神境界……"但是，酒神境界主要只是一种终极描述，在此我们还可以追问，如何才能达到酒神境界呢？

尼采的"强力意志"的原文是"Der Wille Zur Macht"，这里的"Der"意味着"the"（英语中的定冠词）。"Wille"意味着"will"或"desire"（英语中的意志或欲望）。"Zur"是"zu"（英语中的"to"）和"Der"（英语中的"the"）的缩写，表示方向或目的。"Macht"意味着"power"或"force"（英语中的权力或力量）。

因此，"Der Wille Zur Macht"可以被解释为"The Will to Power"或"The Desire for Power"。尽管"Will to Power"在英语中已经被广泛使用，并且被视为标准翻译，但它并没有捕捉到原文中的"Desire"部分，可能在某种程度上限制了对尼采原始思想的理解。然而，这个翻译在尼采哲学的传播和讨论中已经被广泛接受。我国学术界一般译为"权力意志"，周国平认为应该译为"强力意志"，我赞同周国平的译法。（周国平认为，"权力"一词容易使人联想到政治，而对于尼采而言，如果"Macht"的含义中不是没有政治权力的含义的话，至少"Macht"的主要含义不是指"政治权力"。）尼采的"强力意志"的概念是从酒神精神演变而来的。这一概念的含义已大不同于叔本华哲学中"意志"的含义，它不仅是一个表示"状态"的概念，也是一个表示"能力"的概念。它除了具有接近于"需要""欲求""动机""动机的强度"等概念的意思，还具有"意志力"的意思。

尼采对于"意志力"的高扬，不是通过严密的推理和精确的定义，而是通过对传统文化的猛烈抨击表现出来的。在尼采对传统文化的抨击中，比较重要的有他对"苏格拉底文化"与基督教文化的抨击。从"人格三要素"的角度来看，他对"苏格拉底文化"的抨击表现了他对强调"智慧力"的贬斥，他对基督教文化的抨击表现了他对强调"情感力"的贬斥。当然，这些贬斥并不意味着尼采不讲求智慧力和情感力，而是指他主张智慧力与情感力在解决人生问题中起次要或者非重要作用。

所谓"苏格拉底文化"是指一种相信科学万能的"理论乐观主义"：

苏格拉底是理论乐观主义的原型，他相信万物的本性皆可定，认为知识和认识拥有包治百病的力，而错误本身即是灾祸。深入事物的根本辨别真知灼见与假象错误，在苏格拉底式的人看来乃是人类最高尚甚至唯一的真正使命。因此，从苏格拉底开始，概念、判断和推理的逻辑程序就被尊崇为在其他一切能力之上的最高级的活动和最堪赞叹的天赋。甚至最崇高的道德行为，同情、牺牲、英雄主义的冲动，以及被希腊人称作"睿智"的那种难能可贵的灵魂的宁静，在苏格拉底及其志同道合的现代后继者们看来，都可由知识辩证法推导出来，因而是可以传授的。谁亲身体验到一种苏格拉底式认识的快乐，感觉到这种快乐如何不断扩张，以求包容整个现象界，他就必从此觉得，世上没有比实现这种占有、编织牢不可破的认识之网这种欲望更强烈的求生的刺激了。①

尼采认为，这种"理论乐观主义"并不能达到人生的最高境界。现在，它已经走到了尽头，应当让位于艺术："科学受它们的强烈妄想的鼓舞，毫不停留地奔赴它们的界限，它的隐藏在逻辑本质中的乐观主义在这界限上触礁崩溃了。"尼采的方法是用铁锤进行研究，摧毁一切偶像，因此他少不了谩骂："对一个哲学家来说，宣布善与美是一回事，是一种卑鄙行为，如果他竟然还要补充说，真也如此，那他真该打。真理是丑的。"尼采对苏格拉底文化的批判，关键在于他认为苏格拉底文化扼杀了人的生命力，败坏了人的强力意志，不能实现人的生命的意义。

如果说，贬斥知识，指出科学的局限性乃至危害性，尼采唱的并不是新调，早在卢梭那里，已经发出了强烈的音响，那么尼采的特点在于他挥动铁锤，砸向了上帝："上帝到哪里去了？我可以告诉你们。我们——你们和我——已经把他杀死了。"尼采杀死上帝，实际上就是在人格的设计上，把意志的独立性品质推向了极端。尼采对于基督教文化批判的根本原因，是因为它压制了强力意志。尼采说：

---

① 尼采：《悲剧的诞生》，周国平译，三联书店，1986年版，第64页。

在基督教文化中，我们反对的是什么东西呢？反对的是它存心要毁掉强者，要挫伤他们的锐气，要利用他们的疲惫虚弱的时刻，要把他们的自豪的信心转化成焦虑和良心苦恼；反对的是它终得怎样毒化最高贵的本能，使它染上病症，一直到它的力，它的权力意志转而向内反对它自己——一直到强者由于过度的自卑和自我牺牲而死亡。①

尼采对于基督教文化的批判，实际上也就是他对"突出情感力人格"的批判，他认为这种理想人格设计，只能导致一种人格的普遍萎缩。当然，应当看到，尼采对基督教文化的批判，主要是对基督教大众文化的批判，而不是针对精英文化。他对情感力的贬斥，并非意味着他不讲求情感力，相反，他提出了"主人道德"和"奴隶道德"的概念，他主张对意志力的强化、达到"主人道德"的境界。"主人道德"是一种坚强、冷酷、独立的强者的道德，他们没有一般意义上的同情心。他甚至写道：

生活是什么？生活便叫作：不断地从自己抛弃将要死灭者，生活——便叫作严格无情地对付一切在我们中间也不但在我们中间之乏弱者与衰老者。②

尼采所鼓吹的"超人"，其最主要的品质就在于意志力的强大。在这里，意志力兼有坚持性、自制性、竞争性、独立性和灵活性，但其中最突出的是坚持性、独立性和竞争性。

在当今的中国，普遍人格正在发生转化，从归属型转向尊重型，在这个转化过程中，普遍人格的人格结构所需要的正是意志力和智慧力的强化，因此，尼采哲学是具有一定的可供批判吸收的因素的。在我国20世纪80年代发生的若干热潮中，其中之一就是"尼采热"，这种情况也许正反映了普遍人格在转化过程中对于强化意志力的需要。

当然，尼采所设计的理想人格算不上一种完整健康人格，尼采哲学的局

---

① 转引自罗素：《西方哲学史》下卷，石冲白译，商务印书馆，1982年版，第318页。

② 尼采：《快乐的知识》，商务印书馆，1945年版，第26页。

限性，除了他所处的历史背景的原因，还可以向尼采本人的人格方面追溯。

萨乐美是一位和尼采有过多年交往经历的女性。她说要理解尼采哲学，首先要理解尼采这个人："因为没有一个人像他那样，哲学创作和内心的人生观是完全一体的。"①"尼采性格、思维和工作方法的鲜明特性就在于他的痛苦和孤独。"②

追溯尼采的人格，需要对尼采的人格做一个基本估计，从全人需要层次论看，尼采的人格属于什么类型呢？尽管尼采写出了灵感横溢的作品，尽管这些作品对于后人有较广泛的影响，但对于他自身而言，即使在他的高峰期，他的需要的满足并没有达到人生的最高层次，即潜力和创造力最充分发挥的大我实现境界。他的人格类型介于自我实现型人格与自我超越型人格之间。

一个人的身、心、灵健康是相互影响、互相转化的。尼采常年患有多种疾病，这不可避免地影响他的健康，他对这一点也并不回避，他承认疾病对他的哲学有影响，但他辩解说这是积极的影响：

> 对于一个典型的健康人来说，病患甚至可以成为生命的特效兴奋剂，成为促使生命旺盛的刺激物。实际上这就是今天浮现在我眼前的漫长的病患岁月。我好像重新发现了生命，也发现了自我。我品验了一切美好乃至微不足道的东西。——从自身要求健康人格、渴求生命的愿望出发，我创立了我的哲学。因此，我提请诸位注意：我的生命力最低下之时，也就是我不在当悲观主义者之时。因为，自我再造的本能禁止我创立一种贫乏和泄气的哲学……③

疾病是对生存需要直接的威胁，人们常常说，没有身体健康就没有一

---

① 伊尔姆嘉德·徐尔斯曼：《萨乐美的一生》，刘海宁译，安徽文艺出版社，2000年版，第215页。

② 伊尔姆嘉德·徐尔斯曼：《萨乐美的一生》，刘海宁译，安徽文艺出版社，2000年版，第216页。

③ 尼采：《权力意志——重估一切价值的尝试》，张念东等译，商务印书馆，1994年版，第11页。

切。但是尼采却在生病的情况下，仍然有大量的精神创造。他的超越性就在于他能够超越疾病，表现他的创造力。这种情况，使他对意志力的发挥有深切感受，以至把意志力提到无以复加的地位。

尼采的需要满足的另外一个重要特点，是他的归属需要一直没有得到充分满足。他终身未婚，曾经多次求婚均遭失败。他不得已长久地过着一种孤寂的生活。然而尼采毕竟也是肉眼凡胎，他和普通人一样具有归属需要，他需要温情，需要女人的爱抚，当这种需要没有得到满足之时，他和普通人一样感到痛苦，就是在尼采写出他的那些主要著作期间，他一次又一次地发出这样的哀鸣："如今我孤单极了，不可思议地孤单……""那种突然疯狂的时刻，寂寞的人想要拥抱随便哪一个人！"[①]

当个体归属需要没有得到满足之时，一般只有通过意志力和智慧力的发挥，才能在需要满足的层次上继续上升。对于普通人，由于这两种人格力不够强大，其追求往往停留在归属需要的层次，甚至成为压抑型人格。对于尼采来说，正如他所鼓吹的酒神精神和强力意志，他不仅能在需要满足的层次上继续上升，而且还能表现出明显的创造性。这种创造性主要是通过意志力高扬为英雄主义表现出来的。对于什么是英雄气概，尼采自问自答地说："同时直面他的最高的痛苦与最高的希望。"[②]

正是通过一种英雄主义精神的发扬，尼采才给后人留下了一笔精神财富。也正是由于对意志力的片面的强调，不仅使尼采本人，甚至包括尼采所设计的理想人格，在很多情况下，都停留在尊重型人格的水平。尼采的尊重型人格的特征，主要表现在他沉溺于对孤独的病态的欣赏，而忽视了人与人之间共鸣的欢乐，表现在他片面地关注了自我与他人之间的差异，而忽视了个人对于整体和社会的认同。尼采说：

> 孤独作为对纯洁性的一种崇高的爱好和渴望，对于我们来说是一种美德，这种纯洁性认为人与人之间——"社会上"的一切接触总是

---

[①] 《尼采致福尔斯特-尼采》（1886年7月8日），转引自周国平：《尼采，在世纪的转折点上》，上海人民出版社，1987年版，第9页。

[②] 尼采：《快乐的知识》，商务印书馆，1945年版，第268页。

陷入不可避免的非纯洁性之中,整个社会总是使人以某种方式,在某地、某时变成平庸。①

尼采对于孤独的赞美,很大程度上是由于他迫不得已长久地过着孤独的生活。从人与人之间的和谐相处和共鸣中得到欢乐甚至创造的源泉,这是不少人都有过的人生经验。从马斯洛对于自我实现者的研究中我们也可以看到,自我实现者具有深厚的人际关系和社会感情。同时他们也是最具有独特个性的人。(关于"孤独"的问题,请参阅《全人心理学丛书》之《通心的理论与方法》)

### 四、在尼采之后

尼采的哲学经过各种各样的解释、演变,对西方人的人格有不小的影响,就是在近几年出版的通俗读物中,也能发现其痕迹:

> 不论男女都有追求权力的本能,正如尼采所说:"我在何处发现生活,就在何处发现权力的希望。"②

对于权力的评论我们最熟悉的一句话是艾克敦爵士所说的:"权力易于腐化,绝对的权力造成绝对的腐化。"然而,在我们这个时代不进行权力竞赛的结果通常都被认为很糟。艾克敦的看法已经过时,代之而起的是认为权力是好事的信念,"软弱易于腐化,没有权力更造成绝对的腐化"③。

《权力的取得与应用》这本大力鼓吹追求权力的美国通俗读物还说:

> 不论你是什么人,一个基本的道理就是:你的利益别人都不关

---

① 尼采:《善恶的彼岸》,转引自宾克莱《理想的冲突》,马元德、陈白澄、王太庆、吴永泉等译,商务印书馆,1983年版,第197页。
② 柯尔达:《权力的取得与运用》,吕理甡等译,台湾远流出版公司,1982年版,第6页。
③ 柯尔达:《权力的取得与应用》,吕理甡等译,台湾远流出版公司,1982年版,第7页。

心，你的收获无可避免地会造成别人的损失，你的失败就是别人的胜利。①

通过以上这些，尼采哲学进一步被庸俗化，演变成了赤裸裸的利己主义。

在尼采之后，西方出现了对西方人格影响广泛的存在主义哲学。这种哲学强调人们追求踏实的存在，强调人们在生活中选择的必要和自由，它在客观上有促进人们人格发展的效果，但在同时，它也加强了西方个人主义的危机。L. J. 宾克莱评论说：

> 我们多数人都会承认，一个人在生活中有时必须作出某些选择，却看不清哪种可能性最好。这些选择可以依据一种崇高的人生哲学，例如为发扬基督徒的仁爱而献身，为爱人类和追求增进人类的福利之类而献身，问题就在于人道主义的存在主义者们在他们的伦理学中正是最缺乏这方面的东西。——虽然说他们也谴责某些做法是犯了不老实的毛病，或者表现了不踏实的存在，这种谴责本身就意味着他们模模糊糊地有点知道什么对人有好处。②

L. J. 宾克莱认为，存在主义哲学无法谴责那种有损于别人的利己的行为，这种行为完全可以是老老实实地选定的。可以说，存在主义哲学在人格设计上，相对地忽视了情感力的作用。

除存在主义哲学外，对西方人格影响较大的还有实用主义哲学。"美国人常常被称为注重实际的人民。他们希望把事情做成；他们关心一样东西或一种理论有无用处的问题胜似关心有关人生的终极意义的比较理论性的问题。一种主意行得通吗？它的'兑现价值'如何？诸如此类的问题反映出人们对于现代技术社会中所面临的实际问题的切实关心。生活是根据

---

① 柯尔达：《权力的取得与应用》，吕理甡等译，台湾远流出版公司，1982年版，第7页。

② 宾克莱：《理想的冲突》，马元德、陈白澄、王太庆、吴永泉等译，商务印书馆，1983年版，第275页。

下一步必须要解决的具体问题来考虑的。"① 实用主义正是为这样一种普遍人格的状况提供了哲学依据。实用主义在客观效果上，由于主张价值相对，一方面推进了宽容，另一方面也忽视了终极关切，放任了个人主义的恶性膨胀。实用主义并不具有理想人格的思想，但它在客观上却强调了工具性智慧力的重要性。

**五、西方人格发展的趋势之一：对于情感力的需要和兴趣有所增加**

早在公元17到18世纪，法国伟大的思想家、哲学家和作家伏尔泰，就长期对中国文化进行过研究，并且对中国文化有介绍、评述、赞美。他的著作《路易十四时代》（1751）和《风俗论》（1756）中，都有专章论述中国历史文化，推崇中国伦理道德与理性。伏尔泰认为："欧洲的王公和商人们发现东方，追求的只是财富，而哲学家在东方发现了一个新的精神和物质的世界。"美国学者孟德卫在《1500—1800：中西方的伟大相遇》中说："通过伏尔泰和其他启蒙思想家的努力，中国的道德和政治取代语言和历史，开始对欧洲社会产生重大影响。……孔子还被说成已经道出了世界上最原初而且纯粹的道德。"②

当中国的经济改革尚未开始之时，世界著名历史学家和思想家汤因比就对世界文明的未来做了这样的惊人预言：

> ……我所预见的和平统一，一定是以地理和文化的主轴为中心，不断结晶扩大起来的，我预感到这个主轴不在美国、欧洲和苏联，而是在东亚。③

---

① L.J.宾克莱：《理想的冲突》，马元德、陈白澄、王太庆、吴永泉等译，商务印书馆，1983版，第19页。

② 孟德卫：《1500—1800：中西方的伟大相遇》，江文君等译，新星出版社，2007年版，第171页。

③ 汤因比、池田大作：《展望21世纪》，荀春生等译，国际文化出版公司，1986年版，第283页。

世界和平是避免人类集体自杀之路，在这点上现在各民族中具有最充分准备的，是两千年来培育了独特思维方法的中华民族。①

当汤因比博士说这番话之时，中国还正陷入十年动乱之中，中国以及中国文化正在遭受空前的浩劫。与此同时，西方人对于中国传统文化的兴趣却有所增长，汤因比博士的这些话，正反映了西方这股潮流。时间又过去了四十多年，汤因比博士的预言是否仍然有现实意义？

在我们以粗线条笼统地勾勒了西方近现代文化与人格的发展轨迹后，我们也许至少不会以为汤因比博士的预言是海外奇谈了。当前，西方人对于东方文化兴趣的增加，原因之一是由西方文明本身的缺点促成的。一方面，由于工业化文明带来了环境的污染、生态的破坏、资源的短缺，人们不再把大自然看作可以从中取之不尽、用之不竭的征服的对象，而是被迫考虑与大自然和谐相处，考虑生态平衡的问题。罗马俱乐部（Club of Rome）是一个关于未来学研究的国际性民间学术团体，也是一个研讨全球问题的全球智囊组织。它成立于1968年4月，总部设在意大利罗马。其主要创始人是意大利的著名实业家、学者A. 佩切伊和英国科学家A. 金。俱乐部的宗旨是研究未来的科学技术革命对人类发展的影响，阐明人类面临的主要困难以引起政策制定者和舆论的注意。目前仍然在从事有关全球性问题的宣传、预测和研究活动。俱乐部的成员金·兰道和哈莫·李维尔撰写的《2052：全球可持续经济计划》（2012）探讨了未来几十年全球可持续发展的可能性，并提出了一些重要的论点和观点。包括：全球资源的不断消耗和环境的不断恶化，如气候变化和生物多样性丧失，构成了严重的威胁。资源短缺和环境问题可能会导致未来的社会和经济不稳定。人类无法永远依赖于无限的经济增长。他们认为，传统的经济增长模式是不可持续的，因为资源有限，而且环境容纳能力有限，强调了国际合作的重要性。全球问题需要全球解决方案，各国必须共同努力来应对气候变化和其他全球挑战。

---

① 汤因比、池田大作：《展望21世纪》，荀春生等译，国际文化出版公司，1986年版，第289页。

罗马俱乐部还曾经富有影响力地表达了这样的思想。西方的工业化文明又带来了人的异化，人与人关系的疏远。人们的物质生活水平提高了，但空虚感、焦虑感也在同时增加。这种情况，使人们更多地考虑西方文化在塑造人格方面的局限，考虑东方文化在人的成长和超越方面的资源。

西方人对于自身文化的反省，从普通的心理学教科书里也可以找到反映：

> 现代的美国文化把竞争的胜利极端地理想化了。典型的美国人都被这种奋斗生活的欲望潜移默化，"要干就得拼命干！"我们习字帖上的座右铭都在提醒我们："要力争上游！""天下无难事，只怕有心人！""艰苦努力，持之以恒！""决不可半途废！"，"失败了再干，再干！""要有雄心大志！""要奋发向上！""名不列前茅誓不休！"以及"每个男孩生下来都能够成为百万富翁，都能够当总统"。①

> 由于这种处世态度，典型的美国人形成了一种为争取优越地位而努力竞争的内驱力。虽然这种内驱力毫无疑问也有它自身的价值，但是它也为产生普遍的不满、挫折和沮丧等情绪提供了土壤。②

当今的美国社会，两种价值观的分歧和冲突似乎越来越显著。

这两种价值观可以被描述为：

第一，物质主义价值观。物质主义价值观侧重于追求财富、权力、名利和物质财富。这种价值观通常将成功与物质成就联系在一起，强调经济成功和社会地位的重要性。这种价值观，可以看作上述 J. M. 索里等在《教育心理学》中所描述的价值观的延续。值得注意的是下面一个大样本调查的数据：

> 来自于美国加州大学洛杉矶分校，和美国教育委员会对大约 25 万刚入学的大学生所做的年度调查。认为读大学"非常重要"的原因是

---

① J. M. 索里等：《教育心理学》，高觉敷等译，人民教育出版社，1983 年版，第 442 页。

② J. M. 索里等：《教育心理学》，高觉敷等译，人民教育出版社，1983 年版，第 443 页。

成为"经济上非常富裕"的人，从1970年的39%上升到2010年的77%。实际上，伴随着这一比例变化的却是，认为"形成一种有意义的生活理念"是非常重要的人数却在急剧减少。也就是说，物质主义在膨胀，精神信仰却在衰退。人们的价值观也发生了巨大的变化！在列出的19个目标中，现在新入学的美国大学生将"经济上非常富裕"列为第一位。这不仅高于"形成一套有意义的生活哲学"。还位居"成为本领域权威""帮助困境中的他人"和"供养家庭"等目标之上。[1]

如何解释"成为'经济上非常富裕'的人，从1970年的39%上升到2010年的77%"这一重大数据的变化？这种趋势似乎使人多少感到对未来社会的美好发展不利。

我认为不应该简单地、孤立地看这一数据，它可能受诸多因素的影响。例如，不断扩大的招生。扩大招生可能导致更多人有机会进入大学。这可以包括提供更多的奖学金和助学贷款，以减轻贫困家庭学生的经济负担。当这些原来没有机会接受高等教育的人们入校时，他们可能会将高等教育视为提升职业机会和经济地位的途径，因此更强调经济成功。另外，外来留学生的增加可能会对大学校园的文化和价值观产生影响。一些国际留学生可能更加强调经济层面的目标。尽管追求"经济上非常富裕"的目标，并不完全意味着物质主义，但毕竟还是与下面强调精神的价值观有区别的。

第二，精神主义价值观。精神主义价值观侧重于追求人生意义、真善美、丰富感以及美好的人际关系。这种价值观通常将成功与内在满足、人际关系和精神层面的成就联系在一起，强调心灵的充实和满足感的重要性。

例如，耶鲁大学环境科学院院长史贝斯（Speth，2008）倡导我们扩大的同一性应该具备一种"新意识"：

---

[1] 戴维·迈尔斯：《社会心理学》第11版，侯玉波等译，人民邮电出版社，2016年版，第591页。

- 视人类为自然的一部分；
- 视大自然为我们必须管理的且具有内在价值的；
- 就像重视现在的生活和居民一样来重视未来的生活和居民；
- 通过思考"我们"而不止是"我"，来领会人们之间的相互依存；
- 不仅重视物质生活，更要重视精神生活和关系质量；
- 重视公平、正义和人类共同体。[1]

史贝斯所倡导的扩大的同一性应该具备的"新意识"，一共提出了六点。这六点十分精辟，并且清楚地显示都需要以情感力为主导人格力来实现，包括人类与大自然的关系。"视人类为自然的一部分"意味着人类与大自然密不可分，并且应该像关心自己一样关心大自然，这不正是需要人类有强大的情感力吗？

已经有大量研究表明，过度追求物质财富和外在成就可能会对个体的幸福感和心理健康产生负面影响，而强调精神满足、人际关系和内在成就则与更高的幸福感和生活满意度相关。

当然，这两种价值观并不必然是互相排斥的，但在很多情况下，它们完全可能发生冲突。例如，一个人可能面临着要选择工作加班以追求更高的薪水和职业成功，但这可能会损害与家人或朋友之间的关系。在这种情况下，物质主义价值观和精神主义价值观之间就可能发生冲突。

但是，我们也应该看到，"成为'经济上非常富裕'的人，从1970年的39%上升到2010年的77%"所体现出来的趋势未必就没有积极的意义。它可以看成全球化趋势下世界普遍人格已经达到了自尊型人格的水平的一个体现。

这种有重物质的倾向可以用本书有所讨论和批评的"成功学人格"来进行概括。从需要层次理论看，"成功学人格"是出于自尊需要向自我实现需要过渡的一种人格，它的前景和进一步的成长，就是自我实现人格。

---

[1] 戴维·迈尔斯：《社会心理学》第11版，侯玉波等译，人民邮电出版社，2016年版，第590页。

对自尊需要向自我实现需要的过渡进行简单概括，可以说"超越自尊就是自我实现"。中国传统文化中所强调的"和"的精神，其典型的表述如孔子所言"君子和而不同"，它描述的正是人们超越了自尊需要，以及"以自我为中心"之后达到的状态。

从"人格三要素"来看，美国和西方当代人格结构普遍所欠缺的正是现代化新基础之上的情感力。弥补这种欠缺需要有充分的文化资源，很难说美国和西方文化自身已经完全、充足。"18世纪以后的西方人道主义在心灵上是愚钝的，而亚洲的人道主义在心灵上则是高度智慧的。"①

那么，注重和谐、整体、协调、平衡的东方文化，以及强调情感力、强调人与人关系、强调忠恕之道的中国传统儒家文化的理想人格设计，以及强调情感力、强调"道法自然"，人类应该"贵生"而"不争"，人与大自然的协调的中国传统道家文化，是否能够为西方人的人格发展提供一些交流借鉴呢？另外，中国在实现现代化的过程中，是否一定要在经济发展起来之后才能发扬传统文化中的精华呢？这些问题，都有待进一步探讨。

根据我们所作的以上考察，也许能更好地了解当前西方人对宗教的新的兴趣，以及对基督教的一些新的阐释。例如，马里旦的新托马斯主义，蒂利希的宗教存在主义等。中国的道家对人本心理学的奠基者马斯洛、罗杰斯都产生了重要影响。而在此之前，在美国早已经形成的"自然文学"作家所崇尚的与大自然相处，更是受了中国传统道家文化的影响。美国自然文学的重要代表人物，《瓦尔登湖》的作者梭罗，更是有"美国的庄子"之称。在人本心理学之后，新近发展的"后人本心理学"，与人本心理学相比，对东方文化的兴趣又大大加强了。其中，它的著名理论家和代表人物肯·威尔伯由于对东方文化特别是佛教的强烈兴趣，他甚至被美国的一些人称为"美国佛教徒"。

增强"情感力"，包括增加面对大自然的情感力，可以通过心理学的

---

① 达纳·佐哈、伊恩·马歇尔：《灵商——人的终极智力》，王毅等译，上海人民出版社，2001年版，第33页。

培训来实现。我开发的"全人心理学·与大自然通心工作坊"就是一例。该工作坊通过在大自然的环境中训练运用"通心三要件"的能力，80%的学员通过几小时的学习，现场就可以写出与大自然通心的诗歌，抒发在大自然中产生的感受。其中，大多数学员都是从来没有写过诗歌的。

2019年，在广州凤凰山举办的"全人心理学·与大自然通心工作坊"

# 第十章 东方自我实现人格

我们面临的一个巨大挑战就是如何把西方文明中关于自我实现的观念和东方文明中关于内在和谐的观念结合起来。

——马斯洛

## 一、东方自我实现——21世纪世界的人格发展方向

在1988年出版的《走向人格新大陆》一书中，我曾经在马斯洛自我实现理论的基础上提出"东方自我实现人格"的概念。

所谓"东方自我实现人格"，既是我对迄今世界实际存在的最好的人格状态的一种概括，也是我大胆而不揣冒昧对世界普遍人格发展的一种理想人格设计，也是我关于未来世界人格发展的一种设想。现在是2024年，时间又过去了30多年，应该如何来看待这一思想呢？

产生这一思想，首先是我的生活、思想发展的一个结果。我从小就有强烈的追求人生意义感、丰富感的冲动，这些冲动使我苦闷、骚乱不安。直到上大学之后，接触到马斯洛心理学之后，才有豁然开朗的感觉。马斯洛的需要层次理论、自我实现理论、高峰体验等概念，以及他对人性发展所能够达到境界的探索，使我大开眼界，使我第一次对"我是谁？"这样的问题，有清晰的思路。马斯洛所描述的自我实现的人的价值观、人生观、世界观使我产生强烈共鸣，使我的能量状态焕然一新，我找到了自己的生命之路。马斯洛作为一名著名的美国心理学家，他对西方文化以及传统的科学范式具有批判性态度，对异质文化全然开放，他尤其对中国道家文化显示了强烈的兴趣，并且从中汲取了养料。他的核心的自我实现的思想，本身就是汲取了道家文化精髓的结果。马斯洛本人就是进行跨文化学习、研究的表率，我自己也是进行跨文化学习、研究的受益者。

当今世界已经进入全球化时代，东西方文化越来越多地碰撞、交流、交融、渗透，在这种情况下，所有的人都不可避免地受到或多或少的冲击。对此，我们应该有什么样的态度、什么样的价值取向？我们如何才会有更好的发展、成长？更有幸福感、意义感、丰富感？我们的人格应该追求以及可以有什么新的变化？

面对这一系列的问题，我认为自己关于"东方自我实现人格"的探索，是具有现实意义的，有进一步推进和讨论的价值。

简单来说，提出"东方自我实现人格"这一概念的意图，就是要把东方对整体、协调、和谐、平衡的强调，与西方原有的对个体自我实现的重视和强调，在"全人需要层次论"的框架中消化、整合起来。只有立足于我们自身的文化，同时汲取异质文化的优点，我们才能够有更加整合的、踏实的发展与成长。

所谓"东方自我实现人格"，与我关于"大我实现"和"全人需要层次论"是一致的。但我之所以重提这一概念，是因为它具有跨文化交流和比较的视角和含义。"东方"与"自我实现"的组合，具有文化融合与整合的意义。

在研究了马斯洛的人本心理学之后，我又着重研究了后人本心理学（Transpersonal Psychology，或直译为"超个人心理学"）以及肯·威尔伯的"整合学",这种研究从理想人格设计看,也可以分为终极描述和过程描述两个方面。在终极描述方面,著名心理学家肯·威尔伯已经做了大量的整合工作,他对不同的文明、文化以及心理学理论、哲学理论进行了梳理、整合,采用对于"Spirit"(大精神)的体悟、认同来表述,相当于我说的"广义通心"中的"与大精神通心"。在过程描述方面,我则在马斯洛需要层次论的基础上,进一步发展,提出了"全人需要层次论"。它在马斯洛的自我实现需要之后,又补充了自我超越需要和大我实现需要,并且进一步清晰和完善了需要层次理论所特有的一些概念。全人需要层次论,是一个可以兼容和整合东西方文化以及人格的需要层次理论。

作为过程描述的"全人需要层次论",在现实生活的具体层面,其理论、方法和技术就是"人格三要素"理论以及"通心三要件"理论。"人格三要素"是关于基础心理素质的理论。"通心三要件"是关于日常生活、人际关系的具体操作方法和技术。

顺便说一句,马斯洛关于"我们面临的一个巨大挑战就是如何把西方文明中关于自我实现的观念和东方文明中关于内在和谐的观念结合起来"的表述未必精准,但从大方向指出了东西方文化互相融合、取长补短的必要性。

东方自我实现人格具有以下主要特征:

1. 东方自我实现人格是自我超越、大我实现的人格

尽管马斯洛所描述的自我实现的人具有自我超越的特征,但是,它仍然带着一定的局限性。马斯洛在晚年意识到了这种局限,提出了"后人本心理学"的概念:

> 我认为,人本主义的、第三种势力的心理学是过渡性的,为"更高的"第四种心理学,即超个人或超人本心理学做准备,这种心理学以宇宙为中心而不是以人的需要和兴趣为中心,它超出了人性、同一性和自我实现等概念。[①]

---

① 马斯洛:《存在心理学探索》,云南人民出版社,1987年版,第6页。

马斯洛逝世前，还在1969年创刊的《超个人杂志》上发表了两篇文章：《Z理论》《超越的种种含义》。这两篇文章后来被收入《人性发展能够达到的境界》一书中出版。（参阅《全人心理学丛书》之《大我实现之路——全人需要层次理论》）

如何理解马斯洛的这段话？什么叫"以宇宙为中心"？

"以宇宙为中心"并不是说心理学要重点研究宇宙，马斯洛在这里所指的是心理学研究的价值取向以及参考构架，心理学在研究人性以及个体发展的时候，应当尽量考虑人类对于宇宙的认识，以及人类在宇宙中的位置。"以宇宙为中心"，也恰恰与流行的概念"终极关切"相吻合。"终极关切"的活动不可穷尽，人性以及个体的发展也没有止境。"以宇宙为中心"寓示一种不设限的开放性。这意味着，人的成长和发展，最终的参照系是我们所认识的整个宇宙。当然，宇宙是无限的，人无法囊括整个宇宙来进行心理活动，但是人至少能够在主观状态上做到对整个宇宙的开放。

如何理解马斯洛所说的第四种心理学"超出了人性、同一性和自我实现等概念"？

在我看来，马斯洛并不是摒弃了这些概念，而是希望对这些概念进行扩展和升华。例如，全人心理学所认为的人有四性，即"物质性""动物性""人性"和"神性"，而对于"同一性"的超越，是指个体不断更新对于"我是谁？"这一问题的回答，直至达到"天人合一"的境界。在《大我实现之路——全人需要层次论》这本书中，我对马斯洛的需要层次理论、"自我实现"的概念，以及他关于自我实现的人的描述进行了梳理，明确地把基本人类的高级需要分为"自我实现""自我超越"以及"大我实现"。（参阅《全人心理学丛书》之《大我实现之路——全人需要层次论》）

在马斯洛使用的概念"Transpersonal"（超个人的）中，本身就有超越的含义。在心理学研究的材料上，超个人的体验也包括了神秘体验。所谓"神秘"，并不等于不存在，只是现有的科学还不能够解释而已。

从"实现"到"超越"，这在人的成长上，是一个质的飞跃。"超越"，意味着能够超越个体甚至群体的局限来看问题。

自我超越的个体是高度发展的个体，它并不是空穴来风的幻想，它有着实实在在的依据。

马斯洛所描述的自我实现的人大多数都不能够用"自我实现"这个概念来限定，是他们具有自我超越，乃至大我实现的高度。当然，在马斯洛所描述的人之外，还有大量的人都属于这种高度发展的个体。

2. 东方自我实现人格，是一种追求"三赢"的自我实现的人格

所谓"三赢"，是指"我好，你好，世界好"。

只追求"我好"是"单赢"。追求"我好、你也好"比只追求"我好"有进步，是"双赢"。追求单赢和双赢，一般只是达到了尊重型人格水平。

自我实现的人把"我好、你好"扩展到了"我好、你好、世界好"，也就是"三赢"。实际上，这三"赢"之间相互依存的。没有"我好"，也很难做到"我好，你也好"，更做不到"我好，你好，世界好"。没有"世界好"，也很难真正做到和保持"我好，你也好"。"三赢"的"赢"，是良性循环的、可持续发展的、长久的"赢"。

"世界好"的世界也是一个发展的概念。在自我实现的人那里，"世界好"的范围主要是指人类社会。东方自我实现的人又进一步扩大了"世界好"的范围，把"世界"的范围从人类社会扩展到自然界、整个生态圈以及宇宙。只有这样，整个人类的发展才是可持续的发展。

3. 东方自我实现人格，是融合了东西方文化优点的人格

马斯洛晚年对东方文化越来越关注，他看到了西方文化的局限，也看到了东方文化的优点。他曾经写过一篇没有公开发表的文章《和尚能够自我实现吗？》，文中指出："我们面临的一个巨大挑战就是如何把西方文明中关于自我实现的观念和东方文明中关于内在和谐的观念结合起来。"[①]

在当今世界上，许多有大成就的人物都表现出这样的特征：他们一方面传承了自己本民族的文化，一方面对其他文化很熟悉。他们如果是自我实现的东方人，他们也往往吸收了西方文化的精华。他们如果是自我实现的西方人，往往也吸收了东方文化的精华。

---

① 马斯洛：《洞察未来》，许金声译，华夏出版社，2002年版，第31页。

如果说，西方近现代文化对于理想人格的设计强调了智慧力和意志力，大大地促进了社会发展的话，那么，强调情感力的中国传统文化，以及在总的精神上强调整体、和谐、协调、平衡的东方文化对于解决人的问题能够提供进一步的思想资料。

新加坡著名的学者和艺术家陈瑞献也许算不上一位特别有名的人物，但他在东西方文化的融合上是杰出和具有典型意义的。陈瑞献，1943年出生于印度尼西亚北苏门答腊的一个小岛，祖籍中国福建南安，幼年时到新加坡读书，后毕业于南洋大学现代语言文学系。陈瑞献是世界上最古老的艺术研究机构——法兰西艺术研究院驻外院士，入选时年仅44岁，是最年轻的一位，也是驻外院士中唯一的东南亚艺术家。陈瑞献通晓中文、英文、法文和马来文。在当今地球村的艺术长河里，他取得了独特卓越的成就，他在小说、散文、诗歌、戏剧、评论、油画、水墨、胶彩画、版画、雕塑、纸刻、篆刻、书法、佛学、哲学、美学、宗教学等诸多领域尽领风骚，举世瞩目；此外，他还精通饮食文化、园林艺术和服装设计。陈先生学贯中西，尤其对中华传统文化推崇备至，情有独钟，通过自己的艺术创作，在全世界范围内为其传播而奔波劳累、身体力行，硕果累累。1968年至今已出版各类著作36种；1973年至今在世界各地数十次举行个人艺术作品展及联展，荣获多项国际性大奖；1998年由联合国秘书长安南提名，他的彩墨画《大中直正》入选为《世界人权宣言》新版本插图。2003年，他荣获世界经济论坛水晶奖、新加坡政府卓越功绩服务勋章，并获南大名誉文学博士荣衔。陈瑞献先生在新加坡建有"陈瑞献艺术馆"。在中国的青岛，建有"一切智园——陈瑞献大地艺术馆"。

4. 东方自我实现人格的一个重要特征是有明显的高峰体验、一体意识、神秘体验

陈瑞献认为，大量的西方人正在因开悟而走近东方，而开悟的表现之一，就是高峰体验：

> 在西方有那么多人向东行，他们在追寻什么呢？总的来说，是在追寻一种开悟的心感状态，一种开悟的境界的体验。"开悟"在西方

有很多不同的称谓：有人称它是"宇宙意识"（Cosmic consciousness），有人称它是"改变了的意识状态"（The altered state of consciousness），我们刚才提到的心理学家马斯洛对这种神秘经验有深入的研究，他则称它是'顶峰经验'（The peak experience）。[1]

他所归纳的高峰经验的特点是：

（1）天人合一的体验，一个人也是一只蝴蝶，一只蝴蝶也是一块石头。

（2）不必通过推理而能感知事物的真相的直观全知能力。

（3）万物都呈现飘浮流动的客观存在现象，而感知万物都是由各种条件凑合而成的本然面目。

（4）由于找不到一个"我"，所以超越了自我中心感。

（5）没有时间和空间的局限，超越二分的现实，不再比高下、美丑、净秽。

（6）意识化为一点，见大光明，克服对生死的种种恐惧，自由自在。

所谓"高峰体验""一体意识""神秘体验"等，都是人的神性的显露时的一种体验。

马斯洛提出"再神圣化"的问题，是为人的神圣性争取地盘。

马克思曾经引用一个古老的说法，即："人是什么？一半是野兽，一半是天使。"

这种说法实际上是认为人同时有兽性、人性、神性。

更完整地说，人有四种性质：物性、兽性、人性、神性。

人同时具有这四种性质。尽管在人的成长中这四种性质的比例会发生变化，但是这四种性质中的任何一种都不可能消失，只能从潜能状态挖掘出来。自我的进化是超越与涵括并存。

东方自我实现人格是潜能更加充分发挥的人格，是在一定程度上开发了神性的人格。在人的神性被开发之后，物性和兽性并没有消失，而是被整合了。

---

[1] 陈瑞献：《西方因开悟走近东方》，联合早报编：《第四座桥——跨世纪的文化对话》，新世界出版社，1999年版，第39页。

人不是神,但是人有神性。人不可能成为神,但是可以开发神性。

一般的人在人生的旅途中往往只是对人性进行了开发,到神性面前则止步。

东方自我实现人格的特征还可以归纳出一些,从人格三要素理论的角度来看,东方自我实现的人格也是人格力全面发挥的人格。

人格三要素全面发挥的表现之一,就是科学与艺术的融合。

达·芬奇是文艺复兴的天才人物。他是一个大艺术家,又是一个大科学家,他将绘画看作再现自然的真实与美的科学。他这种类型的人还有没有可能再出现呢?

杨振宁在谈到科学与艺术时,说大科学家同时也是热爱艺术的。为了说明科学家的境界,他引用了高适的诗:

> 性灵生万象,
> 风骨超常伦。

从杨振宁的引用行为中,可以感受到他对中国古典诗词的热爱与熟悉。这两句诗,也显示出一位科学家的不同凡响。

在一次有李政道、吴冠中、熊秉明等科学家和艺术家参加的对话中,涉及了科学与艺术的关系:

**李政道:**……艺术和科学是不可分割的,就像一枚硬币的两面。它们共同的基础是人类的创造力,追求的目标都是真理的普遍性。

艺术,例如诗歌、绘画、雕塑、音乐等等,用创新的手法去唤起每个人的意识或潜意识中深藏着的、已经存在的情感。情感越珍贵,唤起越强烈,反响越普遍,艺术就越优秀。科学,例如天文学、物理、化学、生物等等,对自然界的现象进行新的准确的抽象。这种抽象通常被称为自然定律。定律的阐述越简单,应用越广泛,科学就越深刻。尽管自然现象并不依赖科学家而存在,但对自然现象的抽象和总结是一种人为的、属于人类智慧的结晶,这与艺术家的创造是一样的。

科学与艺术的关系是同智慧和情感的二元性密切相联的。对艺术的美学鉴赏和对科学观念的理解都需要智慧，随后的感受升华与情感又是分不开的。没有情感的因素和促进，我们的智慧能够开创新的道路吗？而没有智慧的情感能够达到完善的意境吗？所以，科学和艺术是不可分的，两者都在寻求真理的普遍性，普遍性一定植根于自然，而对自然的探索则是人类创造性的最崇高的表现。科学和艺术源于人类活动最高尚的部分，都追求着深刻性、普遍性、永恒和富有意义。

**吴冠中：** 人类生活在科学与艺术的世界当中，艺术与科学的关系本来是和谐一体的。像熊秉明教授所说的达·芬奇，便是集艺术家和科学家于一身的典型人物。中国的徐霞客是文学家还是科学家？两者都是。隋代李春建造的赵州桥是科学创举，更是艺术杰作。当年梁思成先生讲授中国建筑史，曾猜测河底里可能还有另一半拱形建筑，与水上的拱形合成一个鸡蛋的形状，因而这个椭圆结构特别坚固。梁思成先生这一思考本身便引人入胜，据科学家说，当他们掌握了大量客观素材以后，往往会突然觉察其间的特殊规律，一朝明悟，因而发现新的科学论据。这种情况正如艺术家一时灵感的喷发，其实都源于长期积累，一朝呈现，证明了真理的普遍性。

**熊秉明：** 在专业的工作过程中，科学与艺术是很不相同的，无论观察自然的角度，思维推理的方法都绝然不同。杨振宁先生1997年在《美与物理学》一文中写出狄拉克的方程式，说它是"像诗一样的方程"。我想艺术家恐怕很难在方程式中看出诗意来，至多能像毕加索所说的那样："有时我也会翻翻讲相对论的书。我一点也不懂，但是让我想起一些别的东西来。"在工作完成以后，通过科学的理论观照到宇宙的大秩序而发出美的赞叹的时候，科学家和艺术家的心灵是可以相互沟通的。这时他们已经超越了自己专业的层次，对于宇宙的庄严和神圣发出了类似宗教的感动。杨振宁先生所说的"终极的美"已经超出了艺术所能给予的意义。

**吴冠中：** 艺术与科学的关系本来是和谐一体的，不知从什么时候起，艺术与科学逐步远离，甚至对峙。尤其是在中国，两者间几乎河水不犯井水，老死不相往来。错了，变了，在新世纪的门前科学和艺术将发现谁也离不开谁。印象派在美术史上创造了划时代的辉煌业绩，正缘于发现了色彩中的科学性；塞尚奠定了近代造型艺术的基石，当获益于几何学的普及。模仿不是创造，而创造离不开科学，其实创造本身便属于科学范畴。中国几百年来科学落后，影响到艺术停滞不前，甚至不进则退。传统画家中像石涛、八大山人、虚谷等人，才华和悟性极高，但缺乏社会生活中的科学温床，其创造性未能得到更大的发挥。现在的"艺术与科学"的讨论，是盛大的联姻佳节，新生代将远比父母辈壮健，智商更上一层楼。让我们倾听新生儿呱呱坠地的声音，倾听艺术与科学相呼应的宏音。（转引自陈瑞林文章）

杨振宁先生、李政道先生这两位最早获得诺贝尔奖的华裔科学家，分别注意到物理学和美、物理学与艺术的关系问题，我想这可能与中国的人文特质有关。钱穆先生说过："中国文化的特点，可以'一天人，合内外'六字尽之。"唐君毅先生在《中西文化精神的比较》文章中写道："中国艺术虽缺乏科学精神，而中国之科学则赋予艺术之精神。"这篇文章大概写于20世纪60年代。他说的科学是指中国古代的医学、历法等。当时他没有想到这段话可以用在当代中国的科学家身上，也可以用在未来的中国科学家身上。

### 二、谁是东方自我实现的人？

由于资料和功力的限制，我无意在这里做一些具体的评选。但可以说，东方自我实现的人应该包括两方面：关注西方文化、吸收了西方文化优点的自我实现的东方人，以及关注东方文化、吸收了东方文化优点的自我实现的西方人。

本人孤陋寡闻，暂且推举下面各位。难免以管窥豹，挂一漏万。以下这些人的境界可能并不在同一个级别，事业成就也各有不同，也很难从全人需要层次理论的角度来对他们下一个判断，他们在需要的满足上，究竟是自我实现、自我超越或者是大我实现占优势，但他们至少都具有开放性，都具有东西方两种文化融合的倾向：

**吸收了西方文化优点的东方人**

科学家：杨振宁、李政道、丁肇中、李远哲、朱棣文、崔琦、陈省身、丘成侗、汤川秀树……

艺术家：泰戈尔（印度诗人）、傅聪（钢琴家）、谭盾（作曲家）、郎朗（钢琴家）、马友友（大提琴家）、张艺谋（电影导演）、李安（电影导演）、陈瑞献、赵无极（画家）……

哲学家：铃木大拙（日本心理学家、哲学家、禅宗大师）、杜维明……

政治家：甘地（印度政治家、思想家）、池田大作、李光耀……

**吸收了东方文化优点的西方人**

科学家：爱因斯坦、莫诺（生物化学家）、卡普拉（《物理学和东方神秘主义》的作者）、李约瑟……

心理学家、心理治疗家：荣格、韦特海默、马斯洛、罗杰斯、海灵格……

艺术家、文学家：梅纽因、歌德、梭罗……

哲学家：伏尔泰、斯宾诺沙、海德格尔、肯·威尔伯……

政治家：雅克·希拉克、基辛格……

**喜爱中国文化的法国总统——希拉克**

1932年11月29日，雅克·希拉克在巴黎出生。少年时代的希拉克便经常自问："我是谁？我将为这个世界做些什么？"他带着这些问题拼搏了几十年，谜底终于在他62岁的时候昭然于世，他当选了法国总统。

雅克·希拉克任职后，努力开创新风。例如，爱丽舍宫气派豪华，每一位新主人都要举行富丽的盛典，似乎不这样就显不出最高权力神圣。然而，希拉克并没有这样做。爱丽舍宫内的总统套房有300平方米，新总统到来之前恰值房屋面临重新整修布置，尽管宫中配备技艺高超的维修工匠，但希拉克命令一切从简，尽量杜绝铺张浪费。他指示要用最便宜的材料进行维修。在总统府，希拉克的口头禅是："像以前一样。"对他熟悉的人也都说,"希拉克当上总统后一点也没变"。凡是他在总统府会见的客人,不管地位尊卑,他都要亲自送到楼门口,目送客人的汽车远去。他见到男人拍拍肩膀,遇到女士亲吻一下,保持用"你"来称呼对方。在他当选总统不久,在一次公开场合,他弯下腰去为密特朗的夫人拾起黄色细布衬摆,给人留下很深的印象。

在内阁部长级会议上,通过了简化礼仪的法令,包括希拉克出国访问尽量轻车简从,同时,总统到各省巡视时的接待方式也要改变,省长们不必像以前那样提前赶到所属领地的边界上等候。他还规定,在爱丽舍宫值夜班的工作人员不许用公款大吃大喝。国庆节邀请的客人一律平等,达官显贵不能享受特殊优待,即便是亲朋旧交也不例外。

希拉克当选总统后,尽管人们对他的内外政策褒贬不一,但对他的为人则是有口皆碑的。连英国前首相撒切尔夫人都说:她很高兴希拉克取得了胜利,因为她坚信希拉克具备一个好总统应有的全部素质。

希拉克酷爱东方文化,对中国怀有十分友好的感情。他在年轻时就经常出入巴黎的"吉梅"东方艺术博物馆,他对秦始皇修建万里长城、建立中央集权制度、统一度量衡等倍感兴趣。他当巴黎市长时,在办公室里摆放着来自中国和日本的珍贵陶瓷制品。

1989年希拉克在招待新加坡总理李光耀的宴会上,兴致勃勃地同来宾讨论起中国的陶器,使得出席宴会的宾客都为他的东方文化的广博知识感到惊讶。希拉克在讲话中经常引用中国的成语和典故,对唐诗更是喜爱。他不懂中文,通过唐诗的法译本进行阅读。

希拉克在《我的顶点》(1992年)一书出版时,在讲话中还引用了杜甫的诗句。(据《大地》杨汝生文整理)

在政治领袖中,还有一些对中国以及东方文化感兴趣的。

戴高乐(1890—1970)曾经是著名的法国总统、政治家、军事家。在在职期间,对中国文化有着浓烈的兴趣,时常阅读中国的相关书籍,喜欢与中国人交流,并多次表示,希望能够亲自来到中国看看。鉴于戴高乐与中国的特殊感情,回到法国的戴高乐便积极推动与中国建交事宜,经过万分的努力,最后于1964年正式与新中国建交,这也是第一个与新中国建交的西方国家。在他逝世后，中国曾为他降半旗以表哀悼。戴高乐对亚洲文化，尤其亚洲艺术和哲学表现出兴趣。

安德烈·马尔罗（Andr Malraux，1901—1976），小说家，评论家。曾经担任法国文化部长，是一位杰出的法国文化大臣，他对亚洲文化表现出了浓厚的兴趣。他对中国文化和艺术有深入的了解，特别是中国古代艺术。他曾经写过关于中国题材的小说。他在法国文化政策中强调了对亚洲文化的尊重和推广，鼓励法国人民了解和欣赏亚洲文化的独特之处。他的兴趣不仅仅停留在表面，他通过实际的行动，如访问亚洲国家、学习亚洲文化、推动文化交流等，深化了对东方和中国文化的理解和尊重。他的兴趣不仅是对文化的一种赞美，也是为了促进国际合作和理解，强调不同文化之间的共通之处。这些努力有助于建立友好的国际关系，推动文化多样性和跨文化交流。

理查德·范·诺登（Richard von Weizsäcker）是一位备受尊敬的德国政治家，曾担任德国联邦总统（1984年至1994年）。他对东方和中国文化表现出浓厚的兴趣，以及在国际事务中有所涉及。范·诺登曾多次访问中国，包括在担任德国总统期间。他访问了中国的名胜古迹，与中国领导人进行了会谈，并参观了中国的文化机构和艺术展览。作为总统，范·诺登鼓励了德中文化合作项目，以促进两国之间的文化交流。他支持在德国举办中国艺术展览，以及在中国举办德国文化节等活动。范·诺登强调对中国文化的尊重，特别是中国古代文化和哲学。他认为，中国的文化传统对世界文明产生了重要影响，值得深入研究和理解。总的来说，范·诺登是一位重视文化交流和尊重不同文化的政治家。

以上这些政治家和领导人物，他们也许对中国和东方文化的了解还算不太深入，但他们具有的兴趣本身，就值得称道。人类个体的生命都是有限的。一个人在有生之年，能够把本民族和文化了解通透就算不容易了，况且对于其他文明和文化。但随着全球化的加速，跨文化的交流和融合应该而且正在成为一个趋势。互联网和数字技术的飞速发展使文化交流如虎添翼。人们可以通过互联网访问来自世界各地的信息、艺术、音乐、文学等，这种便捷性有助于推动跨文化的迅猛发展。

### 兼容并蓄的华裔科学家——崔琦

获得诺贝尔奖的几位华裔科学家有个共同的特点，他们都深受西方文化影响，同时也深得中国传统文化的精髓。杨振宁儿时的伙伴熊秉明在一篇文章中指出："如果简要地说明杨振宁的为学为人，也许可以说他是一个'儒者风的科学家'。正像我们说'儒医''儒将'。这里的用法，'儒'的意义是很积极的、宽广的，是一种中国文化所酝酿出来的，而有普遍价值的'人文主义'。"①

崔琦也是一样。他是继杨振宁、李政道、丁肇中、李远哲、朱棣文之后第6位获得诺贝尔奖的华裔科学家。他在1998年获诺贝尔物理学奖。

崔琦1939年生于河南省宝丰县，在香港完成中学学业，1958年19岁时到美国伊利诺伊州罗克岛的奥古斯塔纳学院学习，在芝加哥大学获得物理学博士学位。1982年任普林斯顿大学教授。他是普林斯顿大学第29位诺贝尔奖得主，也是该大学第18位诺贝尔物理奖获得者。

崔琦在中学学习期间，成绩一直非常优秀。老师在评语中写道："学习努力，讲礼貌，表现出色，成绩优秀。"崔琦认为："华人研究科学应该中英文交错使用，才可兼容并蓄，收到真正学习效果。只懂得中文会令科学家无法跟踪最新的科研报告，而完全放弃中文却是舍本逐末。"崔琦早年在私塾读过"四书""五经"，有较深的中国传统文化根底。他后来虽然生活在国外多年，在教学和科研中却经常引用"四书"中的章句。中国文化对他的成功起了很大的作用。

芝加哥大学的史达克教授和贝尔实验室的罗威尔教授是引导崔琦走向成功的两位恩师。这两位教授把物理实验变成趣味盎然、令人无限投入的事情。现在崔琦仍然视做物理实验如玩游戏。他认为，能随心所欲地设计新模型，能制造出一个个用钱都买不到的新产品，那种满足感难以形容。他说："做实验又有何难？做研究报告才烦人呢！"

崔琦的成功是东西方文化相结合的成功。

---

① 转引自余君、方芳：《奇迹的奇迹》，上海科技出版社，2001年版，第241页。

**喜欢老子的小提琴大师梅纽因**

尤蒂·梅纽因（Yehudi Menuhin，1916—1999）7岁就能出色地演奏门德尔松的《E小调小提琴协奏曲》。一年后，他又演奏了难度更大的拉罗的《西班牙小提琴协奏曲》，开始作为"神童"享誉世界乐坛。

梅纽因10岁时同纽约交响乐团合作演奏了贝多芬富于深刻哲理内涵的作品《D大调小提琴协奏曲》。

1929年，梅纽因13岁，在柏林举行了首场独奏会。据说，爱因斯坦听了这次音乐会。他对梅纽因将贝多芬和巴赫的作品演绎得如此富于灵性和敏感而激动不已，走到后台去拥抱这个孩子，发出了那句著名的感叹："现在我知道天堂里有上帝了。"如果没有被音乐打动灵魂，是完全不可能发出这一感叹的。

最近三十年以来，西方人对于东方文化的兴趣大有增加，一些优秀分子已从中汲取了营养，更好地发挥了自身的潜力。作为典型，著名音乐家梅纽因就是一例。梅纽因在总结自己的人生经验时说：

> 艺术家的自我意识，就是不断地调整、纠正和平衡自己的各种内在因素。生活的真正基础在于发展不平衡，这种发展是在下意识的情况下进行的，然后再平衡它。纯粹的平衡将失去生活，而始终处在不平衡的状态下，这意味着找不出解决问题的办法。[1]

梅纽因还说：

> 如何把这种内在的完美平衡概念和不断变化着的日常活动协调起来？这是人类生活的本性问题。生活本身就是处在不断的运动之中。在艺术家、神父、哲学家、走钢丝者的帮助下，我们所需要解决的问题就是如何在不断运动着的环境中保持平衡。[2]

---

[1] 罗宾·丹尼尔斯记录：《梅纽因谈话录》，张世祥译，人民音乐出版社，1984年版，第103页。

[2] 罗宾·丹尼尔斯记录：《梅纽因谈话录》，张世祥译，人民音乐出版社，1984年版，第103页。

梅纽因是一位在音乐上取得了很大成就的艺术家。他把自己的人生经验概括为不断地打破平衡，然后又追求平衡的过程。在达到平衡的过程中，梅纽因最常用的精神食粮之一，就是中国的道家哲学。甚至在外出演出的时候，他都随身携带一本老子的《道德经》。他说：

我觉得最值得经常拿出来看看的，是中国老子的著作……①

梅纽因对于老子喜爱和汲取，体现了典型的道家哲学对于西方人的意义。西方人对道家哲学的兴趣，很大程度上是集中在老子、庄子的"无为而治"（顺应自然）与环境协调这一精神上。单从这一精神来看，它属于一种高层次的情感力、智慧力。中国传统文化对于世界未来人格的发展究竟能起多大作用，这有待未来实践的检验。但可以肯定的是：无论单靠哪一种文化，都不可能孕育出一种更加完美的人格。更加完美人格的出现，有待于东西方文化的融合和互补。

梅纽因谈到的"平衡"与"不平衡"问题，也可以从"人格三要素"的角度来解释。从"人格三要素"的角度来看，生活是一个不断以智慧力和意志力的发挥打破原有状态，然后再以情感力的发挥达到新的和谐与平衡的过程。或者说，生活是一个不断以情感力的解放打破原有能量状态，然后再以智慧力和意志力的发挥达到新的和谐与平衡的过程……

这一过程，从个人与群体的关系的角度来看，又是一个不断以人性发展的个别水平超过人性发展的平均水平，即纵向发展，然后又返回人性发展的平均水平，把生命的能量用于提高人性发展的平均水平的过程，即横向发展。

在21世纪，吸收了西方文化优点的自我实现的东方人和吸收了东方文化优点的自我实现的西方人是否将会比以前更多？我们希望如此。

未来的社会应当是既充满活力，又秩序井然，既充满竞争，又到处是宽容、协调、和谐。如果说西方文化对于理想人格的设计强调了个人自由

---

① 罗宾·丹尼尔斯记录：《梅纽因谈话录》，张世祥译，人民音乐出版社，1984年版，第19页。

与独立性，东方文化对于理想人格的设计强调了人际关系的和谐与整体性的话，东方自我实现人格这一提法，含有综合两种文化结构的优点，超越两种文化不足的意图。未来的理想人格，应该融合两种文化优点，或者说两种文化协同发挥作用的人格。

### 三、人格力、通心力与人类关系的转化

人类的关系纷繁复杂，错综交叉，扑朔迷离，变幻莫测。每一个个体不可避免置身其中，经历着各种各样的变迁、动荡。

我在《通心的理论与方法》中，提出了"六种关系，六层次通心的思想"。所谓"六种关系"是指：

1. 人与"道"的关系；
2. 人与人的和谐关系；
3. 人与人的弱互利关系；
4. 人与人的一般关系；
5. 人与人的利益相争关系；
6. 人与人的敌对关系。

以上关系，首先是一种客观的现象的存在。每一个个体，都不可避免地有这些关系存在。所有这些关系，最佳的处理方式都是通心，因此就有了六层次的通心。

1. 关系的准确定位

人在社会上，会有各种各样的人际关系。关系的有效处理，首先取决于我们对关系的识别以及准确定位。

六种关系的理论，相当于所有人际关系的一幅地图，它可以帮助我们认识人际关系。

关系定位错误，相当于我们找错了地方，如果我们不能够及时调整，我们肯定在人际交往中处处碰壁，生活质量也可能因此低下。

关系的准确定位，取决于我们的通心力。通心力越强，我们越能够准确定位。

凡定位失败，皆可归于通心力不足，未能做到"通心三要件"，即清晰自己、换位体验、有效影响中至少一个要件出了问题。

"通心三要件"的任何一个要件出问题，都可以追溯"人格三要素"，即智慧力、情感力、意志力不足。

2. 人格力、通心力与关系定位

所有人际关系都具有极大可塑性。

面对同样的人和群体，在从上面6到2的人际关系中，不同的人可能有不同的定位。面对同样的人和群体，人格力、通心力越强的人，越有可能有更高的定位。人格力、通心力强大的人认为：世界上没有所谓的"敌人"，只有由于通心成本过大，暂时不能够通心的朋友。

3. 关系定位的转化

由于利益、需求满足关系的此消彼长，人际关系的定位也经常发生变化。人们也常常由于自身情况的变化，而需要对关系定位进行调整。在从上面6到2的人际关系中，人格力、通心力越强，越能够从低向高转化。反之，越容易滑落。"冤家宜解不宜结"。"敌对关系"（冤家）越多，我们的生活越缺乏稳定性，我们的安全需要越受到威胁。纯粹从理论上讲，理想的情况是在从上面6到2的人际关系中，越低的关系越少越好，越高的关系越多越好。

4. 与"道"通心对我们关系定位的影响

我们的人格力、通心力越强，我们与"道"越能够通心，我们的关系定位就有可能更准确，同时，在从上面6到2的人际关系中，我们越有可能有更多高层次的关系（和谐关系），更少的低层次关系（敌对关系）。

其中清晰自己出问题，往往是智慧力作为主导人格力不足。换位体验出问题，往往是情感力作为主导人格力不足。有效影响出问题，往往是其中至少一个要件出了问题。

# 尾声：什么是真正的成功？

## 一、扬弃成功学的成功

"成功"本来是非常简单的一个概念，但是现在显得有一些混乱和模糊了。之所以混乱和模糊，是因为曾经有，现在也仍然有各种各样流行的成功学，人们对这些流行的成功学又有各种各样的看法，有的看法甚至相互对立。

成功究竟是什么？美国著名的激励大师布恩·崔西（Brain Tracy）说："成功等于目标，其余一切都是这句话的注解。"该定义强调的是目标。著名的销售大师汤姆·霍普金斯（Tom Hopkins）说："成功就是向着预定的有价值的目标不断努力的过程。"该定义强调的是过程。不管他们强调的是目标还是过程，这些成功观都带有一定的西方文化的偏颇。马斯洛认为："一般说来，西方文化是基于犹太-基督教之上的。在美国，特别由清教徒和实用主义支配。这种精神强调工作、斗争、严肃、认真，尤其是目标明确。"[1] 这种成功观可以说是把成功看作中性的。

当然，"成功"可以看作中性的，而目标也的确可以有好有坏。有的成功对社会有益，有的成功对社会有害。把"成功"看作一个中性的概念，这使我们忽视了成功与价值的联系。

我认为，对于成功的全面和深度的理解，应该强化东方文化中关于协调的观念，包括儒家的"天人合一"，佛家的"梵我同一"，道家的"生道合一"，走向"三赢"，即"我好，你好，世界好"。只有体现了"三

---

[1] 马斯洛：《动机与人格》，许金声等译，华夏出版社，1987年版，第273页。

赢"的成功，才是真正的、体现了客观规律和大道运行的成功，才是可以持续的、最大程度的成功。

我们的人生是一个漫长而复杂的过程，在这个过程中，我们要去达成许许多多的目标，因此，我们需要有小的成功学，也需要有大的成功学。从整体人生的角度看，终极的成功应该体现"三赢"的理念。或者说，没有体现"三赢"的成功不是真正的、持久的成功。

"三赢"的理念也是关于生态和整体的理念，"三赢"的成功是考虑了生态、整体的成功。

为什么应该是"三赢"？

在"三赢"的情况下，个人能够得到最好的成长，同时有利于社会的发展，有利于地球的存在。"三赢"的成功也就是自我实现与自我超越。

当然，我们提倡"三赢"，并不是要求每个人都必须一步到位，这只是我们一切行为的一个理想的目标。在做不到"三赢"的时候，可以先争取"双赢"。

实际上，就像是人们追求需要的满足一样，对于"三赢"的追求也有一个层次问题。大多数人追求成功，首先是单赢，然后再是双赢，最后才是"三赢"。

在这里，关键的发展是从单赢到双赢的发展，这是一次伟大的跳跃，标志你超越了以自我为中心。

从人格三要素看，从单赢到双赢的发展，意味着更加强大的情感力、智慧力、意志力。

## 二、人的最大利益是获得整体人生的成功

人是多元的，人生是多元的，"成功"也应该是多元的，任何关于成功的观念，都不可能囊括所有人对"成功"的追求和体验。

"成功"也是有层次性的，这是因为，人的需要的满足是有层次的，人们的人格是有层次的。有不同层次的需要，不同层次的人格，就有不同层次的成功。我们所主张的成功，是整体人生的成功。

什么是整体人生的成功？

整体人生成功是把成功看成一个系统。首先一个人的生命是一个整体系统。人的生命的整体从内容来看，是由事业和感情两大领域构成的。整体人生的成功就是不仅要讲事业的成功，也要讲感情的成功。不仅要讲潜能的部分发挥，而且要讲潜能的充分发挥。不仅要讲个体的自我实现，而且要讲个体对于环境和社会的积极意义。

整体人生的成功是不是很难追求？其实说难也难，说不难也不难。

台湾著名企业家王永庆说："一个成功的男人，是他的孩子和太太都很尊敬他的人。"

这句话听起来非常朴素、简单，深究起来却有很深的含义。

这句话，换成女性照样适用："一个成功的女人，是她的孩子和老公都很尊敬她的人。"

一个成功的人，不仅应该有事业上的成功，而且还应该有感情生活的成功。一个人对家里人很好，对朋友很好，对父母很好，对儿女很好，但他的事业不成功，他的太太和孩子不一定会尊敬他。如果他只是事业成功，与家人没有良好的沟通，他的家人也不会尊敬他。

据说，王永庆在考察自己下属的时候依据的就是这一标准。如果一个人在事业上成功，一回到家却打太太，也不管儿女的教育，那么他的成功显然只是偏颇的、不平衡的。

王永庆这里所谈的"尊敬"，是指发自内心的一种尊重，它不掺杂任何惧怕、服从、勉强、顾全大局的面子观念。一个人要能够做到这一点，必须具有较强的情感力，具有踏实的给予爱和接受爱的能力。实际上，王永庆在这里所谈的成功，已经超越了一般的事业的成功，接近了整体的人生的成功。

他说的这一要求，说复杂并不复杂，说简单也并不简单。说它不复杂，是因为我们每个人经过努力都可以做到。说它不简单，是因为我们不努力就不可能轻而易举做到。

概括起来，整体人生成功，也就是自我实现、自我超越，可以简化为四个基本衡量标准：

第一，事业有所成就；

第二，感情生活和谐；

第三，对社会有贡献；

第四，对人生有超越性的体悟。

注意，第二条用的术语是"感情生活和谐"，而不是"家庭生活和谐"，这样就为人生的多元化、生活方式的多元选择留下了余地。不排除某些选择单身的人，可以有整体人生的成功，甚至包括出家人。但是，一般来说，他们应该也有一定的亲密关系，即比较理解他们的人，甚至能够与他们通心的人。

为什么要加上第四条"对人生有超越性的体悟"？

所谓"对人生有超越性的体悟"，是指人应该有一种"终极关切"，他应该对生命有一种好奇，对人生的意义有一种不断探索的精神，并且有一定的体悟。有了这一点，前面三点就能够巩固和发展。

简单的四个标准，却体现了深刻的"你好，我好，世界好"的"三赢"的理念。做到了"三赢"，就达到了自我实现。

### 三、整体人生成功与自我实现

怎样才算是"整体人生成功"？这个问题听起来似乎有一些空洞和抽象，实际上一点也不。马斯洛在《动机与人格》中所描述的自我实现的人，实际上就是一些获得了整体人生成功的人。这些人中有各种各样的职业、身份，包括总统、家庭妇女、科学家、艺术家、哲学家等。从自我实现的人的身上，我们可以看到"整体人生成功"与"一般成功"的差异。"整体人生成功"与马斯洛心理学的"自我实现"是两个含义很接近的概念。

"整体人生成功"与人从事的职业没有关系，与一个人取得的成就的大小也没有必然的联系。也就是说，有的人虽然职业、成就都令人羡慕，但却算不上"整体人生成功"。相反，一些看起来不打眼，也没有辉煌成就的人，却称得上"整体人生成功"。

具有整体人生成功的人，他们的一生，是自己的潜能得到了充分发挥的一生，而一般成功只是潜能的部分发挥。整体人生成功由于潜能得到了充分发挥，他们可以做到死而无憾。

我认为，当前在现实社会中，只要你注意观察，取得了"整体人生成功"的人是处处可见的。他们是这样的一些人，他们的工作很出色，同时家庭生活和感情生活也很充实和丰富。

# 附录："人格力"自我测量量表

该量表是以许金声原创的心理健康理论"人格三要素理论"为基础制定的。所谓"人格三要素"，是指一个人的智慧力、情感力、意志力。这三种人格力，也可以看作一个人的基础心理素质。暂时排开环境因素，以及身体素质的因素，一个人需要的满足状况、生存质量的高低，主要决定于他的人格三要素。一个人的三种人格力，可以看作三角形的三条边，其三角形的面积就可以大体代表他的需要满足状况以及生存质量的高低。对我们的人格三要素进行测量，可以增加对我们自己的理解，以及明确进一步提升心理素质的方向。

需要申明的是：

1. 该量表大胆引入了数学的"三角形"的概念，试图对人格力进行测量和表达。这种方法是否给大家提供了一种直观的方式来理解不同人格力之间的相互关系和交互作用？是否将人格三要素比喻为三角形的三条边可以帮助人们形象地了解人格力的均衡与不均衡？这些都有待进一步研究。

2. 该量表只进行了小样本和个别群体（全人心理学学员）的测试。在信度、效度的评估上，仅仅进行了简单的测试——重新测试法的评估。本量表尚未采用内部一致性分析和因素分析等来评估量表的信度和效度，以确保量表具有良好的测量特性。现公开发表，仅供参考和批评。

## 一、智慧力

关于智力，心理学界一般认为："智力是一个得到多种应用和具有多种定义的概念。有人把它定义为对新环境的适应能力，另一些人认为它是学习能力，还有其他人认为它是处理复杂和抽象事物的能力。"也许正是由于这种情况，很难有一个智力的定义得到普遍的公认。智力的定义之所以会多种多样，其原因之一在于人们对智力的研究角度具有很大差异。

从本书所研究的价值取向和核心问题，即人的整体人生的成功、全人需要层次论走向高级需要满足的角度，我尝试先从信息加工心理学的角度为智慧力下这样一个较为笼统的定义：智慧力就是个体吸收、接受信息，并且对信息进行有效加工的能力。所谓"有效"，是指有助于个体正常地满足需要，并且让需要满足的优势需要向高级需要的方向发展和迈进。

关于智慧力的外延，有多种划分法，本量表在这里把智慧力区分为"工具性智力"和"艺术性智力"，或者"逻辑思维能力"和"形象思维能力"。这并不等于说在进行逻辑思维时没有形象伴随、在进行形象思维时没有一定的逻辑遵循，而是指人们在进行这两种不同的思维时，在信息的吸收和运作上具有明显的区别。

请自己给自己的智慧力打分（为了尽量避免出现偏差，可以请专家予以协助，以及请亲人或者朋友帮忙）。

1. 在学生时代的学习中，我有过智慧力突出发挥，甚至超常发挥的情况。

（1）经常有。（9分—10分）

（2）有时候有。（7分—8分）

（3）偶尔有。（5分—6分）

（4）极少有，拿不准。（1分—4分）

（5）没有。（0分）

2. 在日常生活中，我有过智慧力突出发挥，甚至超常发挥的情况。

（1）经常有。（9分—10分）

（2）有时候有。（7分—8分）

（3）偶尔有。（5分—6分）

（4）极少有。（1分—4分）

（5）没有。（0分）

3. 我说话、写文章时逻辑相当严密，很少出现漏洞。

（1）经常是这样。（9分—10分）

（2）有时候是这样。（7分—8分）

（3）偶尔是这样。（5分—6分）

（4）极少是这样。（3分—4分）

（5）没有。（0分）

4. 我思考问题时思路开阔、灵活，很少出现僵化情况。

（1）经常是这样。（9分—10分）

（2）有时候是这样。（7分—8分）

（3）偶尔是这样。（5分—6分）

（4）极少是这样。（1分—4分）

（5）没有。（0分）

5. 我具有思考复杂问题的能力，不会因为问题复杂而理不清楚。

（1）经常是这样。（9分—10分）

（2）有时候是这样。（7分—8分）

（3）偶尔是这样。（5分—6分）

（4）极少是这样。（3分—4分）

（5）没有。（0分）

6. 我喜欢艺术，经常能够陶醉于音乐、舞蹈、绘画、雕塑、戏剧、小说、诗歌等艺术作品中。

（1）经常是这样。（9分—10分）

（2）有时候是这样。（7分—8分）

（3）偶尔是这样。（5分—6分）

（4）极少是这样。（1分—4分）

（5）没有。（0分）

7. 我喜欢艺术，每当有空闲，我经常能够唱歌、跳舞、绘画、做雕塑、编故事、演戏剧、写小说、写诗歌等，并且具有一定的水平。

（1）经常是这样。（9分—10分）

（2）有时候是这样。（7分—8分）

(3) 偶尔是这样。（5分—6分）

(4) 极少是这样。（1分—4分）

(5) 没有。（0分）

8. 我对世界上所有有趣的事情或者重要影响的事情都有好奇心，愿意去关注。

(1) 经常是这样。（9分—10分）

(2) 有时候是这样。（7分—8分）

(3) 偶尔是这样。（5分—6分）

(4) 极少是这样。（1分—4分）

(5) 没有。（0分）

9. 我热爱大自然，喜欢去风景优美的地方旅游，喜欢欣赏名胜古迹。

(1) 经常是这样。（9分—10分）

(2) 有时候是这样。（7分—8分）

(3) 偶尔是这样。（5分—6分）

(4) 极少是这样。（1分—4分）

(5) 没有。（0分）

10. 我对人类对于宇宙、生命的探索、研究非常感兴趣，经常了解这方面的成果。

(1) 经常是这样。（9分—10分）

(2) 有时候是这样。（7分—8分）

(3) 偶尔是这样。（5分—6分）

(4) 极少是这样。（1分—4分）

(5) 没有。（0分）

**小结：**

我的智慧力总分（最高100分）：

## 二、情感力

所谓情感力，是个体真诚面对于自己，对于他人、群体、社会、人类、大自然、宇宙以及"道"的感觉、情绪以及态度等的能力。

一个人越是能够真诚地面对自己，对于他人、社会、人类、自然、宇宙以及"道"的感觉、情绪、态度等，情感力也就越强。

什么是真诚？

所谓"真诚"，是指一个人真实面对自己，面对他人、社会、人类、自然、宇宙以及"道"，并且保持一致性的能力。

所谓不真诚，就是指一个人不能够真实面对自己，面对他人、社会、人类、自然、宇宙以及"道"，对自己的某些感觉、情绪以及态度等采取逃避、回避、隔离、屏蔽，甚至歪曲的行为。

一个人不能够真诚面对自己，是指多多少少有自我欺骗、自我隔离、自我逃避，或者内心有纠结、冲突，不愿意去正视、处理。

当然，一个人不能够真诚面对自己，并不一定是有意识的，他也可能是无意识的，甚至经常是无意识的。这种无意识的"虚伪"的形成，人的各种各样的心理防御机制起了主要和关键的作用。

请自己给自己的情感力打分（为了尽量避免出现偏差，可以请专家予以协助，以及请亲人或者朋友帮忙）：

1. 我极少有羞耻、内疚、冷漠、无奈、悲哀、恐惧、委屈、愤怒、报复、嫉妒、骄傲等负面情绪。

（1）完全是这样，极少有。（18分—20分）

（2）有时候觉得是这样。（14分—17分）

（3）偶尔觉得是这样。（10分—13分）

（4）较少是这样，比较常有这些负面情绪。（1分—9分）

（5）不是，经常有这些负面情绪中的一种。（0分）

2. 当我遇到情境需要，而且付出的成本并不大，至少在我的承受范围时，我能够主动帮助他人、给予他人关心，并且能够从这个过程中体验到愉悦。

（1）通常是这种情况。（5分）

（2）有时候是这种情况。（4分）

（3）偶尔是这种情况。（3分）

（4）极少是这种情况。（1分—2分）

（5）没有。（0分）

3. 当我遇到情境需要，而且付出的成本并不大，至少在我的承受范围时，我未能帮助他人，并将关心给予他人，或对他人不利时，会因此而感到抱歉甚至内疚。

（1）经常是这种情况。（5分）

（2）有时候是这种情况。（4分）

（3）偶尔是这种情况。（3分）

（4）极少是这种情况。（1分—2分）

（5）没有。（0分）

4. 当我遇到情境需要，而且付出的成本并不大，至少在他人的承受范围时，他人帮助了自己、给予了自己关心时，我也能够自然地产生对他人的感激之情。

（1）经常是这种情况。（5分）

（2）有时候是这种情况。（4分）

（3）偶尔是这种情况。（3分）

（4）极少是这种情况。（1分—2分）

（5）没有。（0分）

5. 当我遇到情境需要，而且付出的成本并不大，至少在他人的承受范围时，他人不能够帮助自己、给予自己关心，甚至对自己有害时，我也能够自然地对他产生宽容之情。

（1）经常是这种情况。（5分）

（2）有时候是这种情况。（4分）

（3）偶尔是这种情况。（3分）

（4）极少是这种情况。（1分—2分）

（5）没有。（0分）

6. 在日常生活和交往中，我常常能够凭直觉感受到一些人的虚伪、虚假、不真实、不真诚，或者隐藏的负面情绪，事后证明我是正确的。

（1）经常是这样。（9分—10分）

（2）有时候是这样。（7分—8分）

(3) 偶尔是这样。（5 分—6 分）

(4) 极少是这样。（1 分—4 分）

(5) 没有。（0 分）

7. 遇到较大挫折，只要我发自内心，问心无愧，我就能够坚持，我会被我自己的真诚感动，事后我增加了自信。

(1) 经常是这样。（9 分—10 分）

(2) 有时候是这样。（7 分—8 分）

(3) 偶尔是这样。（5 分—6 分）

(4) 极少是这样。（1 分—4 分）

(5) 没有。（0 分）

8. 我曾经经历过重要选择的考验，我内心深处告诉我应该怎样做，我完全遵从了自己的内心，事后我完全没有后悔。

(1) 完全是这样。（9 分—10 分）

(2) 有时候是这样。（7 分—8 分）

(3) 偶尔是这样。（5 分—6 分）

(4) 似乎有这种情况，但拿不准。（1 分—4 分）

(5) 没有。（0 分）

9. 在我的成长经历中，我曾经遇到，或者读小说、故事等看到一些极具真诚能量的人，他们成为我的榜样。或者读一些讲述经典、传递真诚能量的书籍，我从中汲取了真诚能量，在遇到重大挫折，或者在一些关键时刻，这些榜样，以及传递真诚、正能量的书籍，对我起到了支持作用，我因此获得了踏实的，经住了时间考验的心灵成长。

(1) 经常是这样。（9 分—10 分）

(2) 有时候是这样。（7 分—8 分）

(3) 偶尔是这样。（5 分—6 分）

(4) 极少是这样。（1 分—4 分）

(5) 没有。（0 分）

10. 遇到重大挫折，或者在一些关键时刻，我会通过向老子、庄子、孔子、王阳明等先知、先哲直接寻求力量，设身处地，问：他们在这种情况下会怎么做？常常能够得到很大支持，我进而获得了经受住时间考验的心灵成长。

（1）经常是这样。（18分—20分）

（2）有时候是这样。（14分—17分）

（3）偶尔是这样。（10分—13分）

（4）极少是这样。（1分—9分）

（5）没有。（0分）

**小结：**

我的情感力总分（最高100分）：

### 三、意志力

意志力就是人在为达到既定目标的活动中，自觉行动、坚持不懈、克服困难所表现出的心理素质。

意志行动的心理过程可以分为两个阶段，即采取决定阶段（第1—第2）和执行决定阶段（第3—第4）。

请自己给自己的意志力打分（为了尽量避免出现偏差，可以请专家予以协助，以及请亲人或者朋友帮忙）：

1. 所谓"独立性"，是指"一个人不是屈从于周围人的压力，不受偶然情况的影响，不被他人带着走，而是遵从自己在一定情况下应如何行事的信念、知识和观念出发规定自己的举止"。"独立性"的反面是"受暗示性""随大流"等。

（1）非常强大。（16分—20分）

（2）比较强大。（12分—15分）

（3）一般。（8分—11分）

（4）比较弱。（1分—7分）

（5）非常弱。（0分）

2. 所谓"果断性"，表现在一个人有能力及时而毫不动摇地采取有充分根据的决定然后经周密考虑后去实现这些决定，"果断性"的反面是"优柔寡断"。

（1）非常强大。（16分—20分）

（2）比较强大。（12分—15分）

（3）一般。（8分—11分）

（4）比较弱。（1分—7分）

（5）非常弱。（0分）

3. 所谓"坚持性"，是指一个人能够长时间毫不懈怠地保持精力的集中状态；他不被达到既定目的的困难吓倒，不屈不挠地向既定的目标前进。"坚持性"的反面是"动摇性"、三心二意性。

（1）非常强大。（16分—20分）

（2）比较强大。（12分—15分）

（3）一般。（8分—11分）

（4）比较弱。（1分—7分）

（5）非常弱。（0分）

4. 所谓"自制性"，是指一个人为达成既定目标，控制自己不妥行为的能力。它包括而不限于，当自己在恐惧、生气、愤怒、暴怒、失望、破坏、嘲笑、贪婪、畏难、受到诱惑、注意力分散等状态时，能够进行妥善的控制。

（1）非常强大。（16分—20分）

（2）比较强大。（12分—15分）

（3）一般。（8分—11分）

（4）比较弱。（1分—7分）

（5）非常弱。（0分）

5. 所谓"竞争性"，是指一个人在社会生活中的一种积极进取的特性。竞争性强意味着个体在社会生活中不是甘居落后，或者保持原有状态，而是知难而进，"明知山有虎，偏向虎山行"。意志的竞争性，既可看作采取决定阶段的意志品质，也可看作执行决定阶段的意志品质。"竞争性"的反面是"萎缩性""退缩性""回避性"等。

（1）非常强大。（16分—20分）

（2）比较强大。（12分—15分）

（3）一般。（8分—11分）

（4）比较弱。（1分—7分）

（5）非常弱。（0分）

**小结：**

我的意志力总分（最高100分）：

**总结：**

1. 我的三种人格力总分（最高300分）：

2. 我的三种人格力得分以及排序：

得分：（1）　　（2）　　（3）

排序：

3. 进一步计算，请任意选择计算公式：

公式1：

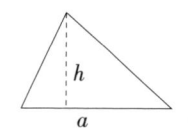

三角形的面积=底×高÷2

$S = a \times h \div 2$

公式2：

海伦公式：$S = \sqrt{p(p-a)(p-b)(p-c)}$

假设在平面内，有一个三角形，边长分别为 $a$、$b$、$c$，三角形的面积 $S$ 可由以下公式求得：$S = \sqrt{p(p-a)(p-b)(p-c)}$

而公式里的 $P$ 为半周长（周长的一半）：$P = \dfrac{a+b+c}{2}$

注："*Metrica*"，《度量论》手抄本中用 $s$ 作为半周长，所以 $S = \sqrt{p(p-a)(p-b)(p-c)}$ 和 $S = \sqrt{s(s-a)(s-b)(s-c)}$ 两种写法都是可以的，但多用 $p$ 作为半周长。它的特点是形式漂亮，便于记忆。

说明：

1. 你的三种人格力就是你的三种最重要的心理素质，三种人格力就像是三角形的三条边。在周长一定的情况下，等边三角形的面积最大，钝角三角形的面积最小。面积象征你的整体人生的成功以及生存质量。如果你的三种人格力都强大，而且均匀，你整体人生将会比较成功，生活质量较高。

不同的三角形有以下几种：

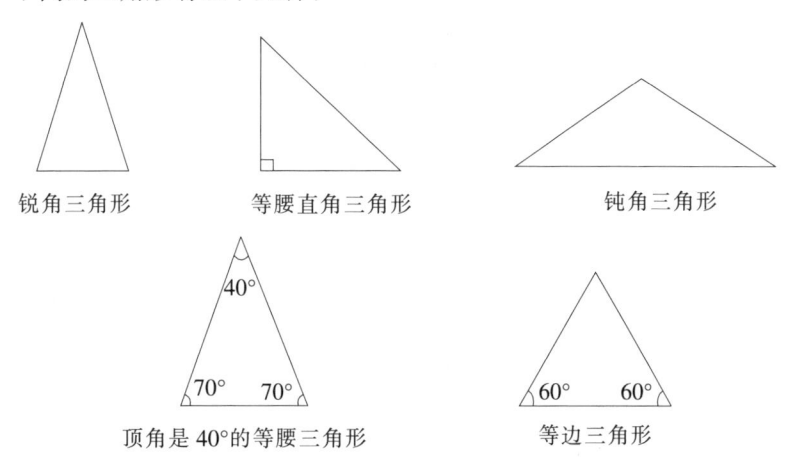

锐角三角形　　　等腰直角三角形　　　钝角三角形

顶角是 40°的等腰三角形　　　等边三角形

请问：根据你自己打分的情况，你的人格三要素属于哪种三角形？

2. 你得分最少的人格力就是你的三角形的短边，锻炼和增加这种人格力，这相当于增加三角形短边的长度，对三角形的面积贡献最大。你的整体人生的成功会更大。

3. 所谓整体人生成功，可以简化为四个基本衡量标准：

（1）事业有所成就；

（2）感情生活和谐；

（3）对社会有贡献；

（4）有不断成长的感觉，对人生不断有超越性的体悟。

4. 本量表正在广泛征求意见。一些全人心理学学员已经使用过该量表，给自己的人格力打分，并且提出了一些宝贵意见。我与他们就打分的情况以及量表本身的合理性等进行讨论，据此，本量表正在不断改进之中，会不断发表新版。我们希望该量表有越来越大的信度和效度。

欢迎您把自己的人格力测量结果告诉我们！欢迎您对此量表，乃至人格三要素的理论提出任何问题！

# 后　记

　　人格三要素理论是一种关于人的心理素质的理论，也是一种关于人性的理解。这一理论从最初灵感的萌动，到今天写成这本书，经过了漫长的过程。

　　我为什么会研究这一理论？为什么会写这本书呢？

　　从小时候起，我就喜欢做两件事情：一是看有趣的小说，一是接触有趣、有思想的人物。看小说时，我常常沉思：小说中的人物为什么会有那么激动人心的力量。与各种各样现实中的人接触，我也常常琢磨：人们的行为为什么具有这样那样的差异？这些差异与他们的性格有什么关系？大概是1970年的某一天，我在对小说中的主人公和现实中我曾经交往的人物进行回味和思考时，"人格三要素"的灵感忽然在我的心中闪现。

　　从小时候起，我就一直感受到自己有丰富的潜能，它们受到了压抑，没有得到发挥。这种感觉促使我积极探索社会环境与人的素质问题。社会环境一时是难以变化的，唯一的出路在于对我们自己进行调整。

　　作为自己探索的成果，1976年我写了《真诚，以及对真善美的追求》的初稿。在这个长篇散文中，我以充满浓厚感情的语言分析了一些曾经激励自己的文学作品，与作品中的主人公通心。文中也首次体现了我关于"人格三要素"的思想。

　　1981年，我在《外国文学研究》杂志上发表了评论罗曼·罗兰的名著《约翰·克利斯朵夫》的论文《克利斯朵夫——真诚追求真善美的人》。这是我第一次公开发表涉及"人格三要素"理论的文章。

1985 年，我在《学习与探索》杂志上发表了论文《人格三要素论》。在这篇论文中，我首次较完整地阐述了这一理论。

1986 年，我在《学习与探索》杂志上发表了论文《从人格三要素论看中国传统文化与人格》。

1987 年，我在《学习与探索》杂志上发表了论文《从人格三要素论看西方近现代文化与人格》。到此时，我关于人格三要素理论的框架已经大致形成。

1988 年，我发表了专著《走向人格新大陆》（工人出版社）。该书对人格三要素理论又有进一步的论述。

我一直注意阅读心理素质方面的图书和资料。从 1997 年起，一连读了好几本关于情商的书，它们使我既兴奋又不满意。我觉得，"人格三要素"理论与情商等理论相比，有很多更优越的地方。于是，我开始更深入地探索这一理论，并构思撰写该书。

人格理论有很多，它们所要解决的问题各有不同。我研究人格三要素的动因和价值取向是想回答这样一些问题：

在现实生活中，为什么有的人活得好，有的人活得不好？

为什么人们的命运有那样大的不同？

为什么人们的个性有如此大的差异？

一个人如何才能活得好，或者说，一个人活得不好，其主观原因是什么？

一个人如何才能自我实现，或者说，一个人不能够自我实现，其主观原因是什么？

一个人如何才能自我超越，或者说，一个人不能够自我超越，其主观原因是什么？

在思考这些问题的时候，我越来越认识到，在环境不变的情况下，一个人的自我实现主要取决于他内在的心理素质，也就是他的人格三要素。之所以说"人格三要素改变命运"，是因为对于一个人的成功、自我实现、自我超越来说，人格三要素是最重要的性格因素，通过人格三要素的发挥，就可以改变命运。

人格三要素论是一种关于人的心理素质的理论，它涉及了心理学、社会学、伦理学、教育学、哲学、文化学等多门学科。

我在研究该理论的过程中，得到过许多前辈、专家、学者的鼓励、肯定、支持和帮助。在这里，谨向他们致以由衷的感谢！

中国哲学史学会原名誉会长、北京大学哲学系原教授、著名哲学家张岱年曾经数次接受我的访问和求教。他早在1986年就看过我的《人格三要素论》《从人格三要素看中国传统文化与人格》等论文。他对我的论文给予了明确的肯定。他在评论中写道："许金声同志从人格三要素的观点对中国古代哲学中关于人格设计的思想进行了比较深刻的分析，指出'理想人格设计是关于中国传统文化之争的一个焦点'，指出中国传统儒家文化所设计的理想人格是一种'突出情感力人格'，最后更指出中国人的人格正在大规模地向尊重型转化，这些见解可以说是发前人所未发，具有较高的理论价值。"

已故的林方先生，为中国科学院心理学所原研究员，中国人本心理学的最早研究者之一，曾经主编人本心理学译文集《人的潜能与价值》，翻译马斯洛《人性能达的境界》等。他看了我关于人格三要素的论文后写道："许金声同志的人格三要素理论是健康人格研究领域中的一个突破，是把我国优秀文化和西方心理学概念相结合的一种创造。"

许又新先生，是我国著名心理治疗家，中国心理卫生协会心理治疗专业委员会副主任，北京医科大学精神卫生研究所教授。他曾经数次应邀到我主持的心理学培训班授课，并且多次接受我的求教。许先生对人格三要素理论有很高的评价："许金声关于健康人格的理论具有很高的解释力，它既有基础理论的性质，又带有跨学科的性质，因此，它有很广泛的应用价值。……据我所知，许金声的理论本身是一种创造，也就是迄今还没有任何一种理论有类似的提法。"

钟友彬先生是我国著名心理治疗家，中国心理卫生协会理事，首钢医院心理咨询研究室原主任。他早在20世纪80年代就以独创的"认知领悟疗法"闻名心理学界。他对我的人格三要素理论评价也很高："人格三要素理论是关于健康、健全的人格理论，它不仅在人格理论上提出了一个新观点，而且给如何培养健全的人格指出了一个明确方向，是人格研究领域的一个突破，对精神文明建设是一个重要的贡献。"

著名美国心理学家爱德华·霍夫曼，是名著《马斯洛传》的作者，他在看了我的关于"人格三要素"理论的英文版的短文后评价说："有很多新颖之处，关于意志力的看法尤其精彩。"

在我研究"人格三要素"理论的过程中，我还与许多朋友进行过讨论，获益颇多，他们启发我一步一步把这一理论发展成现在这个样子。在此也向他们说一声真诚的"谢谢"！

本书初版后，香港的黄经国先生对根据"人格三要素"理论研制了"自我实现工程"的培训课程，在香港举办大型工作坊，受到欢迎；全人心理学的学员李永强先生也成功地把这一理论应用于他的培训课程，并写了《人格三要素与隐喻治疗》等论文；全人心理学的学员李建全先生学习了"人格三要素"理论之后，发表了以该理论为基础之一的专著《人格分析》，他们皆对这一理论有发挥；还有一些朋友用这一理论来解释、分析各种各样的问题。他们的工作都具有创造性，在此特向各位表示敬意！

此书的新版，全人心理学的学员李洪江、卢汉稳等提出了宝贵的修改意见，特此致谢！

1988年我发起成立了北京市健康人格研究会。照片为我主持的"全国首届健康人格与心理咨询研修班"合影。前排左起第七人是许又新教授，第八人是本书作者